Konzepte und Studien zur Hochschuldidaktik und Lehrerbildung Mathematik

Reihenherausgeber

R. Biehler (geschäftsführender Herausgeber), Universität Paderborn, Deutschland

A. Beutelspacher, Justus-Liebig-Universität Gießen, Deutschland

L. Hefendehl-Hebeker, Universität Duisburg-Essen, Campus Essen, Deutschland

R. Hochmuth, Leibniz Universität Hannover, Deutschland

J. Kramer, Humboldt-Universität zu Berlin, Deutschland

S. Prediger, Technische Universität Dortmund, Deutschland

Die Lehre im Fach Mathematik auf allen Stufen der Bildungskette hat eine Schlüsselrolle für die Förderung von Interesse und Leistungsfähigkeit im Bereich Mathematik-Naturwissenschaft-Technik. Hierauf bezogene fachdidaktische Forschungs- und Entwicklungsarbeit liefert dazu theoretische und empirische Grundlagen sowie gute Praxisbeispiele.

Die Reihe „Konzepte und Studien zur Hochschuldidaktik und Lehrerbildung Mathematik" dokumentiert wissenschaftliche Studien sowie theoretisch fundierte und praktisch erprobte innovative Ansätze für die Lehre in mathematikhaltigen Studiengängen und allen Phasen der Lehramtsausbildung im Fach Mathematik.

Weitere Bände in dieser Reihe
http://www.springer.com/series/11632

Juliane Leuders · Timo Leuders ·
Susanne Prediger · Silke Ruwisch
(Hrsg.)

Mit Heterogenität im Mathematikunterricht umgehen lernen

Konzepte und Perspektiven für eine
zentrale Anforderung an die Lehrerbildung

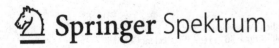

Herausgeberinnen und Herausgeber

Juliane Leuders
Institut für mathematische Bildung Freiburg
Pädagogische Hochschule Freiburg
Freiburg, Deutschland

Timo Leuders
Institut für mathematische Bildung Freiburg
Pädagogische Hochschule Freiburg
Freiburg, Deutschland

Susanne Prediger
Institut für Entwicklung und Erforschung
des Mathematikunterrichts
Technische Universität Dortmund
Dortmund, Deutschland

Silke Ruwisch
Institut für Mathematik und ihre Didaktik
Leuphana Universität Lüneburg
Lüneburg, Deutschland

Konzepte und Studien zur Hochschuldidaktik und Lehrerbildung Mathematik
ISBN 978-3-658-16902-2   ISBN 978-3-658-16903-9 (eBook)
DOI 10.1007/978-3-658-16903-9

Die Deutsche Nationalbibliothek verzeichnet diese Publikation in der Deutschen Nationalbibliografie; detaillierte bibliografische Daten sind im Internet über http://dnb.d-nb.de abrufbar.

Springer Spektrum
© Springer Fachmedien Wiesbaden GmbH 2017

Planung: Ulrike Schmickler-Hirzebruch

Gedruckt auf säurefreiem und chlorfrei gebleichtem Papier.

Springer Spektrum ist Teil von Springer Nature
Die eingetragene Gesellschaft ist Springer Fachmedien Wiesbaden GmbH
Die Anschrift der Gesellschaft ist: Abraham-Lincoln-Strasse 46, 65189 Wiesbaden, Germany

Vorwort

Mit Heterogenität im Mathematikunterricht umgehen zu lernen ist eine zentrale Anforderung an die Lehrerbildung. Besondere Anforderungen ergeben sich in allen Schulformen durch die erhöhte Leistungsheterogenität der Klassen, durch die Inklusion von Lernenden mit Behinderungen und den Umgang mit Lernschwierigkeiten und besonderen Begabungen.

Viele Standorte haben daher begonnen, interessante Ideen und Ansätze zu entwickeln, um Lehrkräfte auf das Unterrichten in heterogenen und insbesondere inklusiven Klassen gezielt mathematikdidaktisch vorzubereiten.

Im Rahmen der vierten Fachtagung der gemeinsamen Kommission Lehrerbildung Mathematik der DMV, GDM und MNU am 14. und 15. September 2015 haben sich zahlreiche Akteure getroffen, um erste Ideen ebenso wie gut etablierte Konzepte zu diskutieren, gemeinsam Perspektiven für die mathematikdidaktische Lehrerbildung auszutauschen und weiter zu entwickeln.

Wir freuen uns sehr, einige dieser Konzepte und ihre Hintergründe nun in einem Sammelband einer noch breiteren Öffentlichkeit zugänglich machen zu können. Der Band beginnt mit drei Überblicksartikeln zu Differenzierung, Inklusion und Sprachsensibilität, bevor sich die Praxisbeiträge zu Diagnose und Förderung, zu Heterogenität und Inklusion sowie zum Umgang mit mathematischen Potenzialen anschließen. Wir hoffen, dass mit diesen Beiträgen gute Ideen für die hochschuldidaktische Praxis nutzbar werden und eine konzeptionelle Weiterentwicklungen an vielen Standorten angeregt werden können.

Die Herausgeberinnen und der Herausgeber danken herzlich Manfred Lehn und seinem Organisationsteam für ihre Gastgeberschaft bei der effizient ausgestalteten Tagung an der Universität Mainz. Wir danken außerdem allen Autorinnen und Autoren, die zum Gelingen des Bandes beigetragen haben.

Die Herausgeberinnen und Herausgeber

Juliane Leuders
Timo Leuders
Susanne Prediger
Silke Ruwisch

Inhaltsverzeichnis

Teil I
Überblicksbeiträge

Flexibel differenzieren erfordert fachdidaktische Kategorien

Vorschlag eines curricularen Rahmens für künftige und praktizierende Mathematiklehrkräfte

Timo Leuders und Susanne Prediger

Zusammenfassung

Der Umgang mit Heterogenität im Mathematikunterricht wird zunehmend zu einem wichtigen Gegenstand im Lehramtsstudium, der einen fundierten curricularen Rahmen erfordert, nicht nur einzelne Beispiele. Zum Rahmen gehören ein Repertoire an Differenzierungsansätzen und theoretische Kategorien, um die Ansätze einzuordnen. Die Kategorien zu Differenzierungszielen, -aspekten, -formaten und -ebenen helfen, je nach Unterrichtsphase, passende Ansätze auszuwählen. Der curriculare Rahmen umfasst außerdem empirisch gestütztes Wissen zu verschiedenen Heterogenitätsaspekten, ihrer Bedeutung für das Mathematiklernen und fachspezifischen Ansätzen zur fokussierten Förderung bei verschiedenen Hürden. Im Beitrag werden die Elemente des curricularen Rahmens dargestellt und exemplarisch aufgezeigt, wie sie in Lehrveranstaltungen erarbeitet werden können.

Aus mehreren Gründen hat das Thema „Differenzieren" (nach einer Hochphase in den 1970er Jahren) wieder eine größere Bedeutung für die Lehrerbildung gewonnen: Dazu gehören empirische Befunde über die Heterogenität der Lerngruppen, der langsame Umbau des deutschen Schulsystems zu einem Zwei-Säulen-Modell, sowie die verstärkte Forderung nach Inklusion (Trautmann und Wischer 2008). Dabei hat die Thematisierung in der Allgemeinen Didaktik eine starke Tradition (z. B. Klafki und Stöcker 1985), jedoch wurden zunehmend auch fachspezifische Differenzierungsansätze und fachdidaktische Kate-

T. Leuders (✉)
Institut für mathematische Bildung Freiburg, Pädagogische Hochschule Freiburg
Freiburg, Deutschland

S. Prediger
Institut für Entwicklung und Erforschung des Mathematikunterrichts, Technische Universität Dortmund
Dortmund, Deutschland

© Springer Fachmedien Wiesbaden GmbH 2017
J. Leuders et al. (Hrsg.), *Mit Heterogenität im Mathematikunterricht umgehen lernen*,
Konzepte und Studien zur Hochschuldidaktik und Lehrerbildung Mathematik,
DOI 10.1007/978-3-658-16903-9_1

gorien für ihre Planung und Reflektion entwickelt (z. B. differenzierende Aufgabenfelder, Krippner 1992, oder natürliche Differenzierung „vom Fach aus", Wittmann 1995).

Fachdidaktisches Wissen für die Gestaltung differenzierenden Mathematikunterrichts wird in den KMK Bildungsstandards gefordert: „Studienabsolventinnen und -absolventen [... können] differenzierenden Mathematikunterricht auf der Basis fachdidaktischer Konzepte analysieren und planen" (KMK 2015a, S. 33). Sowohl das Studium als auch die nachfolgenden Phasen der Lehrerbildung tragen dazu bei, wenn nicht ausschließlich einzelne Praxisbeispiele herangezogen werden, sondern auf einen gemeinsamen theoretischen Rahmen zurückgegriffen werden kann. Ein solcher Rahmen bietet dann auch eine Basis für die Weiterentwicklung lehramtsbezogener Curricula im inneruniversitären Austausch zwischen Bildungswissenschaften, Sonderpädagogik und Fachdidaktiken, sowie in der Vernetzung von Hochschulen, Studienseminaren, Schulen und Fortbildungsinstituten (KMK 2015b, S. 3).

1.1 Ein curricularer Rahmen für das Thema „Differenzieren im Mathematikunterricht"

1.1.1 Entscheidungsfelder für die Gestaltung von Differenzierung

Welche theoretischen Kategorien ermöglichen die systematische Analyse und reflektierte Gestaltung von differenzierendem Mathematikunterricht in der Praxis und sollten in der Lehrerbildung bereits von Beginn an gelernt und angewandt werden? Die folgende Übersicht von Kategorien skizziert einen Vorschlag für wichtige Elemente eines solchen curricularen Rahmens zum Differenzieren im Mathematikunterricht. Ausgeführt werden die Kategorien mit Erläuterungen und vielen Beispielen in Leuders und Prediger (2016).

„Wie gestaltet man eine Lernsituation für eine heterogene Lerngruppe?" Diese didaktische Kernfrage hat, wie viele andere didaktische Fragen (z. B. „Wie geht man mit Fehlern um?", „Was sind gute Aufgaben?"), keine einfache Antwort, denn diese hängt stets von der geplanten **Unterrichtsphase** ab: Im Erarbeiten wird anders differenziert als im Systematisieren oder als im Üben (Leuders und Prediger 2012). Einige Schulen nutzen nur noch einen einzigen Differenzierungsansatz, z. B. das methodische Individualisieren in Selbstlernsettings wie Wochenplanstunden und Lernbüros, obwohl sich dieser Differenzierungsansatz in Phasen des Übens deutlich besser eignet als zum Erarbeiten und Systematisieren neuer Lerninhalte (Bohl und Wacker 2016). Wie lässt sich in dieser Situation für einen angemessenen Umgang mit Differenzierungsstrategien argumentieren? Um eine Sprache für die Eignung von Differenzierungsansätzen und die notwendigen Auswahlentscheidungen zu finden, haben sich in Fort- und Ausbildung die Entscheidungsfelder in Abb. 1.1 bewährt. Innerhalb einer Unterrichtsphase hängen die Entscheidungen jeweils ab von den **Voraussetzungen** der konkreten Lerngruppe und den **Lernzielen**, die verfolgt werden. Sie betreffen vier Bereiche: Differenzierungsziele, -aspekte, -formate und -ebenen.

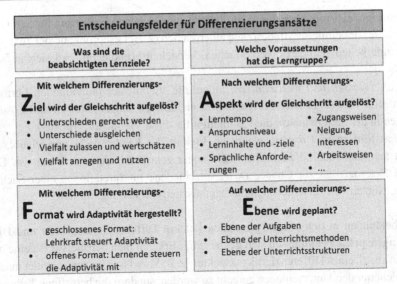

Abb. 1.1 ZAFE-Entscheidungsfelder für das Differenzieren

Oft wird im Unterricht nur nach Lerntempo oder Lernstand differenziert. Schon frühzeitig sollten Lehramtsstudierende darüber hinaus lernen, vielfältige **Heterogenitätsaspekte** ihrer Lerngruppen in den Blick zu nehmen und sie als **Differenzierungsaspekte** (s. Abb. 1.1) gezielt bei der Planung zu berücksichtigen (damit wird die zuweilen übliche Unterscheidung in quantitative und qualitative Leistungsdifferenzierung kategoriell weiter ausdifferenziert).

Für die eher extern empfundenen Heterogenitätsaspekte wie soziales Milieu, sprachliche Voraussetzungen und Gender kann das Lehramtsstudium empirisches und theoretisches Hintergrundwissen anbieten, um begreiflich zu machen, wie diese auf das Mathematiklernen Einfluss nehmen. Zum Beispiel lassen sich *gender*spezifische Unterschiede in Selbstkonzept und Interessen nachweisen, die unmittelbar auf das Mathematiklernen einwirken und in differenzierender Unterrichtsgestaltung fachdidaktisch zu berücksichtigen sind (Jungwirth 2014; für *sprachliche* Aspekte findet man weitere Überlegungen im Beitrag von Prediger in diesem Band). Wer den *Lernstand* als Differenzierungsaspekt berücksichtigen will, braucht ebenfalls fachdidaktische Kenntnisse zu der jeweiligen Inhaltsstruktur und den notwendigen Verstehensgrundlagen (vgl. Abschn. 1.2.2). Bzgl. jedes berücksichtigten Differenzierungsaspekts ist zu klären, mit welchem **Differenzierungsziel** gearbeitet wird:

(1) *Unterschieden gerecht werden* durch adaptive Angebote für alle Lernenden gemäß ihrer jeweiligen Voraussetzungen (z. B. unterschiedliches Lerntempo einplanen, Aufgaben auf verschiedenen Sprachniveaus, ...).

(2) *Unterschiede ausgleichen* durch zusätzliche ausgleichende Förderung für Schwächere, um zuvor definierte Mindestziele zu erreichen (z. B. Leseprobleme bei Textaufgaben aufarbeiten statt Texte vereinfachen, Verstehensgrundlagen fokussiert aufarbeiten, …).

(3) *Vielfalt zulassen und wertschätzen*, indem die Vielfalt der individuellen Lernwege gewürdigt wird (z. B. nach Aufgaben mit vielfältigen Zugangsweisen und Lösungswegen in der Sammelphase die Faszination für diese Vielfalt ausdrücken).

(4) *Vielfalt fördern und nutzen*, wenn die Vielfalt der Kinder nicht nur erlaubt, sondern aus mathematikdidaktischer Sicht sogar zentral für den Lerninhalt ist. Dann wird Heterogenität zur Chance (z. B. verschiedene Interpretationen einer Sachaufgabe, Nutzen von verschiedenen mathematischen Darstellungsformen).

Entscheidungen in den beiden genannten Feldern **Differenzierungsziele** und **Differenzierungsaspekte** beeinflussen sich gegenseitig: Erkennt man beispielsweise eine hohe Diskrepanz bzgl. eines Differenzierungsaspektes (z. B. Vorwissen), so entscheidet man zuweilen, nicht nur den Unterschieden gerecht zu werden, sondern die betroffene Teilgruppe zunächst zeitweise ausgleichend zu fördern.

Die Entscheidungen über die unterrichtliche Umsetzung werden auf unterschiedlichen **Differenzierungsebenen** getroffen (*Aufgaben, Methoden* und *längerfristige Unterrichtsstrukturen*, also z. B. Melderegeln, Checklisten, fächerübergreifende Förderbänder etc.) und dort wiederum in unterschiedlichen **Differenzierungsformaten** umgesetzt (eher *geschlossen*, indem die Lehrkraft die Adaptivität steuert, oder eher *offen*, wenn diese Verantwortung mit den Lernenden geteilt wird, vgl. Wittmann 1995).

Während allgemeindidaktische Ansätze des Differenzierens eher die Ebene der Unterrichtsstrukturen betonen (z. B. Bönsch 2000), benötigen die Aufgaben- und Methodenebene einen vertieften fachdidaktischen Blick, der bereits im Studium erworben werden sollte (vgl. nächster Abschnitt).

Die möglichen Kombinationen von Differenzierungszielen und -aspekten, Differenzierungsformaten und -ebenen erlauben unterschiedliche Realisierung, sogenannte **Differenzierungsansätze**, die sich je nach **Unterrichtsphase** unterscheiden (Leuders und Prediger 2012; Klafki und Stöcker 1985). Die Phasen erstrecken sich dabei oft auf mehrere Stunden.

Tab. 1.2 im Anhang skizziert elf Differenzierungsansätze, die danach ausgewählt wurden, ein breites Spektrum von Optionen deutlich zu machen. Manche sind in der deutschen Praxis bereits etabliert, andere (wie z. B. zur Phase des Systematisierens) bedürfen ausführlicherer Erläuterungen und konkreter Beispiele, die hier den Raum sprengen würden (für eine ausführliche Behandlung s. Leuders und Prediger 2016).

Wie viele von diesen Ansätzen bereits in der ersten Phase (z. B. in den schulpraktischen Studien) erlebt und reflektiert werden können, hängt vom Umfang und Art der fachdidaktischen Studienelemente ab. Zur breiteren Entfaltung kommen sie erfahrungsgemäß eher in der zweiten und dritten Phase der Lehrerbildung.

1.1.2 Fachdidaktische Fundierung für fokussierte Förderung

Damit die beschriebenen Elemente des curricularen Rahmens fachspezifisch durchgearbeitet werden können und nicht rein allgemeindidaktisch bleiben, sind substantielle fachdidaktische Fundierungen notwendig, die sich stets am Primat der Verstehensorientierung und am Prinzip der kognitiven Aktivierung orientieren sollen. Weitere Aspekte werden in den Beispielen zur fokussierten Förderung (Abschn. 1.1.2) und zu differenzierenden Aufgaben (Abschn. 1.1.3) diskutiert.

Während die generelle Idee der ausgleichenden Förderung durch das Differenzierungsziel *Unterschiede ausgleichen* leicht beschrieben ist (und ihre Grenzen im inklusiven Unterricht stets mitgedacht werden müssen), zeigen viele Umsetzungen in Schulen, dass eine fachdidaktisch fokussierte Realisierung keineswegs einfach ist. An vielen Schulen werden Selbstlernmaterialien für methodisch voll individualisierte Unterrichtsstrukturen genutzt, die nicht „fachdidaktisch treffsicher" sind, d. h. sie fokussieren nicht auf die jeweiligen tatsächlichen Bedarfe der Lernenden. Künftige Lehrkräfte sollten daher bereits im Studium lernen, die Qualität differenzierender Lernarrangements nicht an den Sozialformen, sondern an der fachdidaktischen, d. h. inhaltlichen, Ausgestaltung zu messen. Statt von individueller Förderung sprechen wir, aufgrund der hiermit angedeuteten Aufmerksamkeitsverschiebung, lieber von **fokussierter Förderung** (Prediger und Schink 2014) und definieren sie durch zwei Qualitätskategorien:

1. *Fachdidaktische, also inhaltliche Treffsicherheit:* Welche Förderinhalte sind gemäß der fachdidaktisch-empirischen Forschung zentral, um wesentliche Lernhürden zu überwinden?
2. *Individuelle Adaptivität:* Wie gut ist die Förderung zentraler Inhalte auf die individuellen Lernbedarfe Einzelner abgestimmt?

Eine solche fachdidaktische Treffsicherheit bedarf eines profunden stoffbezogenen Wissens zu den zentralen Themen des Mathematikunterrichts, zu deren Verstehensgrundlagen und typischen Lernhürden. Die stoffbezogenen mathematikdidaktischen Lehrveranstaltungen können so weiterentwickelt werden, dass sie diese Grundlagen für fachdidaktisch fokussierten Umgang mit Heterogenität bereitstellen und dies auch für Studierende als solches kenntlich machen (vgl. Abschn. 1.2.2). Die darauf aufbauende Umsetzung in diagnosegeleitetem Unterricht wird dann in den praxisnahen Veranstaltungen gefördert.

1.1.3 Fachdidaktische Fundierung für differenzierende Aufgaben

Ein weiteres Beispiel für die notwendige fachdidaktische Fundierung allgemeinpädagogischer Ideen stellt der Umgang mit Aufgaben dar, denn Aufgaben sind ein zentrales fachdidaktisches Werkzeug für die Planung und Gestaltung von Unterricht (einen Überblick

Tab. 1.1 Aufgabenmerkmale für den fachdidaktisch fundierten Umgang mit differenzierenden Aufgaben

Merkmale von Aufgaben bzw. Aufgabengruppen	Damit zu berücksichtigende Differenzierungsaspekte
Inhaltliche Merkmale (Aufgabeninhalt, Aufgabenfokus)	Differenzieren vor allem nach Lernzielen
<ul><li>Nötiges Vorwissen</li><li>Grundvorstellungsgehalt</li><li>Art der kognitiven Aktivitäten</li><li>…</li></ul>	<ul><li>Lernbedarfe</li><li>Lerninhalte und -ziele (inhalts- und prozessbezogene Kompetenzen)</li><li>Vorkenntnisse</li><li>Interessen, …</li></ul>
Innere Struktur von Aufgaben	Differenzieren vor allem nach Niveau und Zugangsweise
<ul><li>Komplexität</li><li>Kompliziertheit</li><li>Offenheit/Geschlossenheit</li><li>Vertrautheit des Kontextes/Lerninhalte</li><li>Sprachliche Komplexität</li><li>Grad der Formalisierung/Konkretisierung</li><li>Umfang der Wiederholung</li></ul>	<ul><li>Leistungsfähigkeit</li><li>Fähigkeit zu Strukturierung</li><li>Konzentrations-/Durchhalte-vermögen</li><li>Transferfähigkeit</li><li>Sprach- oder Lesekompetenz</li><li>Zugangsweisen</li><li>…</li></ul>
Äußere Struktur von Aufgaben(gruppen)	Differenzieren vor allem nach Arbeitsweisen
<ul><li>paralleldifferenzierende Aufgaben</li><li>gestuft differenzierende Aufgaben</li><li>selbstdifferenzierende Aufgaben</li><li>Aufgabengruppen mit Wahl/Pflicht</li></ul>	<ul><li>Zugangsweisen</li><li>Selbstregulationsfähigkeiten</li><li>Lerntempo</li><li>…</li></ul>

über fachdidaktische Forschung und Entwicklung zu Aufgaben findet man bei Leuders 2015).

Um Aufgaben zur Differenzierung fachdidaktisch reflektiert einsetzen zu können, müssen relevante Aufgabenmerkmale explizit in Beziehung gesetzt werden zu den Differenzierungsaspekten und Differenzierungszielen. Nach unserer Erfahrung haben sich dafür drei Blöcke von Merkmalen bewährt, die in Tab. 1.1 aufgelistet sind. Zwar sind diese nicht trennscharf (z. B. haben Zugangsweisen immer auch inhaltliche Elemente), doch helfen sie erfahrungsgemäß bei der Reduktion von Komplexität ohne Simplifizierung.

Wer mit Aufgaben nach Lernzielen differenzieren will, muss als Kategorien **inhaltliche Aufgabenmerkmale** berücksichtigen, vor allem die Merkmale *nötiges Vorwissen, Grundvorstellungsgehalt* oder die *Art der kognitiven Aktivitäten* (Büchter und Leuders 2016). So ist z. B. schnell zu entlarven, dass ein nur nach Kompliziertheit gestufter Satz von Aufgaben den unterschiedlichen Lernbedürfnissen nicht gerecht werden kann, wenn er immer dieselben kognitiven Aktivitäten verlangt und nicht nach Grundvorstellungsgehalt (also nach Lerngelegenheiten zum Verstehen) differenziert.

Ein geeignetes Set an differenzierenden Aufgaben kann nur derjenige auswählen, der auch vielfältige Merkmale zur **inneren Struktur von Aufgaben** kennt und zur Auswahl nutzt, sowie Aufgaben mit unterschiedlichen **äußeren Strukturen** zu Aufgabengruppen zusammenstellen kann (vgl. Abschn. 1.2.1). Die Analyse und Konstruktion von Aufgaben nach diesen Merkmalen bilden daher eine kategoriengeleitete Fundierung des flexiblen Umgangs mit Differenzierungsansätzen im Unterricht.

1.2 Beispiele für die Thematisierung fachdidaktischer Kategorien in mathematikdidaktischen Lehrveranstaltungen

Drei Beispiele aus Lehrveranstaltungen zeigen die Nutzung der eingeführten Kategorien zu verschiedenen Studienzeitpunkten: eine *Aufgabenwerkstatt* und eine *Erarbeitung einer fokussierten Förderung* können den schulpraktischen Elementen des Studiums vorgeschaltet werden, eine *Analyse von Differenzierungsansätzen* kann auf Erfahrungen im Praktikum aufbauen oder dieses begleiten.

1.2.1 Aufgabenwerkstatt

Nach der Einführung von Aufgabenmerkmalen aus Tab. 1.1 in einer fachdidaktischen Grundvorlesung kann eine Übung oder ein ganzes Seminar als Aufgabenwerkstatt gestaltet werden, um diese Kategorien als handlungswirksam erleben zu lassen. Dabei werden vorgegebene Aufgaben nach schwierigkeitsgenerierenden Aufgabenmerkmalen in ihrer inneren Aufgabenstruktur und den inhaltlichen Merkmalen variiert. Die Auseinandersetzung mit einer Aufgabengruppe, die auf ein breites Spektrum von Aspekten eines Lerninhaltes abhebt, kann zudem die situierte Anwendung fachdidaktischer Grundkenntnisse in einer spezifischen äußeren Aufgabenstruktur anregen. In Auftrag I der Abb. 1.2 würde z. B. die *Kompliziertheit* reduziert, wenn nur ganzzahlige Seitenlängen genutzt werden; nach *Komplexität*, wenn eine zusammengesetzte Figur statt des Parallelogramms erst zu zerlegen wäre, und nach *Vorstrukturierung*, wenn die Seitenlängen bereits mit h und g bezeichnet werden. Nach Art der *kognitiven Aktivitäten* und *Grundvorstellungsgehalt* sind die Teilaufgaben b) bis d) in Auftrag II gestuft.

1.2.2 Fachdidaktische Hintergründe für fokussierte Förderung

In Lehrveranstaltungen zur Differenzierung sollte auch eine ausgleichende fokussierte Förderung thematisiert werden, weil sie auf eine wichtige Grenze der inneren Differenzierung verweist und die zeitweise äußere Differenzierung fundiert, die sonst gerade im Sekundarstufenunterricht zu wenig Berücksichtigung findet.

Eine fokussierte Förderung benötigt fachdidaktisches Wissen zu dem in Frage stehenden Förderbereich. Für den Bereich der arithmetischen Basiskompetenzen zu Beginn von Klasse 5 kann man beispielsweise die beiden folgenden Perspektiven verbinden:

- Ansätze für (ggf. äußeren) differenzierenden Unterricht mit dem Ziel der ausgleichenden Förderung, (z. B. Ansatz 3a diagnosegeleitetes Üben oder Ansatz 3c angeleitete Wiedererarbeitung) und die dazu genutzten Fördermaterialien
- relevante Verstehensgrundlagen für den differenzierenden Inhalt, z. B. Zahl- und Operationsverständnis (Prediger et al. 2013)

Aufgaben in ihrer Schwierigkeit variieren

Betrachten Sie folgende Aufgabe aus dem Schulbuch Mathewerkstatt 8
(Hußmann et al. 2015, S. 110):

a) Zeichne ein Parallelogramm bei dem die Grundseite 3 cm lang ist und die Höhe 1,5 cm. Wie groß ist sein Flächeninhalt, wie groß ist sein Umfang? Welche weitere Länge musst du dazu messen? Findest du mehrere Wege?

I)   Erstellen Sie jeweils eine Variation der Aufgabe, die sie schwieriger/ leichter macht
     bzgl. der folgenden Merkmale zur inneren Struktur:
     • Kompliziertheit (technischer Aufwand)
     • Komplexität (Zahl der Schritte oder Verknüpfungen)
     • Offenheit/Geschlossenheit
     • Sprachliche Komplexität
     • Grad der Formalisierung/Konkretisierung
     und folgenden zu inhaltlichen Merkmalen:
     • nötiges Vorwissen
     • Grundvorstellungsgehalt
     • Art der kognitiven Aktivitäten

II) Analysieren Sie die unten abgedruckte, gestuft differenzierende Aufgabenserie:
     • Welche Aufgabenmerkmale wurden hier verändert?
     • Welche weiteren Differenzierungsaspekte werden dadurch adressiert?

12 **Ein Parallelogramm verdoppeln**

a) Zeichne ein Parallelogramm bei dem die Grundseite 3 cm lang ist und die Höhe 1,5 cm. Wie groß ist sein Flächeninhalt, wie groß ist sein Umfang? Welche weitere Länge musst du dazu messen? Findest du mehrere Wege?

b) Zeichne ein Parallelogramm mit dem doppelten Flächeninhalt zu dem aus a). Wenn du das geschafft hast, dann suche zwei weitere Parallelogramme, die auch doppelt so groß sind. Schreibe die drei Terme zur Flächenberechnung auf.

c) Verallgemeinere nun aus a) und b): Schreibe die Maße für die doppelt so großen Parallelogramme mit Variablen auf. Gib auch die allgemeinen Terme für den Flächeninhalt der doppelt so großen Parallelogramme an.

d) Und nun umgekehrt: Zeichne ein Parallelogramm mit Grundseite g und die Höhe h. Suche nun eine Figur mit halbem Flächeninhalt und schreibe einen Term auf, mit dem du ihn berechnest.

$\frac{g \cdot h}{2}$ $\frac{g}{2} \cdot h$

$(h : 2) \cdot g$

e) ▪ Zeichne zu jedem der drei Terme eine passende Figur.
   ▪ Erkläre, warum alle drei Terme für jede Zahl, die für g und für h eingesetzt wird, immer denselben Wert haben.
   ▪ Finde auch einen Term zu deinem Bild aus d).

Abb. 1.2 Arbeitsauftrag für eine Aufgabenwerkstatt. (Mit freundlicher Genehmigung © Cornelsen Verlag 2015. All Rights Reserved)

Ein Seminarkonzept, das die fachdidaktischen Grundlagen für arithmetische Basiskompetenzen anhand des Diagnostikums „Lernstand 5 – Baden-Württemberg" (Schulz et al. 2015), der „Rechenbausteine" (Prediger et al. 2011) und „Mathe sicher können" (Selter et al. 2014) erarbeitet, stellt Andreas Schulz (in diesem Band) vor.

1.2.3 Analyse und Weiterentwicklung von Differenzierungsansätzen

In einem schulpraktischen Vorbereitungsseminar werden fünf zuvor kurz vorgestellte Differenzierungsansätze thematisiert (s. Abb. 1.3, diese sind weniger ausdifferenziert als die 11 Ansätze aus Tab. 1.2). Der Auftrag an die Studierenden in Abb. 1.3 lautet, sie nach den Entscheidungsfeldern aus Abb. 1.1 einzuordnen und zu variieren, z. B. indem sie in den Übungen auch den Differenzierungsaspekt der Lernziele durch unterschiedliche Aufgaben berücksichtigen. Im Erkunden wird die Selbstdifferenzierung z. B. ergänzt durch gestufte Vorstrukturierungen. Im weiteren Verlauf des Seminars werden eigene Unter-

Differenzierungsansätze einordnen und variieren

Fünf Differenzierungsansätze wurden vorgestellt (Leuders & Prediger 2016, Kap. 1):
(1) Üben in Paralleldifferenzierung
(2) Methodische Individualisierung beim Wiederholen
(3) Selbstdifferenzierendes Erkunden für gemeinsames Lernen
(4) Stationenbetrieb mit vielfältigen Zugangsweisen
(5) Ausgleichende Förderung im Abteilungsunterricht
Auftrag 1: Verorten Sie die fünf Ansätze jeweils in den vier Entscheidungsfeldern.
Auftrag 2: Variieren Sie sie, indem sie jeweils einmal die Differenzierungsziele, die Differenzierungsaspekte und einmal die Differenzierungsformate verändern.

Abb. 1.3 Aufträge fürs schulpraktische Seminar

Unterrichtsphase des Erarbeiten			
Ansatz 1a	Ansatz 1b	Ansatz 1c	Ansatz 1d
An Vorerfahrungen anknüpfen	*Eigenaktiv erkunden*	*Angeleitet erarbeiten*	*Individuell nachvollziehen*

- Wie umfassend besteht die Chance, dass Lernende Vorerfahrungen einbringen können? (→ Ansatz 1a)
- Ist es ggf. vorab nötig, Unterschiede auszugleichen und gemeinsame Lernvoraussetzungen herzustellen (vorgeschaltetes Wiederholen →Ansätze 3a,b,c)
- Wie intensiv sollen Lernende gemeinsam an neuen mathematischen Situationen arbeiten? Möchte man die Vielfalt der Denkwege vielleicht sogar nutzen? (→ Ansatz 1b)
- Stehen Aufgaben zur Verfügung, an denen Lernende auf unterschiedlichem Niveau arbeiten können? (→ Ansatz 1b)
- Ist zu erwarten, dass die Lernziele auch bei der individuellen Bearbeitung von schriftlichem Material erreicht werden können? (→ Ansatz 1d)
- Oder braucht es flexible Moderation und das Vorbild der Lehrperson? (→ Ansätze 1b oder 1c oder eine Mischung)
- Sollen Lernende zur Kommunikation und Argumentation angeregt werden? (→ Ansätze 1a und 1b berücksichtigen)
- Besteht eine Unterrichtsstruktur, die das individuelle Arbeiten unterstützt und aufrecht erhält? (→ Ansatz 1d)

Abb. 1.4 Prüffragen für die Entscheidung zwischen Differenzierungsansätzen. (Leuders und Prediger 2016, S. 203)

richtsplanungen zu differenzierendem Unterricht gemeinsam erstellt, dabei erarbeiten die Studierenden eine Liste an Prüffragen (wie z. B. auszugsweise in Abb. 1.4 aus Leuders und Prediger 2016, S. 203). Diese dient der kritisch-konstruktiven Weiterentwicklung.

Wie eine solche Hinführung zu Differenzierungsansätzen auch mit Lehrkräften in einer Fortbildung aussehen kann, wird bei Leuders et al. (im Druck) ausführlicher dargestellt.

1.3   Fazit

Damit Lehrkräfte beim Differenzieren nicht nur sehr schlichte und einseitige Ansätze nutzen, müssen sie lernen, methodische, allgemeindidaktische und fachdidaktische Anforderungen eng zu verknüpfen. Die Planung, Gestaltung und Reflexion differenzierenden Unterrichts sollte daher immer wieder in fachdidaktische Studienanteile eingewoben werden, um die notwendigen fachdidaktischen Kategorien systematisch aufzubauen und anwenden zu lernen.

A Anhang

Tab. 1.2 Überblick über 11 Differenzierungsansätze (EA = Einzelarbeit, GA = Gruppenarbeit, UG = Unterrichtsgespräch)

Überblick über elf Differenzierungsansätze	
Differenzierungsansätze in der Unterrichtsphase des Erarbeitens	
Ansatz 1a (GA, EA) **An Vorerfahrungen anknüpfen**	**Idee:** Durch offene Arbeitsaufträge in lebensweltlichen Zusammenhängen werden in Einzel- oder Gruppenarbeiten Vorerfahrungen aktiviert und ggf. ausgeglichen. **Differenzierungs-Ziele**: Unterschiede ausgleichen UND Vielfalt zulassen und wertschätzen
Ansatz 1b (EA, GA) **Eigenaktiv erkunden**	**Idee:** An mathematisch reichhaltigen und offen differenzierenden Erkundungsaufträgen in Kontext- oder Strukturproblemen arbeiten Lernende allein oder in Gruppen eigenaktiv und entfalten vielfältige Zugangsweisen, Interessen, Niveaus und Lerntempi. **Differenzierungs-Ziele**: Unterschieden gerecht werden UND Vielfalt zulassen und wertschätzen
Ansatz 1c (UG) **Angeleitet erarbeiten**	**Idee:** Komplexe Inhalte werden unter Anleitung der Lehrkraft im Unterrichtsgespräch erarbeitet. Dabei kann die Lehrkraft Unterschieden in geschlossenem Differenzierungsformat gerecht werden, indem sie mündliche Aufträge jeweils den Lernenden anpasst. Die Klasse wird gemeinsam, aber doch unterschiedlich angesprochen und die Vielfalt der Ideen in der Klasse für das gemeinsame Lernen genutzt. **Differenzierungs-Ziele**: Unterschieden gerecht werden UND Vielfalt fördern und nutzen
Ansatz 1d (EA, PA) **Individuell nachvollziehen**	**Idee:** Methodisch individualisierte Erarbeitungen bewältigen Lernende in Einzelarbeit durch Lernen an Lösungsbeispielen. Zumindest für die Erarbeitung von Fertigkeiten und Prozeduren wird so eine geschlossene Differenzierung nach Lernzielen und Lerntempo möglich. **Differenzierungs-Ziele**: Unterschiede ausgleichen UND Unterschieden gerecht werden

Differenzierungsansätze in der Unterrichtsphase des Systematisierens	
Ansatz 2a (GA) **Lösungswege austauschen**	**Idee:** In Kleingruppen tauschen sich die Lernenden über Lösungswege zu zuvor erkundeten Problemen aus, z.B. in Strategiekonferenzen. Längerfristig eingeführte Kommunikationsregeln unterstützen die fachliche Tiefe des Austauschprozesses. So wird die angeregte Vielfalt der Lernenden nutzbar für ein vielfältiges Bild auf die Inhalte, z.B. zu vielfältigen Zugangsweisen oder Vorstellungen. **Differenzierungs-Ziele:** Vielfalt anregen und nutzen
Ansatz 2b (UG) **Lösungswege inszenieren**	**Idee:** Sollen im Unterrichtsgespräch die vielfältigen Lösungswege von Lernenden wertgeschätzt und für das weitere Mathematiklernen genutzt werden, kann die Lehrkraft die Präsentation von Gruppenergebnissen gezielt inszenieren, um die Zugangsweisen und Lösungswege systematisch aufeinander zu beziehen. **Differenzierungs-Ziele:** Vielfalt zulassen und wertschätzen UND Vielfalt anregen und nutzen
Ansatz 2c (GA, EA) **Eigenaktiv ordnen**	**Idee:** Sollen Systematisierungsprozesse in Gruppen- und Einzelarbeit geordnet werden, so sind systematisierende Aufgaben notwendig, die die Balance zwischen kognitiver Aktivierung und Konvergenz finden. Durch Konvergenz der Arbeit lassen sich Unterschiede aus den Erarbeitungsprozessen in Bezug auf eine gemeinsame Wissensbasis ausgleichen. Durch unterschiedliche Grade von Vorstrukturierung kann man dennoch Unterschieden in Lernständen und Tempo gerecht werden. **Differenzierungs-Ziele:** Unterschiede ausgleichen UND Unterschieden gerecht werden

Differenzierungsansätze in der Unterrichtsphase des Übens und Wiederholens

Ansatz 3a (EA) **Diagnosegeleitet üben / wiederholen**	**Idee:** Beim individuellen Üben kann man Unterschieden in Lernzielen und -tempo gerecht werden, wenn die Bedarfe durch kleine diagnostische Standortbestimmungen erhoben und die Aufgaben daraufhin zugewiesen werden. Werden Wiederholungen eingefügt, können auch Unterschiede ausgeglichen werden. **Differenzierungs-Ziele:** Unterschieden gerecht werden UND Unterschiede ausgleichen
Ansatz 3b (EA, GA) **Produktiv üben**	**Idee:** Produktives Üben in Einzel- oder Gruppenarbeit kombiniert das Training von Basiswissen und -können mit Entdeckungen von Mustern oder Problemaufgaben, sodass unterschiedliche Lernstände, Anspruchsniveaus oder Zugangsweisen berücksichtigt werden können. Einsetzbar sind Wahlaufgaben oder offen differenzierende Aufgaben. **Differenzierungs-Ziele:** Unterschieden gerecht werden
Ansatz 3c (GA, UG) **Angeleitet wiedererarbeiten**	**Idee:** Gerade die Aufarbeitung von Lücken in den Verstehensgrundlagen ist nicht in Einzelarbeit zu bewältigen, sondern erfordert Anleitung durch die Lehrkraft, in moderierten Kleingruppen oder im Unterrichtsgespräch. Der Differenzierungsansatz kann mit individualisiertem Üben für den Rest der Klasse kombiniert oder schulorganisatorisch in Förderbändern realisiert werden. **Differenzierungs-Ziele:** Unterschiede ausgleichen

Differenzierungsansätze in der Unterrichtsphase des Überprüfens

Ansatz 4 **Leistungen differenziert rückmelden**	**Idee:** Regelmäßige, differenzierte Rückmeldungen ermöglichen, eine Passung des weiteren Unterrichts auf die Lernbedarfe zu sichern und eine Differenzierung nach Lernzielen zu organisieren. Eine kluge Kombination aus Kriteriumsnorm und Individuumsnorm hilft, das Dilemma der Gerechtigkeit abzuschwächen. **Differenzierungs-Ziele:** Unterschieden gerecht werden

Literatur

Bohl, T., & Wacker, A. (Hrsg.). (2016). *Die Einführung der Gemeinschaftsschule in Baden-Württemberg. Abschlussbericht (WissGem)*. Münster: Waxmann.

Bönsch, M. (2000). *Intelligente Unterrichtsstrukturen. Eine Einführung in die Differenzierung*. Baltmannsweiler: Schneider Hohengehren.

Büchter, A., & Leuders, T. (2016). *Mathematikaufgaben selbst entwickeln. Lernen fördern – Leistungen überprüfen* (3. Aufl.). Berlin: Cornelsen Scriptor.

Hußmann, S., Prediger, S., Barzel, B., & Leuders, T. (Hrsg.). (2015). *Mathewerkstatt*. Bd. 8. Berlin: Cornelsen.

Jungwirth, H. (2014). *Genderkompetenz im Mathematikunterricht. Fachdidaktische Anregungen für Lehrerinnen und Lehrer*. Klagenfurt: Institut für Unterrichts- und Schulentwicklung.

Klafki, W., & Stöcker, H. (1985). Innere Differenzierung des Unterrichts. In W. Klafki (Hrsg.), *Neue Studien zur Bildungstheorie und Didaktik* (S. 119–154). Weinheim: Beltz.

KMK – Kultusministerkonferenz (2015a). *Ländergemeinsame inhaltliche Anforderungen für die Fachwissenschaften und Fachdidaktiken in der Lehrerbildung.* Beschluss der Kultusministerkonferenz vom 16. Okt. 2008 in der Fassung vom 11.06.2015.

KMK – Kultusministerkonferenz (2015b). *Lehrerbildung für eine Schule der Vielfalt.* Gemeinsame Empfehlung von Hochschulrektoren- und Kultusministerkonferenz vom 12.03.2015.

Krippner, W. (1992). *Mathematik differenziert unterrichten.* Hannover: Schroedel.

Leuders, T. (2015). Aufgaben in Forschung und Praxis. In R. Bruder, L. Hefendehl-Hebeker, B. Schmidt-Thieme & H.-G. Weigand (Hrsg.), *Handbuch Mathematikdidaktik* (S. 433–458). Heidelberg: Springer.

Leuders, T., & Prediger, S. (2012). „Differenziert Differenzieren" – Mit Heterogenität in verschiedenen Phasen des Mathematikunterrichts umgehen. In A. Ittel & R. Lazarides (Hrsg.), *Differenzierung im mathematisch-naturwissenschaftlichen Unterricht – Implikationen für Theorie und Praxis* (S. 35–66). Bad Heilbrunn: Klinkhardt.

Leuders, T., & Prediger, S. (2016). *Flexibel differenzieren und fokussiert fördern im Mathematikunterricht – Ein fachdidaktisch fundiertes Praxisbuch.* Berlin: Cornelsen Scriptor.

Leuders T., Schmaltz, C., & Erens, R. (im Druck). Entwicklung einer Fortbildung zu allgemein-didaktischen und fachdidaktischen Aspekten des Differenzierens. Erscheint in: R. Biehler, T. Lange, T. Leuders, P. Scherer, B. Rösken-Winter & C. Selter (Hrsg.), *Mathematikfortbildungen professionalisieren. Konzepte, Beispiele und Erfahrungen des Deutschen Zentrums für Lehrerbildung Mathematik.*

Prediger, S., & Schink, A. (2014). Verstehensgrundlagen aufarbeiten im Mathematikunterricht – fokussierte Förderung statt rein methodischer Individualisierung. *Pädagogik, 66*(5), 21–25.

Prediger, S., Hußmann, S., Brauner, U., Matull, I., Seifert, G., & Verschraegen, J. (2011). Rechenbausteine: Selbsttest und Training. In S. Hußmann, S. Prediger, B. Barzel & T. Leuders (Hrsg.), *Mathewerkstatt 5. Rechenbausteine.* Berlin: Cornelsen.

Prediger, S., Freesemann, O., Moser Opitz, E., & Hußmann, S. (2013). Unverzichtbare Verstehensgrundlagen statt kurzfristige Reparatur. *Praxis der Mathematik, 55*(51), 12–17.

Schulz, A., Leuders, T., Rangel, U., & Kowalk, S. (2015). Guter Start in die Sekundarstufe. Lernstand 5 in Baden-Württemberg: Diagnose und Förderung arithmetischer Basiskompetenzen. *Mathematik lehren, 192*, 14–17.

Selter, C., Prediger, S., Nührenbörger, M., & Hußmann, S. (Hrsg.). (2014). *Mathe sicher können – Natürliche Zahlen. Förderbausteine und Handreichungen für ein Diagnose- und Förderkonzept zur Sicherung mathematischer Basiskompetenzen.* Berlin: Cornelsen.

Trautmann, M., & Wischer, B. (2008). Das Konzept der „Inneren Differenzierung" als Beispiel allgemeindidaktischer Reformsemantik. *Zeitschrift für Erziehungswissenschaft, 9* (Sonderheft), 159–172.

Wittmann, E. C. (1995). Aktiv-entdeckendes und soziales Lernen im Rechenunterricht – vom Kind und vom Fach aus. In G. N. Müller & E. C. Wittmann (Hrsg.), *Mit Kindern rechnen* (S. 10–41). Frankfurt: Arbeitskreis Grundschule.

Inklusiven Mathematikunterricht gestalten

Anforderungen an die Lehrerausbildung

2

Uta Häsel-Weide

Zusammenfassung

Im inklusiven Mathematikunterricht besteht eine zentrale Aufgabe darin, die Heterogenität der Lernenden wertschätzend anzunehmen und dem Spannungsfeld zwischen dem gemeinsamen Mathematiklernen aller und der individuellen Förderung einzelner zu begegnen. Dazu braucht es einerseits auf Seiten der Lehrkräfte Kompetenzen, um die Potentiale der Lernenden zu erkennen und andererseits Lernumgebungen, um mit der Vielfalt angemessen umzugehen. Im Beitrag werden grundsätzliche Überlegungen zum inklusiven Mathematikunterricht vorgenommen und mit Blick auf das Stellenwertverständnis konkretisiert.

„Die Befähigung zu einem professionellen Umgang mit Vielfalt insbesondere mit Blick auf ein inklusives Schulsystem" ist seit 2016 als Ziel der Lehrerausbildung explizit in NRW gesetzlich verankert. „Die Ausbildung soll die Befähigung schaffen und die Bereitschaft stärken, die individuellen Potenziale und Fähigkeiten aller Schülerinnen und Schüler zu erkennen, zu fördern und zu entwickeln" (LABG §2). Um dieses Ziel zu erreichen, müssen die Studierenden wissen, was unter einem inklusiven Schulsystem verstanden werden kann, welchen Potentialen, Fähigkeiten aber auch Schwierigkeiten auf Seiten der Lernenden ihnen begegnen. Außerdem sollen sie Konzepte zum Umgang mit Vielfalt im Mathematikunterricht kennenlernen.

U. Häsel-Weide (✉)
Fakultät für Elektrotechnik, Informatik und Mathematik | Institut für Mathematik, Universität Paderborn
Paderborn, Deutschland

© Springer Fachmedien Wiesbaden GmbH 2017

17

J. Leuders et al. (Hrsg.), *Mit Heterogenität im Mathematikunterricht umgehen lernen*, Konzepte und Studien zur Hochschuldidaktik und Lehrerbildung Mathematik, DOI 10.1007/978-3-658-16903-9_2

2.1 Potentiale und Fähigkeiten im Mathematikunterricht

Seit der Ratifizierung der UN-Konvention 2009 werden Lernende mit sonderpädagogischem Unterstützungsbedarf zunehmend im Gemeinsamen Lernen in Regelschulen
unterrichtet. Die Modelle dieser gemeinsamen Beschulung sind in den einzelnen Bun-
desländern in Deutschland unterschiedlich, ebenso wie der Anteil der Lernenden mit
sonderpädagogischem Unterstützungsbedarf, der in Regelschulen unterrichtet wird.
Deutschlandweit wurden im Schuljahr 2013/2014 31,4 % der Schülerinnen und Schüler mit sonderpädagogischem Unterstützungsbedarf an Regelschulen unterrichtet (Klemm
2015). Aufgeschlüsselt nach Schulstufen werden im Grundschulalter 49,9 % der Kinder
mit sonderpädagogischem Unterstützungsbedarf inklusiv beschult, in der Sekundarstufe
sind es 29,9 % (Klemm 2015).

Wird eine Gruppe von Lernenden gemeinsam unterrichtet, bedeutet dies für den Mathematikunterricht zweierlei. Einerseits ist im Fachunterricht unterrichtsintegriert (son-
der)pädagogische Unterstützung zu ermöglichen und umzusetzen. Andererseits müssen
bei der Auswahl und Umsetzung der mathematischen Inhalte die individuellen Potentiale
und Fähigkeiten der Lernenden berücksichtigt werden und der Mathematikunterricht ist so
zu gestalten, dass eine Förderung auf unterschiedlichen Niveaus stattfinden kann. Zudem
gilt es zu beachten, dass die Vorstellungen und Vorgehensweisen sich nicht nur vertikal,
sondern auch horizontal im Sinne einer „Vielfalt von Denkwegen" unterscheiden (Spiegel
und Walter 2005).

2.1.1 Unterrichtsintegrierte Unterstützung

Um inklusiven Unterricht angemessen zu gestalten und die gemeinsam Lernenden bestmöglich zu unterstützen, sollte sich der Unterricht an den Merkmalen guten Unterrichts
orientieren, wobei insbesondere eine curriculumsorientierte Diagnostik, kooperative Lernformen und individuelles Feedback bedeutend sind (Helmke 2015; Werning 2016). Lernende profitieren zudem von einem Unterricht mit einem gelingenden Classroom Management bezogen auf ihren Lernerfolg und ihre sozial-emotionale Entwicklung (Emmer
und Stough 2001; Hennemann und Hillenbrand 2013). Eine stringente Klassenführung,
klare Arbeitsaufträge oder schnelltaktige Rückmeldungen und Visualisierungen können
Schülerinnen und Schülern das inhaltliche Lernen erleichtern (Hennemann und Hillenbrand 2013), wobei eine Klarheit in der Unterrichtsführung nicht mit einer inhaltlichen
Kleinschrittigkeit oder Lenkung verwechselt werden sollte.

Für Lernende mit sonderpädagogischem Unterstützungsbedarf sind zusätzlich zur Beachtung der Merkmale guten Unterrichts spezifische Unterstützungsmaßnahmen anzubieten, wie z. B. der Einsatz besonderer technischer Hilfen, umgesetzte Arbeitsmaterialien
oder räumliche Maßnahmen, Gewährung des Nachteilsausgleichs bei zielgleicher Beschulung, Formulierungen in leichter Sprache oder Programme zur Verhaltensmodifikation.
Die Auswahl und Implementierung derartiger sonderpädagogischer Maßnahmen, die an

dieser Stelle nur angedeutet werden können, erfolgt in Kooperation mit der Lehrkraft für Sonderpädagogik mit Blick auf den individuellen Lernenden.

Für Lernende, die zieldifferent beschult werden und Lernende mit Schwierigkeiten beim Mathematiklernen müssen zudem fachliche Kompetenzschwerpunkte gesetzt werden. Hierbei kann eine Orientierung an den kritischen Stellen des Mathematiklernens hilfreich sein.

2.1.2   Kritische Stellen beim Lernen von Mathematik unter besonderer Berücksichtigung des Dezimalsystems

Für Lernende mit Schwierigkeiten beim Mathematiklernen erweisen sich das Verständnis von Zahlen, Operationen und des Dezimalsystems sowie die Vorstellungen von und der Umgang mit Größen als wesentliche Hürde (Häsel-Weide und Nührenbörger 2013; Moser Opitz 2013; Scherer 2014). Es handelt sich um zentrale Inhaltsbereiche der Primarstufenmathematik, die von einigen Kindern nicht oder nicht im ausreichenden Maße verstanden werden. Die Lernenden orientieren sich an einzelnen Objekten, Darstellungen oder Verfahren, ohne ein Verständnis für die strukturellen Zusammenhänge und Beziehungen aufzubauen. Fehlendes Basiswissen erschwert bereits in der Primarstufe einen flexiblen, sicheren Umgang mit Zahlen und Operationen und kann in der Sekundarstufe I zu gravierenden Schwierigkeiten führen, wie im Folgenden am Beispiel des Stellenwertverständnisses aufgezeigt wird.

Zu einem Verständnis des Stellenwertsystems zählt die Einsicht in das Stellenwertprinzip und die Idee der fortgesetzten Bündelung (Ross 1989). Hürden im Verständnis zeigen sich z. B., indem Zahlzerlegungen, bei denen Stellen nicht besetzt sind oder die Reihenfolge variiert (z. B. $4 + 800 = \_\_$), über ein mechanisches Notieren der Zahlen von links nach rechts gelöst werden (Scherer 2009). Schwierigkeiten im Verständnis des Bündelungsprinzips werden auch bei der Interpretation von nicht vollständig gebündelten Darstellungen wie 3T 14H 2E (Ladel und Kortenkamp 2014; Moser Opitz 2013; Selter et al. 2014) oder, wie in Abb. 2.1, im Gebrauch und in der Interpretation der Stellenwerttafel als „Sortiertabelle" deutlich (Freesemann 2014; Gellert 2010).

Fehlt die Einsicht in das Stellenwertsystem, kann dies Schwierigkeiten beim Rechnen mit großen Zahlen und häufige Fehler zur Folge haben (Freesemann 2014) sowie flexibles Rechnen und ein Verständnis der Dezimalzahlen erschweren (Mosandl und Spren-

Abb. 2.1 Stellenwerttafel als „Sortiertabelle". (Aus Freesemann 2014, S. 176; mit freundlicher Genehmigung von © Springer Fachmedien Wiesbaden GmbH 2014. All Rights Reserved)

a) Schreibe als Zahl auf: 1 Tausender, 3 Hunderter, 4 Einer

Zahl in der Stellentafel: Die Zahl heißt:

T	H	Z	E
1000	300		4

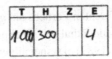

ger 2014). Wird im Mathematikunterricht die kritische Stelle „Stellenwertverständnis" mit Blick auf Strukturen und Beziehungen thematisiert, ergibt sich sowohl die Chance, grundlegende Verstehenskompetenzen zu einem zentralen Inhalt aufzubauen als auch die Gelegenheit, kleinere Verstehenslücken zu schließen.

Für die Ausbildung von Mathematiklehrkräften bedeutet dies, dass Wissen über die kritischen Stellen beim Mathematiklernen, über den zugehörigen fachlichen Hintergrund und über typische Vorgehensweisen erworben werden muss. Zudem sollten Lehrkräfte diagnostische Kompetenzen zum Erkennen der Potentiale entwickeln sowie Förderkonzeptionen zu den kritischen Stellen kennen, bewerten, durchführen und selbst (weiter)entwickeln können. Dabei besteht die Herausforderung auch darin, Förderung im oben genannten Sinne zu ermöglichen und darüber hinaus Angebote für ein vertieftes und weiterführendes Stellenwertverständnis zu machen; mit anderen Worten den Mathematikunterricht auf vielfältige Potentiale und Fähigkeiten auszurichten.

2.2   Mathematikunterricht mit Blick auf Vielfalt gestalten

Inklusiver Unterricht verläuft in unterschiedlichen Lernsituationen, um der Heterogenität der Lernenden begegnen zu können, individuelle Förderung zu ermöglichen und dem Ziel des tatsächlich gemeinsamen (Mathematik)Lernens gerecht zu werden. Dabei können folgende Settings unterschieden werden (Jennessen und Wagner 2012):

- Zieldifferentes Lernen in exklusiven Einzel- oder Kleingruppensituationen
- Zieldifferentes Lernen an verschiedenen Gegenständen in heterogenen oder homogenen Gruppen
- Zieldifferentes Lernen durch differenzierende, reichhaltige Lernangebote am gemeinsamen Gegenstand in heterogenen Gruppen

Konzeptionen für zieldifferentes Lernen liegen zu ausgewählten Themen in Form von Trainingsprogrammen und Fördermaterialien vor (Krajewski et al. 2007; Lorenz und Kaufmann o.J.; Selter et al. 2014). Auch im Rahmen der Ausbildung von Lehrkräften wird auf diesen Aspekt bereits viel Wert gelegt, wie die vielfältigen Beiträge in diesem Band belegen. Ebenso gibt es eine Reihe (methodischer) Überlegungen und Arbeitsmaterialien für ein zieldifferenziertes Lernen an verschiedenen Gegenständen. Schwerpunkt der weiteren Ausführung soll deshalb auf dem dritten Lernsetting liegen.

2.2.1   Gemeinsames Lernen am gemeinsamen Gegenstand

Der Kerngedanke des zieldifferenten Lernens am gemeinsamen Gegenstand ist nicht neu, sondern wurde bereits von Freudenthal (1974) explizit für den Mathematikunterricht herausgearbeitet und von Feuser (1989) in seiner allgemeinen, integrativen Pädagogik formuliert. Er stellt die Forderung auf, dass in einer inklusiven Schule „alle Kinder in Kooperation miteinander auf ihrem jeweiligen Entwicklungsniveau und mittels ihrer momentanen Denk- und Handlungskompetenzen an und mit einem gemeinsamen Gegenstand lernen und arbeiten" (Feuser 1989, S. 22). Freudenthal konkretisiert seine Überlegungen für die heterogene Schülerschaft der Sekundarstufe. Er entwirft hierzu die Idee eines Lernens „miteinander am gleichen Gegenstand auf verschiedenen Stufen" (Freudenthal 1974, S. 166) und fordert ähnlich wie Feuser, dass die in einer Gruppe zusammenarbeitenden Kinder alle am gleichen Gegenstand arbeiten sollen, aber jedes Kind auf seiner Stufe des Verständnisses. Dabei soll die Zusammenarbeit es ihnen ermöglichen, jeweils ihre Kompetenzen zu erhöhen, weil sich Kinder mit geringeren Kompetenzen an den Fähigkeiten der anderen orientieren können und davon profitieren und weil Kinder mit hohen Kompetenzen durch den reflexiven Blick auf die niedrigere Stufe neue Einsichten erhalten. Die Auseinandersetzung mit dem Gegenstand muss somit auf mehreren Verständnisstufen möglich sein. Grundsätzlich gilt, auch die Kinder mit geringeren Kompetenzen sollen einen breiten Teil der Mathematik durchlaufen, d. h. sie sollen nicht von ganzen Inhaltsbereichen ausgeschlossen werden (Freudenthal 1974, S. 166).

Übereinstimmend findet sich in den Überlegungen Feusers und Freudenthals der gemeinsame Gegenstand, der auf unterschiedlichen Niveaus in einem kooperativen Setting erarbeitet werden soll. Doch weder Freudenthal noch Feuser haben ihre Überlegungen so ausgearbeitet, dass eine Umsetzung ohne weiteres möglich wäre, sondern es bedarf einer Konkretisierung mit Blick auf das gemeinsame fachliche Lernen (Häsel-Weide und Nührenbörger 2017). Dabei kann auf mathematikdidaktische Konzeptionen wie substantiellen Aufgabenformate und natürlicher Differenzierung zurückgegriffen werden (Scherer 2017; Häsel-Weide und Nührenbörger 2015). Chancen und Grenzen müssen aber bezüglich der Potentiale und Unterstützungsbedarfe der Lernenden kritisch diskutiert werden. Ausgangspunkt der Überlegungen sollte stets der gemeinsame Gegenstand sein. Ideen müssen jetzt mit Blick auf das gemeinsame Lernen diskutiert, erweitert und vor allem konkretisiert werden (Häsel-Weide und Nührenbörger 2017).

2.2.2 Kooperatives Mathematiklernen an fundamentalen Ideen

Ausgangspunkt für die Suche nach geeigneten gemeinsamen Gegenständen können die fundamentalen Ideen der Mathematik sein (Winter 2001; Wittmann 1998). Im Sinne des Spiralprinzips kann eine Idee auf unterschiedlichen Ebenen und auf verschiedene Weisen bearbeitet werden. Gleichzeitig ist durch die Orientierung an den fundamentalen Ideen gewährleistet, dass Themen ausgewählt werden, die für alle bedeutsam sind. Dies gilt insbesondere für die fundamentalen Ideen der Arithmetik, z. B. die Idee der Zahlreihe oder des Stellenwertsystems (Wittmann 1995a), die zugleich kritische Stellen beim Lernen von Mathematik sind (vgl. Abschn. 2.1.2). Dabei ist zwar nicht überraschend, dass ein Verständnis von fundamentalen Ideen wesentlich für das mathematische Lernen ist. Gleichzeitig macht diese Schnittstelle deutlich, dass nicht wesentlich andere Inhalte im inklusiven Mathematikunterricht behandelt werden (müssen), sondern zentrale Inhalte, aber diese auf unterschiedlichen Niveaus.

Die Konstruktion von Lernumgebungen zu fundamentalen Ideen im Sinne des Gemeinsamen Gegenstands erfordert ein kooperatives Setting zu einer ganzheitlichen, offenen Aufgabenstellung, die eine Zusammenarbeit auf unterschiedlichen Entwicklungsstufen ermöglicht. Berücksichtigt werden sollten die Kriterien zur Konstruktion von substantiellen Aufgabenformaten (Wittmann 1995b; Wollring 2007, 2015), insbesondere die natürliche Differenzierung (Krauthausen und Scherer 2014). Zudem ist explizit darauf zu achten, dass die Aufgabenstellung allen Kindern einen ersten Zugang ermöglicht und zu prüfen, ob ggf. zusätzliche Maßnahmen qualitativer Differenzierung vorzunehmen sind. Eine kooperative Tätigkeit der Lernenden sollte gezielt durch ein entsprechendes methodisches Setting initiiert werden, das die Schülerinnen und Schüler in eine positive Abhängigkeit voneinander bringt (Johnson et al. 2005).

2.3   Gemeinsame Lernsituation zum Stellenwertsystem

Das Stellenwertsystem ist, wie oben ausgeführt, eine der fundamentalen Ideen und zugleich eine kritische Stelle. An drei Beispielen wird deutlich gemacht, wie hierzu gemeinsame Lernsituationen aussehen könnten:

Beispiel 1: 100 Bausteine strukturiert darstellen

Im Mittelpunkt der Lernumgebung steht das Bündeln als wesentliches Prinzip des Stellenwertsystems. Die Kinder werden als Paar aufgefordert, 100 Bauklötze so anzuordnen, dass man schnell sehen kann, dass es 100 sind (Häsel-Weide und Nührenbörger 2015). Diese offene Aufgabe spricht unterschiedliche Kompetenzen an – zentral ist das Erkennen, dass dekadisch strukturierte Anzahlen schnell zu erfassen sind. Gleichwohl können inhaltliche und prozessbezogene Kompetenzen auf grundlegendem und erweitertem Niveau erworben werden.

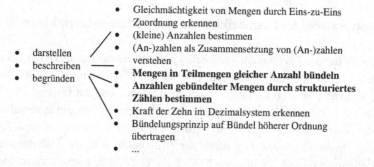

Die Begrenzung des Materials erfordert und die Handlungsorientierung ermöglicht allen Kindern, kooperativ an dieser Aufgabe zu arbeiten. Die Lernenden können sich gegenseitig beim Bestimmen der Teilmengen unterstützen und die Anordnung miteinander

Abb. 2.2 Vorgenommene Strukturierungen von 100 Bausteinen

besprechen sowie dabei ihre Darstellungsideen begründen. Die Aufgabenstellung fordert somit Erkunden, Darstellen und Erörtern mathematischer Zusammenhänge in sozial-interaktiver Auseinandersetzung (Wittmann 1995b).

Beim Bestimmen der (Teil)Anzahlen konnten in Erprobungen im Gemeinsamen Lernen vielfältige Zähl- und Strukturierungsaktivitäten bei allen Kindern beobachtet werden. Bei der Entwicklung der unterschiedlichen Anordnungen (Abb. 2.2), werden innerhalb und auch zwischen den Paaren vielfältige mathematische Strukturen verbalisiert und diskutiert, die es den Kindern ermöglichen, den Vorteil einer dekadischen Bündelung im Austausch zu erkennen.

Beispiel 2: Zahlen in ihren Stellenwerten darstellen

Bei der Darstellung von Zahlen in Stellenwerten stehen das Positionsprinzip und das additive Prinzip des Stellenwertsystems im Mittelpunkt. Da dies unabhängig von der Größe der Zahlen gilt, kann es in unterschiedlichen Zahlenräumen thematisiert werden. Auf diese Weise ist es möglich, einerseits die heterogenen Kompetenzen der Lernenden zu berücksichtigen, andererseits über die Analogie in den Aufgaben genau dieses Prinzip zu betonen (Häsel-Weide und Nührenbörger 2013).

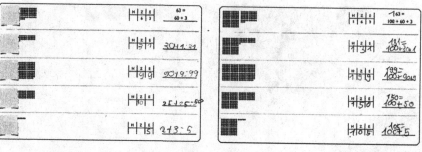

Was fällt euch auf?

*Jan hatte immer einen Hunderter.
Adie aber ni. Aber abgesehen
von den Hundertern hatten
wir die gleichen.*

ES sind immer 100 weniger oder Mehr

Abb. 2.3 Struktur-analoge Aufgaben zur Zahldarstellung

In der Lernumgebung (s. Abb. 2.3) stellen die Kinder zunächst auf ihrem Niveau Zahlen auf unterschiedliche Weise dar. Bei der Arbeit mit vorgegebenen und selbstgewählten Zahlen gewinnen sie bereits erste oder vertiefte Erkenntnisse zu den Prinzipien. Im Anschluss werden die vorgegebenen struktur-analogen Aufgaben im Hinblick auf Gemeinsamkeiten und Unterschiede verglichen. In dieser zentralen Phase der Kooperation sind die Kinder aufeinander angewiesen; es besteht eine positive Abhängigkeit, da zum Vergleich die Bearbeitung des Partnerkinds erforderlich ist. In dieser Situation besteht im Sinne Freudenthals für ein leistungsstärkeres Kind die Möglichkeit, durch den reflexiven Blick auf die niedrigere Stufe die Bedeutung des Stellenwertprinzips zu erkennen, während ein anderes Kind die Fortsetzbarkeit des Prinzips erfährt und bereits im Sinne eines vorwegnehmenden Lernens Erfahrungen mit größeren Zahlen macht. Die mathematische Struktur wird durch die Analogie der Aufgabe deutlich. Mit anderen Worten: Die differenzierte Aufgabenstellung im Gemeinsamen Lernen trägt wesentlich zur Sichtbarkeit der mathematischen Idee bei.

Beispiel 3: Dekadische Analogien am Zahlenstrahl

Struktur-analoge Aufgaben können auch in der Sekundarstufe eingesetzt werden, um durch das Erkennen weiterer dekadischer Analogien zu einen vertieften Verständnis des Stellenwertsystems beizutragen. Dazu werden am teilweise beschrifteten Zahlenstrahl durch die „Zoom-Funktion" dekadische Beziehungen zwischen den Stufenzahlen einerseits und das Konzept der Dichtheit mit Blick auf die Dezimalbrüche andererseits thematisiert (Mosandl und Sprenger 2014; Schmassmann 2009; Steinbring 1994). In den Beispielaufgaben (s. Abb. 2.4[1]) liegt dabei der Fokus auf einem „Vergröbern" der Ausschnitte und dem damit einhergehenden Finden der Stufenzahlen und der zunehmend vageren Bestimmung der Position der Zahl.

Dabei ist es möglich, die Lernumgebung so zu gestalten, dass im Bereich der natürlichen Zahlen die strukturellen Beziehungen zwischen H Z E und HT ZT T fokussiert werden oder für die rationalen Zahlen die Beziehungen zwischen natürlichen Zahlen und Dezimalbrüchen. Zentrale inhaltsbezogene Kompetenz ist somit das Erkennen der dekadischen Beziehungen und die Orientierung an Stufenzahlen im Sinne eines positionsorientierten Verständnisses der Zahlen, kombiniert mit dem Darstellen dieser Zahlen am Zahlenstrahl sowie dem Beschreiben und Begründen der Beziehungen (Schöttler und Häsel-Weide 2017).

Die drei Beispiele geben einen Einblick, wie eine fundamentale Idee in unterschiedlichen Schulstufen im Sinne eines kooperativen Lernens am gemeinsamen Gegenstand umgesetzt werden kann. Dabei wurde in den Beispielen vor allem die gemeinsame Tätigkeit „Vergleichen" herausgestellt.

Selbstverständlich müssen die skizzierten Lernumgebungen an die jeweilige Lerngruppe angepasst und ggf. modifiziert werden. Dabei ist vor allem bei der Weiterentwicklung kritisch zu betrachten, ob die mögliche Bearbeitungsspanne ausreichend ist, so dass jedes Kind auf seinem Niveau lernen kann und gleichermaßen noch ein produktiver Austausch

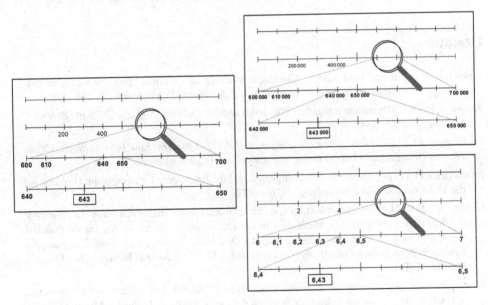

Abb. 2.4 Dekadische Analogien beim Zoomen am Zahlenstrahl

---

[1] Die Aufgaben wurden von Christian Schöttler im Rahmen seines Promotionsprojekts entwickelt und werden aktuell im Gemeinsamen Lernen in der Sekundarstufe I erforscht.

möglich ist. Die Orientierung an der fundamentalen Idee ermöglicht eine größere Spanne, z. B. von ersten Bündelungen am Material zum Beweisen von Teilbarkeitsregeln in einem nicht-dezimalen Stellenwertsystem. Ein gemeinsames kooperatives Arbeiten von Schülerinnen und Schülern erfordert jedoch eine Begrenzung dieser Spanne, so dass es für alle Lernenden möglich ist, die zugrundeliegende gemeinsame Idee zumindest punktuell zu teilen (Häsel-Weide und Nührenbörger 2015).

2.4   Fazit

Inklusiver Mathematikunterricht ist eine Herausforderung, die aus vielerlei Perspektiven betrachtet und angegangen werden kann. Der Zugang über mathematikdidaktische Überlegungen ist dabei zentral. Aufgabe der Mathematiklehrkraft ist es, die Tragfähigkeit und die Grenzen der bestehenden Konzeptionen zu erkennen, Chancen von Lernumgebungen einzuschätzen und diese mit Blick auf die Lerngruppe im Sinne eines kooperativen Lernens am gemeinsamen Gegenstand anzupassen und zu erweitern. Aus dieser Sicht ist inklusiver Mathematikunterricht in erster Linie eine fachdidaktische und fachwissenschaftliche Herausforderung. Diese stellt sich sowohl den angehenden und im Beruf stehenden Lehrkräften als auch der Disziplin Mathematikdidaktik sowie in ähnlicher Weise allen Fachdidaktiken (Ritter und Hennies 2015). Die Herausforderung Inklusion kann so zu einer Weiterentwicklung des (Mathematik)Unterrichts für alle Lernenden führen.

Literatur

Emmer, E. T., & Stough, L. M. (2001). Classroom management. A critical part of educational psychology with implications for teacher education. *Educational Psychologist, 36*, 103–112.

Feuser, G. (1989). Allgemeine integrative Pädagogik und entwicklungslogische Didaktik. *Behindertenpädagogik, 28*, 4–48.

Freesemann, O. (2014). *Schwache Rechnerinnen und Rechner fördern. Eine Interventionsstudie an Haupt,- Gesamt- und Förderschulen*. Wiesbaden:: Springer Spektrum.

Freudenthal, H. (1974). Die Stufen im Lernprozeß und die heterogene Lerngruppe im Hinblick auf die Middenschool. *Neue Sammlung, 14*, 161–172.

Gellert, A. (2010). Lehrerintervention im Unterrichtsdiskurs in Kleingruppen. In A. Lindmeier & S. Ufer (Hrsg.), *Beiträge zum Mathematikunterricht. Vorträge auf der 44. Tagung für Didaktik der Mathematik. Gemeinsame Jahrestagung der Deutschen Mathematiker-Vereinigung und der Gesellschaft für Didaktik der Mathematik vom 08.03. bis 12.03.2010 in München* (S. 333–336). Münster: WTM.

Gesetz über die Ausbildung für Lehrämter an öffentlichen Schulen (Lehrerausbildungsgesetz – LABG). https://www.schulministerium.nrw.de/docs/Recht/LAusbildung/LABG/LABGNeu.pdf.

Häsel-Weide, U., & Nührenbörger, M. (2013). Fördern im Mathematikunterricht. In H. Bartnitzky, U. Hecker & M. Lassek (Hrsg.), *Individuell fördern – Kompetenzen stärken ab Klasse 3. Heft 2.* Frankfurt a. M.: Arbeitskreis Grundschule e. V.

Häsel-Weide, U., & Nührenbörger, M. (2015). Aufgabenformate für einen inklusiven Arithmetikunterricht. In A. Peter-Koop, T. Rottmann & M. M. Lüken (Hrsg.), *Inklusiver Mathematikunterricht in der Grundschule* (S. 58–74). Offenburg: Mildenberger Verlag.

Häsel-Weide, U., & Nührenbörger, M. (2017). *Förderkommentar Lernen zum Zahlenbuch 1.* Leipzig: Klett.

Helmke, A. (2015). *Unterrichtsqualität und Lehrerprofessionalität. Diagnose, Evaluation und Verbesserung des Unterrichts* (6. Aufl.). Seelze-Velber: Kallmeyer.

Hennemann, T., & Hillenbrand, C. (2013). Förderung emotional-sozialer Kompetenzen. In H. Bartnizky, U. Hecker & M. Lassek (Hrsg.), *Individuell fördern – Kompetenzen stärken (ab Klasse 3). Heft 4.* Frankfurt a. M.: Grundschulverband e. V.

Jennessen, S., & Wagner, M. (2012). Alles so schön bunt hier!? Grundlegendes und Spezifisches zur Inklusion aus sonderpädagogischer Perspektive. *Zeitschrift für Heilpädagogik, 8,* 335–344.

Johnson, D. W., Johnson, R. T., & Holubec, E. (2005). *Kooperatives Lernen – kooperative Schule.* Verlag a. d. Ruhr: Mühlheim a. d. Ruhr.

Klemm, K. (2015). Inklusion in Deutschland. Daten und Fakten. https://www.unesco.de/fileadmin/medien/Dokumente/Bildung/139-2015_BST_Studie_Klemm_Inklusion_2015.pdf.

Krajewski, K., Nieding, G., & Schneider, W. (2007). *Mengen, Zählen, Zahlen (MZZ). Die Welt der Mathematik verstehen. Koffer mit Fördermaterialien und Handreichungen.* Berlin: Cornelsen.

Krauthausen, G., & Scherer, P. (2014). *Natürliche Differenzierung im Mathematikunterricht. Konzepte und Praxisbeispiele aus der Grundschule.* Seelze: Klett Kallmeyer.

Ladel, S., & Kortenkamp, U. (2014). „Ist das dann noch ein Zehner oder ist das dann ein Einer?" Zu einem flexiblen Verständnis von Stellenwerten. In J. Roth & J. Ames (Hrsg.), *Beiträge zur 48. Jahrestagung der Gesellschaft für Didaktik der Mathematik vom 10. bis 14. März 2014 in Koblenz* (S. 699–702). Hildesheim: Franzbecker.

Lorenz, J. H., & Kaufmann, S. (o.J.). *Förder-/Diagnosebox Mathematik.* Schroedel.

Mosandl, C., & Sprenger, L. (2014). Von den natürlichen Zahlen zu Dezimalzahlen – nicht immer ein einfacher Weg! *Praxis der Mathematik in der Schule, 56*(56), 16–21.

Moser Opitz, E. (2013). *Rechenschwäche / Dyskalkulie. Theoretische Klärungen und empirische Studien an betroffenen Schülerinnen und Schülern* (2. Aufl.). Bern: Haupt.

Ritter, M., & Hennies, J. (2015). Inklusive Deutschdidaktik. Konzeptionelle Überlegungen zur Grundlegung. In T. H. Häcker & M. Walm (Hrsg.), *Inklusion als Entwicklung – Konsequenzen für Schule und Lehrerbildung* (S. 245–266). Bad Heilbrunn: Klinkhardt.

Ross, S. H. (1989). Parts. Wholes, and Place Value: A Developmental View. *The Arithmetic Teacher, 36*(6), 47–51.

Scherer, P. (2009). Diagnose ausgewählter Aspekte des Dezimalsystems bei lernschwachen Schülerinnen und Schülern. In M. Neubrand (Hrsg.), *Beiträge zum Mathematikunterricht. Vorträge auf der 43. Jahrestagung der Gesellschaft für Didaktik der Mathematik vom 02. bis 06. März 2009 in Oldenburg* (S. 835–838). Münster: WTM.

Scherer, P. (2014). Low Achiervers' Understanding of Place Value – Materials, Representations und Consequences for Instruction. In T. Wassong, D. Frischemeier, P. R. Ficher, R. Hochmuth & P. Bender (Hrsg.), *Mit Werkzeugen Mathematik und Stochastik lernen – Using Tools for Learning Mathematics and Statistics* (S. 43–56). Wiesbaden: Springer.

Scherer, P. (2017). Gemeinsames Lernen oder Einzelförderung? – Grenzen und Möglichkeiten eines inklusiven Mathematikunterrichts. In F. Hellmich & E. Blumberg (Hrsg.), *Inklusiver Unterricht in der Grundschule* (S. 194–212). Stuttgart: Kohlhammer.

Schmassmann, M. (2009). „Geht das hier ewig weiter?" Dezimalbrüche, Größen, Runden und der Stellenwert. In A. Fritz & S. Schmidt (Hrsg.), *Fördernder Mathematikunterricht in der Sek. I* (S. 167–185). Weinheim: Beltz.

Schöttler, C., & Häsel-Weide, U. (accepted). Students constructing meaning for the decimal system in dyadic discussions: epistemological and interactionist analyses of negotiation processes in an inclusive setting. International Symposium Elementary Mathematics Teaching: Equity and diversity in elementary mathematics education. Prag.

Selter, C., Prediger, S., Nührenbörger, M., & Hussmann, S. (Hrsg.). (2014). *Mathe 'sicher können. Handreichungen für ein Diagnose- und Förderkonzept.* Berlin: Cornelsen.

Spiegel, H., & Walter, M. (2005). Heterogenität im Mathematikunterricht der Grundschule. In K. Bräu & U. Schwerdt (Hrsg.), *Heterogenität als Chance* (S. 219–238). Münster: Lit.

Steinbring, H. (1994). Die Verwendung strukturierter Diagramme im Arithmetikunterricht der Grundschule. *Mathematische Unterrichtspraxis, 3,* 7–19.

Werning, R. (2016). Schulische Inklusion. In J. Möller, M. Köller & T. Riecke-Baulecke (Hrsg.), *Basiswissen Lehrerbildung. Schule und Unterricht. Lehren und Lernen* (S. 153–169). Seelze: Klett Kallmeyer.

Winter, H. (2001). Fundamentale Ideen in der Grundschule. http://grundschule.bildung-rp.de/fileadmin/user_upload/grundschule.bildung-rp.de/Downloads/Mathemathik/Winter_Inhalte_math_Lernens.pdf. Zugegriffen: 07. Juli 2017.

Wittmann, E. C. (1995a). Aktiv-entdeckendes und soziales Lernen im Arithmetikunterricht. In G. N. Müller & E. C. Wittmann (Hrsg.), *Mit Kindern rechnen* (S. 10–41). Frankfurt a. M.: Arbeitskreis Grundschule.

Wittmann, E. C. (1995b). Mathematics Education as a Design Science. *Educational Studies in Mathematics, 29,* 355–374.

Wittmann, E. C. (1998). Standart Number Representations in the Teaching of Arithmetic. *Journal für Mathematik-Didaktik, 2/3,* 149–178.

Wollring, B. (2007). *Zur Kennzeichnung von Lernumgebungen für den Mathematikunterricht in der Grundschule.* Handreichungen des Programms SINUS an Grundschulen.

Wollring, B. (2015). Schwerpunktsetzungen bei mathematischen Lernumgebungen in inklusiven Lerngruppen. In A. Peter-Koop, T. Rottmann & M. M. Lüken (Hrsg.), *Inklusiver Mathematikunterricht in der Grundschule* (S. 33–42). Offenburg: Mildenberger.

Auf sprachliche Heterogenität im Mathematikunterricht vorbereiten

3

Fokussierte Problemdiagnose und Förderansätze

Susanne Prediger

Zusammenfassung

Ein zunehmend wichtiger werdender Differenzierungsaspekt ist die Sprachkompetenz von Schülerinnen und Schülern. Der Beitrag skizziert verschiedene Ansätze, Hintergründe und konkrete Aktivitäten, mit denen künftige Mathematiklehrkräfte auf die sprachliche Heterogenität im Unterricht vorbereitet werden können. Dabei sind fachübergreifende, sprachdidaktische Überlegungen relevant, aber vor allem fachspezifische Überlegungen zum Zusammenhang von Sprache und Mathematik. Dazu werden fünf Thesen zu notwendigen Verschiebungen der Aufmerksamkeit formuliert.

Sprachkompetenz ist ein zunehmend wichtiger werdender Heterogenitätsaspekt im deutschen Mathematikunterricht, nicht nur wegen des wachsenden Anteils an mehrsprachigen Schülerinnen und Schülern. Daher wird er zunehmend auch in der Aus- und Fortbildung für Lehrkräfte thematisiert, allerdings häufig in zu eingeschränkter Weise, z. B. reduziert auf rein defensive Strategien im Umgang mit schwierigen Textaufgaben.

Dieser Beitrag formuliert daher fünf Thesen für eine notwendige Verschiebung der Aufmerksamkeit in der Problemdiagnose und in den Förderansätzen zur sprachlichen Heterogenität. Sie sind gewachsen in siebenjährigen Erfahrungen im Dortmunder Forschungs- und Entwicklungsprojekt MuM (Mathematiklernen unter Bedingungen der Mehrsprachigkeit), in zwei längerfristigen Fortbildungsprojekten (BISS und Netzwerk durchgängige Sprachbildung) sowie einem hochschuldidaktischen Projekt (dortMINT). Die Thesen zur notwendigen Professionalisierung von Lehrkräften werden in Beispielen konkretisiert und durch weiterführende Literaturhinweise wird eine Fundierung ermöglicht.

S. Prediger (✉)
Institut für Entwicklung und Erforschung des Mathematikunterrichts, Technische Universität Dortmund
Dortmund, Deutschland

© Springer Fachmedien Wiesbaden GmbH 2017
J. Leuders et al. (Hrsg.), *Mit Heterogenität im Mathematikunterricht umgehen lernen*,
Konzepte und Studien zur Hochschuldidaktik und Lehrerbildung Mathematik,
DOI 10.1007/978-3-658-16903-9_3

3.1 Von der Leistungsheterogenität hin auch zur sprachlichen Heterogenität

Heterogenität interpretieren viele Lehrkräfte vor allem als Leistungsheterogenität, auch wenn viele weitere Heterogenitätsaspekte ebenso wichtige Rollen spielen (Leuders und Prediger 2016). Einige Aspekte wie Interesse, Selbstregulation, Zugangsweisen erscheinen unmittelbarer mit Unterricht verbunden als herkunftsbedingte Heterogenitätsaspekte wie der sozioökonomische Status, der Migrationshintergrund und die Sprachkompetenz. Doch wirken sich gerade diese Hintergrundfaktoren empirisch nachweislich auf das Mathematiklernen aus (vgl. etwa Stanat 2006).

Zunehmend deutlicher wird, dass auch sozial bedingte Leistungsdisparitäten auf sprachliche Heterogenität zurückzuführen sind: „It is now well accepted that the chief cause of the achievement gap between socio-economic groups is a language gap." (Hirsch 2003, S. 22, ähnlich für deutsche Schulen Prediger et al. 2015). Sprachkompetenz ist also nicht nur im Hinblick auf die 30 % mehrsprachigen Lernenden ein relevanter Heterogenitätsaspekt, sondern auch für einsprachig deutsche. Daher lautet *These 1: Künftige und praktizierende Lehrkräfte sollten ihre Aufmerksamkeit verschieben, vom ausschließlichen Fokus auf Leistungsheterogenität hin auch zur sprachlichen Heterogenität.*

Sprachliche Heterogenität bezieht sich weniger auf die deutsche Alltagssprache, die viele Lernende mit Migrationshintergrund der 2. und 3. Generation gut beherrschen, sondern auf Bildungs- und Fachsprache. Diese Sprachebenen unterscheiden zu lernen, ist für künftige und praktizierende Lehrkräfte wichtig (Meyer und Prediger 2012; Prediger et al. 2012).

Vor einigen Jahren hatten Lehrkräfte noch kaum Bewusstheit für die Relevanz der heterogenen Sprachkompetenzen ihrer Lernenden. So wurden Lehrkräften z. B. in einer Begleitstudie zu PISA 2003 mehr oder weniger textlastige Aufgaben vorgelegt, um die Lösungshäufigkeiten ihrer Lernenden zu prognostizieren. Zum Zeitpunkt der Erhebung machte die Mehrzahl der Lehrkräfte noch keine unterschiedlichen Prognosen für ihre mehrsprachigen und einsprachigen Lernenden (Hachfeld et al. 2010). Seit 2003 hat sich die Bewusstheit von Lehrkräften für sprachliche Hürden und ihre Relevanz für bestimmte Lernendengruppen erheblich gesteigert, wie man etwa an steigenden Anfragen für Fortbildungen ablesen kann. Dies scheint noch nicht im gleichen Maße für Lehramtsstudierende zu gelten, bei denen die Bewusstheit erst geweckt werden muss.

Doch auch heute ist bei praktizierenden Lehrkräften die Aufmerksamkeit noch beschränkt auf wenige sprachliche Hürden. Dies zeigen Eingangserhebungen durch Kartenabfrage (vgl. Abb. 3.1), die wiederholt bei Fortbildungen durchgeführt wurde, mit über 350 Mathematik-Lehrkräften (eigene Erhebung 2012–2016): Auf etwa 70 % der geschriebenen Karten werden nur zwei spezifische Hürden genannt: Textaufgaben lesen und geringer Wortschatz.

An einer *Erweiterung der Problemdiagnosen* und der damit verbundenen Förderansätze zu arbeiten, ist daher Ziel der Professionalisierungsangebote für alle drei Phasen der Lehrerbildung (vgl. Abschn. 3.3 bis 3.5).

Abb. 3.1 Eingangserhebung zu wahrgenommenen Hürden

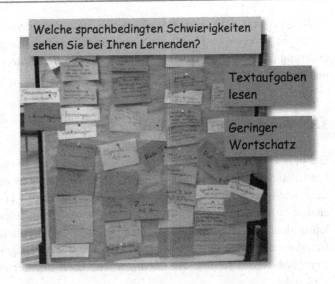

3.2 Von defensiven hin zu offensiven Strategien des Umgangs mit sprachlichen Anforderungen

Generell gibt es zwei Strategien im Umgang mit dem Problem, dass einige Schülerinnen und Schüler die sprachlichen Anforderungen des Mathematikunterrichts noch nicht erfüllen können: In der *defensiven Strategie* werden die sprachlichen Anforderungen gesenkt, bis sie zu den Lernständen der Lernenden passen. In der *offensiven Strategie* dagegen, werden nur offensichtlich unnötige Hürden ausgeräumt, aber die Hauptaufmerksamkeit darauf gelegt, die Lernenden zur Bewältigung der Anforderung zu befähigen, also gezielt zu fördern (Leisen 2010, S. 6; Meyer und Prediger 2012).

Viele Lehrkräfte verfolgen unbewusst eine defensive Strategie, indem sie zum Beispiel in Unterrichtsgesprächen nur noch Halbsätze verlangen und keine höheren diskursiven Erwartungen etablieren (Prediger et al. 2016). Auch einige Materialien zum Umgang mit sprachlicher Heterogenität beschränken sich auf das Identifizieren typischer Hürden und machen (durchaus einsichtsvolle) Vorschläge zur Vereinfachung von Texten (Wagner und Schlenker-Schulte 2005).

Natürlich gibt es Situationen, in denen dies angemessen ist, z. B. in Prüfungen (vgl. Gürsoy et al. 2013) oder bei neu Eingewanderten oder Lernenden mit attestiertem Förderbedarf. Doch ist die defensive Strategie allein für die meisten Kinder und Jugendlichen langfristig nicht hinreichend lernförderlich. Sprache lernt man nur durch Sprache, und bei einer immer weiteren Reduktion sprachlicher Anforderungen ergeben sich für diese Lernenden zu wenig Lerngelegenheiten für komplexere Sprachmittel. Empirisch nachgewiesen ist daher die Relevanz der *offensiven Strategie*, zu produktiven Anforderungen (Swain 1995) ebenso wie zu rezeptiven Anforderungen bei Texten, zu denen Lernende Strategien aufbauen können (vgl. Abschn. 3.3).

These 2 zielt daher auf die notwendige Haltungsänderung von der defensiven zur offensiven Strategie im Umgang mit sprachlichen Anforderungen. Eine solche Haltungs- änderung ist vor allem über gute Beispiele von Förderansätzen zu erzielen (Abschn. 3.4 und 3.5).

3.3   Von der Wortebene hin zur Satzebene

Das in Abb. 3.2 abgedruckte Beispiel zu einem typischen Missverständnis mit Textaufga- ben hat sich für Professionalisierungsangebote bewährt: Der zehnjährige Erkan missver- steht, wer wem etwas schenkt und mathematisiert durch $(4 + 1) \cdot 6$ statt $(4 - 1) \cdot 6$ (genauer analysiert in Prediger 2015). Nicht nur die meisten Lernenden, auch die meisten Lehr- kräfte identifizieren sprachliche Hürden in Aufgabentexten zunächst in schwierigen (z. B. fremden oder zusammengesetzten) Wörtern. Die erste Diagnose lautet bei dieser *Auf- merksamkeitsfokussierung auf die Wortebene* dann oft, „Er hat das ‚noch übrig' nicht verstanden."

Übersehen wird dagegen meist der entlarvende Satz von Erkan, „Ihre kleine Schwester Lisa schenkt sie eine von den Kisten." (Z. 24), der auf eine *Hürde auf Satzebene* hinweist: Erkan führt die Frage, wer wem etwas schenkt, auf die Satzstellung zurück (die 1. Person im Satz schenkt der 2.), diese Deutung wäre für andere Sprachen, wie z. B. Englisch, durchaus tragfähig. Die deutsche Sprache dagegen bietet die Möglichkeit, die Satzstellung zu vertauschen, weil Subjekt und Objekt durch Nominativ und Dativ angezeigt werden. Dagegen zeigt Erkan mit seiner zweifachen Nominativ-Nutzung in Z. 24, dass er für die grammatischen Fälle noch nicht sensibel ist (vgl. Analyse in Abb. 3.2.).

Sprachliche Hürden auf Wortebene sind also den Beteiligten am schnellsten bewusst, doch mindestens ebenso wichtig für Mathematik sind Hürden auf Satzebene, entweder mit grammatischen Konstruktionen wie in dem Beispiel (weitere in Prediger 2015) oder mit Satzbausteinen, die als Ganzes gelernt werden müssen (z. B. „leite die Funktion ab", „Kos- ten bei 40 Stück"). Nicht nur für Lesehürden bedeutsam ist daher die *These 3: Lehrkräfte sollten ihre Aufmerksamkeit umfokussieren von der Wortebene auch auf die Satzebene.*

Für Förderangebote bedeutet diese Umfokussierung auf Satzebene, nicht die einzelnen Schlüsselwörter in den Blick zu nehmen, sondern eben Satzbausteine und grammatische Mittel auf Satzebene (und bei längeren Texten auch auf Textebene). Wie die zugehörige Sprachbewusstheit durch das Prinzip der Formulierungsvariation angeregt werden kann, wird in Prediger (2015) gezeigt und in Abb. 3.3 exemplarisch angedeutet.

Zusätzlich gehört zur offensiven Strategie bzgl. des Lesens, die Lernenden zur geziel- teren Nutzung von fachspezifischen Lesestrategien wie „Ich finde zuerst das Gegebene und Gesuchte" zu befähigen (Leisen 2010, S. C140 ff; Krägeloh und Prediger 2015).

Textaufgabe (Klasse 4):

Nora hat alle ihre Stofftiere auf vier Kisten verteilt, so dass in jeder Kiste gleich viele sind. Ihrer kleinen Schwester Lisa schenkt sie eine von den Kisten. Lisa findet darin sechs Stofftiere. Wie viele Stofftiere hat Nora jetzt noch übrig?

Transkript zur Erkans (10 Jahre alt) Mathematisierung: $(4 + 1) \cdot 6$

2 E: Weil jetzt rechnen wir vier plus eins. Und die - und die eine - in eine - sind sechs Stofftiere.

3 L: Hmm.

4 E: Danach rechnen wir, ähm, in diese vier Kisten sind sechs Stofftiere und rechnen dann das zuerst. Danach rechnen wir hier sechs, sechs dazu.

5 L: Warum rechnest du äh plus sechs oder plus die eine Kiste?

6 E: Damit ich auch diese Kist, äh, diese Stofftiere drin rechnen kann.

7 L: Hmm.

8 E: Zuerst rechne ich diese Kisten und danach rechne ich, wie viel Stofftiere da drin sind.

9 L: Was wäre das für eine Rechnung, wenn du die Kiste dazu rechnest?

10 E: Oooh mir, ich hab - habe ich - rechne ich mehr.

11 L: Was mehr?

12 E: Da rechne ich, äh, also mehrere, ähm, mehrere Kisten dazu, [...]

13 L: Also du willst wirklich nur die Stofftiere dazurechnen.

14 E: Ich will nur die Stofftiere dazu.

15 L: Hmm. Aber warum möchtest du die Kiste dazurechnen?

...

18 E: Nein ich hab's jetzt eigentlich aus Versehen gemacht. Ich rechne einfach in diese Kisten die Stofftiere.

19 L: Hmm. Was ist das für eine Rechnung?

...

24 E: Das muss fünf mal sechs sein. Plus muss eine Kiste dazu. Ihre kleine Schwester Lisa schenkt sie eine von den Kisten.

Analyseauftrag: Analysieren Sie den Bearbeitungsprozess: Wie denkt Erkan, was genau ist sein Problem?

Analyse von Erkans Missverständnis zur Stofftier-Aufgabe

Textaufgabe: (1) Ihrer kleinen Schwester Lisa schenkt sie eine von den Kisten.

                    Wem? (Dativ)   Wer? (Nominativ)

Erkan versteht: (2) Ihre kleine Schwester Lisa schenkt ihr eine von den Kisten.

                    Wer? (1. im Satz)   Wem? (2. im Satz)

Erkan sagt: (3) Ihre kleine Schwester Lisa schenkt sie eine von den Kisten.

                Wer? (Nominativ, 1. im Satz) Wer? (falscher Nominativ, 2.im Satz)

Lehrerin präzisiert: (4) Sie schenkt ihrer Schwester Lisa eine von den Kisten.

                Wer? (Nominativ, 1. im Satz)   Wem? (Dativ, 2. im Satz)

Abb. 3.2 Arbeitsblatt zu Lesehürden auf Satzebene (ohne unteren Kasten)

3.4 Von der kommunikativen hin auch zur kognitiven Funktion von Sprache

Bei Seminaren oder Fortbildungen mit dem Thema Textaufgaben in offensiver und defensiver Strategie einzusteigen, erfüllt die Erwartungen und individuellen Bedürfnisse vieler Lehrkräfte und ist daher wichtig, wie die Eingangserhebungen immer wieder zeigen (s. o.).

Abb. 3.3 Formulierungs-
variationen lenken Fokus auf
Satzebene

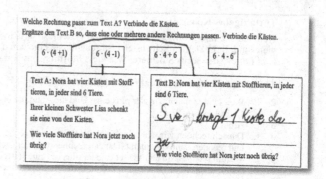

Welche Rechnung passt zum Text A? Verbinde die Kästen.

Ergänze den Text B so, dass eine oder mehrere andere Rechnungen passen. Verbinde die Kästen.

$6 \cdot (4+1)$ | $6 \cdot (4-1)$ | $6 \cdot 4 + 6$ | $6 \cdot 4 \cdot 6$

Text A: Nora hat vier Kisten mit Stofftieren, in jeder sind 6 Tiere.

Ihrer kleinen Schwester Lisa schenkt sie eine von den Kisten.

Wie viele Stofftiere hat Nora jetzt noch übrig?

Text B: Nora hat vier Kisten mit Stofftieren, in jeder sind 6 Tiere.

Sie bringt 1 Kiste da

Wie viele Stofftiere hat Nora jetzt noch übrig?

Dabei stehen zu bleiben, wäre jedoch insofern zu eingeschränkt, als gerade für sprachlich schwache Lernende die Lesehürden nur den Gipfel des Eisbergs bilden:

Wer beginnt, über das Thema Sprache nachzudenken, hat zunächst die *kommunikative Funktion von Sprache* im Kopf und denkt an die Lernenden, die ihre Fähigkeiten nicht zeigen können, weil die Kommunikation durch die Sprachkompetenz beschränkt ist. Neben dieser kommunikativen Funktion von Sprache ist jedoch die *kognitive Funktion von Sprache* zentral, die auf ihre enge Verschränkung von Sprache mit dem Denken verweist (Maier und Schweiger 1999; Morek und Heller 2012). Die kognitive Funktion von Sprache wird zum Beispiel relevant, wenn geringe Sprachkompetenz auch die mathematischen Denk- und Wissensbildungsprozesse einschränkt. Lehrkräfte haben diese jedoch selten im Blick, wie die Ergebnisse der Eingangserhebungen zeigen (Abschn. 3.1): Auf den Karten fehlen meist Hürden wie „Argumentieren" oder „Verbalisieren von Vorstellungen".

Erlebbar wird die kognitive Funktion von Sprache für künftige und praktizierende Lehrkräfte durch einen Selbstversuch, in dem ein unvertrauter mathematischer Inhalt (hier die graphisch gestützte „magische Multiplikation") in einer Fremdsprache durchdrungen und dann erläutert werden soll (vgl. Abb. 3.4 nach einer Idee von Ingrid Gogolin).

Mit dem Vorführen des YouTube-Videos (Film unter http://www.youtube.com/watch? v=_AJvshZmYPs) ohne Ton zu einer Variante des schriftlichen Multiplizierens, sowie

Abb. 3.4 Selbstversuch zur
kognitiven Funktion von
Sprache

Denken und erklären Sie das You-Tube-Video in Ihrer Fremdsprache

Schalten Sie nicht zwischendurch auf Deutsch um!

Helping words	Vocabulaire
Line	Ligne
Intersection	Intersection
Digit	Chiffre
Multiply, Add up	Multiplier, additionner
Count	Compter
Place values	Valeur de position
Digits	Chiffre des Unités
Ones	Chiffre des Dizaines
Tens	Chiffre des Centaines
Carry (Übertrag)	

$32 \cdot 12 = 384$

dem in Abb. 3.4 abgedruckten Arbeitsauftrag, können auch mathematisch Gebildete interessante Erfahrungen machen:

- Die neue Mathematik zu durchdenken, mutet sich fast niemand in der Fremdsprache zu. Gedacht und diskutiert wird meist in der Erstsprache, erst danach eine Übersetzung für das Erklären vorgenommen. Nach dieser Selbsterfahrung muss selten noch diskutiert werden, wieso es auch für mehrsprachige Lernende lernförderlich sein kann, zunächst in Kleingruppen in den Erstsprachen zu diskutieren und dann in die offizielle Unterrichtssprache zu wechseln, wie es weltweit üblicher ist als in Deutschland (Barwell 2009). Der Auftrag „Denken Sie in Ihrer Fremdsprache" wird daher zurückgenommen.
- Solange die Wortlisten nicht eingeblendet sind, wissen viele zunächst nicht unmittelbar, in welchen Begriffen man die graphische Prozedur überhaupt denken kann. Wer dann die Begriffe Stellenwert, Zehner, Einer findet, hat schon einen erheblichen inhaltlichen Schritt vollzogen, denn sie erschließen die Zusammenhänge.
- Das Einblenden von Wortlisten auf Englisch und Französisch erzeugt bei den meisten eine gewisse Erleichterung. Diese ist affektiv wichtig, um sich überhaupt auf den Schreibprozess einzulassen. Die meisten beginnen danach mit dem Schreiben.
- Schnell merken viele jedoch enttäuscht, dass die Liste mit isolierten Wörtern nur begrenzt hilft. Es fehlen (ebenso wie häufig im Unterricht) hier Satzbausteine, die die Bezüge zwischen den isolierten Wörtern herstellen (Prediger 2016), z. B.
  - the left lines *represent* the number of tens …
  - the lines representing the first number *are perpendicular to* those representing the second number
  - counting the *intersections of lines corresponds to* multiplying the ones
  - …
- Die meisten Lehrkräfte im Selbstversuch beschränken sich zunächst darauf, zu erläutern, *wie* die Prozedur funktioniert, aber nicht zu erklären, *warum* sie funktioniert. Prozedurale Vorgehensweisen zu erläutern, fällt auch Schülerinnen und Schülern generell leichter als Bedeutungen zu erklären, weil die diskursiven Anforderungen dabei geringer sind (Prediger et al. 2016).
- Aus dieser Erfahrung können Lehrkräfte unmittelbar ableiten, warum manche mehrsprachige Jugendliche mit hohen bildungssprachlichen Ressourcen in ihrer Erstsprache in Mathematik weniger Probleme haben als einsprachig deutsche Lernende aus bildungsfernen Elternhäusern: Wer die mathematischen Zusammenhänge in *einer* Sprache durchdenken und inhaltlich erklären kann, findet einen Zugang zur Mathematik. Das verbleibende Übersetzungsproblem ist harmloser als bei denjenigen, die in keiner Sprache über die notwendigen Sprachmittel verfügen.

Wer solche Erfahrungen selbst gemacht und im Anschluss an den Selbstversuch gemeinsam diskutiert hat, kann empirische Befunde besser nachvollziehen, nach denen sprachlich schwache Lernende in Mathematikleistungstests nicht nur mit Lesehürden kämpfen. Stattdessen scheitern sie besonders bei Items, die konzeptuelles Verständnis

·oder andere kognitiv anspruchsvolle Tätigkeiten verlangen (Ufer et al. 2013; Prediger et al. 2015).

Mit geringer Sprachkompetenz werden also gerade kognitiv anspruchsvollere Lernziele nicht erreicht; auf diesen Zusammenhang muss Sprachförderung im Fachunterricht fokussieren, um didaktisch treffsicher zu sein. Dazu kommt es nicht auf die formale Richtigkeit der Sprache an (Rechtschreibfehler sind zwar lästig, aber hindern nicht beim Mathematiklernen), sondern auf diejenigen Sprachmittel, die für die fachlichen Lernprozesse *in kognitiver Funktion* bedeutsam sind. Daher reicht es auch nicht, das Berichten von formalen Rechenwegen zu trainieren, denn gerade für den Aufbau von konzeptuellem Verständnis ist das Erklären von Bedeutungen zentral.(vgl. Abschn. 3.5).

These 4 zielt daher auf die Verschiebung der Aufmerksamkeit von der ausschließlich kommunikativen auch auf die kognitive Funktion von Sprache. Lehrkräfte sollen Sprache nicht als Selbstzweck oder rein zur fehlerfreien Kommunikation diagnostizieren und fördern („alle Lernenden sollen das Wort Hypotenuse fehlerfrei aussprechen und schreiben können"), sondern jeweils auf die Funktion für die fachlichen Lernprozesse durchdenken (Inwiefern könnte das Wort Hypotenuse eine bessere Identifikation relevanter Seiten in Dreiecken ermöglichen als das symbolische c? Was brauchen Lernende, um das Konzept der Hypotenuse zu erklären?)

Dazu ist es in Aus- und Fortbildung sehr instruktiv, Videos oder Transkripte von Lernprozessen darauf zu untersuchen, welche sprachlichen Anforderungen in den Prozessen auftauchen, und was Lernende zu ihrer Bewältigung noch brauchen (ein mögliches Transkript und etwas Hintergrundtheorie bietet Prediger 2013).

3.5 Von der ausschließlich formalbezogenen Fachsprache hin auch zur bedeutungsbezogenen Bildungssprache

Wenn Lehrkräfte anfangen, die Sprachbildung in ihrem Mathematikunterricht zu stärken, liegt der Fokus der Aufmerksamkeit oft darauf, die formalbezogene Fachsprache korrekt zu nutzen (dafür geben auch zahlreiche Fördermaterialien und Handreichungen gute Beispiele). So werden Lernende z. B. darin gefördert, die Begriffe Grundwert und Prozentwert auseinanderzuhalten und sich auch die Symbolsprache zunehmend zu eigen zu machen. Auch wenn der souveräne Umgang mit Fachbegriffen und Symbolsprache ohne Zweifel ein Ziel des Mathematikunterrichts ist, so helfen diese Sprachmittel wenig beim Aufbau von konzeptuellem Verständnis.

Dies können künftige und praktizierende Lehrkräfte erfahren, wenn sie selbst Erklärungen schriftlich fixieren, wie bei dem Arbeitsauftrag in Abb. 3.5. Erarbeitet werden kann an dem Beispiel die große Relevanz der bedeutungsbezogenen Sprachmittel, um den formalbezogenen Sprachmitteln überhaupt Bedeutung verleihen zu können: Was bedeutet diese Formel, wie lässt sich die Bedeutung verbalisieren? (Der Hintergrund eines gestuften Sprachschatz-Aufbaus ist erläutert in Prediger 2016, umgesetzt in einer Unterrichteinheit zur Prozentrechnung in Pöhler und Prediger im Druck). Dabei spielen die

Arbeitsauftrag: Erklärungen von Bedeutungen

Wie erklärt man den Unterschied beider Fragen so, dass er verstehbar wird?

    Frage A: Wie viel Prozent sind 120 € von 90 €?

    Frage B: Um wie viel Prozent liegt 120 € über 90 €?

1. Schreiben Sie selbst einen „Dream-Text" zur Erklärung, wie Sie ihn sich von ihren Schülerinnen und Schülern wünschen würden.
2. Welche Sprachmittel braucht man dazu?

3. Analysieren Sie die beiden folgenden Texte: Welchen fänden Sie für Ihre Klasse warum besser? Welche Sprachmittel brauchen Sie dazu?

Pauls Text: Bei Frage A muss ich die Formel anwenden p= P/G · 100, denn gesucht ist der Prozentsatz. Bei Frage B ist ein anderes p gesucht, das zwischen P und G, aber dann stimmt die Formel nicht mehr.

Dilaras Text: Ich zeichne mir immer auf, was gegeben und was gesucht ist. Komisch ist hier, dass das Ganze 90 € kleiner ist als der gesuchte Wert 120 €, aber manchmal ist das so ein erhöhter Teil, deswegen ist der Anteil dann 133 %, also über 100 %. Bei der Frage B ist das Ganze wieder 90 € und der erhöhte Teil 120 €, aber gsucht ist, wie viel dazu kommt von 90 nach 120 €, das sind dann 33 %.

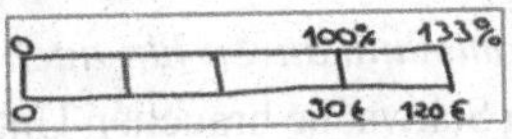

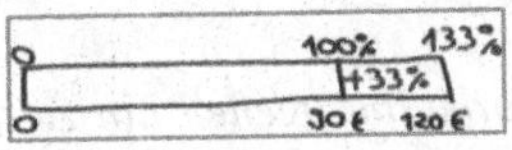

Formalbezogene Sprachmittel	Bedeutungsbezogene Sprachmittel
Prozentwert, Grundwert, Prozentsatz	Teil vom Ganzen, Anteil
p= P/G · 100	erhöhter Teil
	wie viel dazu kommt

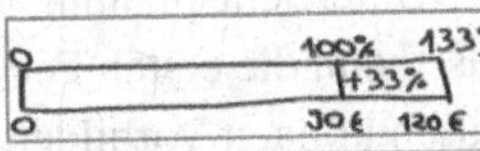

Abb. 3.5 Formal- und bedeutungsbezogene Sprachmittel – was erklärt besser?

Visualisierungen eine herausgehobene und facettenreiche Rolle (Pöhler und Prediger im Druck).

These 5 zielt daher auf die Umfokussierung der Förderaktivitäten von der ausschließlich formalbezogenen Fachsprache hin auch zur bedeutungsbezogenen Bildungssprache. Die Unterscheidung in formalbezogene und bedeutungsbezogene Sprachmittel bildet ein weiteres Beispiel für theoretisch fundierte und empirisch begründete Kategorien des sprachsensiblen Mathematikunterrichts, die sowohl die Diagnose als auch die Förderung fokussierter und damit didaktisch treffsicherer werden lassen. Denn wer allein auf das formalbezogene Vokabular fokussiert, kann Bedeutungserklärungen nicht hinreichend unterstützen.

3.6 Fazit

In fünf Thesen wurde skizziert, welche Aufmerksamkeitsverschiebungen in Professionalisierungsangeboten für Lehrkräfte aller drei Ausbildungsphasen anzustreben sind:

- *von Leistungsheterogenität auch zur sprachlichen Heterogenität*, denn Sprachkompetenz beeinflusst die Mathematikleistung;
- *von der defensiven hin zur offensiven Strategie*, denn ohne rezeptive und produktive Lerngelegenheiten im Sprachbad kann sich die Sprachkompetenz nicht gut entwickeln;
- *von der Wortebene hin auch zur Satzebene*, denn viele Hürden sind nicht durch einzelne Wörter zu überwinden, dies gilt beim Lesen ebenso wie in der eigenen Sprachproduktion;
- *von der kommunikativen hin auch zur kognitiven Funktion von Sprache*, denn gerade sprachlich Schwache brauchen Unterstützung bei Hürden in Denk- und Verstehensprozessen;
- *von rein formalbezogenen hin zu auch bedeutungsbezogenen Sprachmitteln*, da diese nötig sind für den sensibelsten Teil mathematischer Verstehensprozesse, für Bedeutungskonstruktion.

Auch wenn diese Thesen bei weitem nicht erschöpfend sind, zeigen sie bereits, dass der Umgang mit sprachlicher Heterogenität eine anspruchsvolle neue Querschnittsaufgabe ist, die in viele Bereiche der Unterrichtsplanung und -gestaltung eingreift.

Die universitäre Phase kann die ersten Perspektiven und didaktischen Kategorien erarbeiten, die späteren Phasen können Vorbilder, Diskussionsbeispiele und Hintergründe für konkrete Handlungsoptionen bieten. Die Erfahrung zeigt, dass sowohl die theoretischen Grundlagen als auch die konkreten Handlungsoptionen von künftigen und praktizierenden Lehrkräften dankbar aufgegriffen werden. Da jedoch auch viele eher nicht lernförderliche Ansätze in Praxisbroschüren im Umlauf sind, ergibt sich eine besondere Verantwortung für die Mathematikdidaktik, empirisch begründete Ansätze zu erarbeiten und zu verbreiten.

Literatur

Barwell, R. (Hrsg.). (2009). *Multilingualism in mathematics classrooms*. Bristol: Multilingual Matters.

Gürsoy, E., Benholz, C., Renk, N., Prediger, S., & Büchter, A. (2013). Erlös = Erlösung? – Sprachliche und konzeptuelle Hürden in Prüfungsaufgaben zur Mathematik. *Deutsch als Zweitsprache*, *13*(1), 14–24.

Hachfeld, A., Anders, Y., Schroeder, S., Stanat, P., & Kunter, M. (2010). Does immigration background matter? How teachers' predictions of students' performance relate to student background. *International Journal of Educational Research*, *49*(2–3), 78–91.

Hirsch, E. D. (2003). Reading Comprehension Requires Knowledge – of Words and the World. Scientific Insights into the Fourth-Grade Slump and the Nation's Stagnant Comprehension Scores. *American Educator, 4*(1), 10–44.

Krägeloh, N., & Prediger, S. (2015). Der Textaufgabenknacker – Ein Beispiel zur Spezifizierung und Förderung fachspezifischer Lese- und Verstehensstrategien. *Der Mathematische und Naturwissenschaftliche Unterricht, 68*(3), 138–144.

Leisen, J. (2010). *Handbuch Sprachförderung im Fach: Sprachsensibler Fachunterricht.* Bonn: Varus.

Leuders, T., & Prediger, S. (2016). *Flexibel differenzieren und fokussiert fördern im Mathematikunterricht.* Berlin: Cornelsen Scriptor.

Maier, H., & Schweiger, F. (1999). *Mathematik und Sprache.* Wien: oebv und hpt.

Meyer, M., & Prediger, S. (2012). Sprachenvielfalt im Mathematikunterricht – Herausforderungen, Chancen und Förderansätze. *Praxis der Mathematik in der Schule, 54*(45), 2–9.

Morek, M., & Heller, V. (2012). Bildungssprache – Kommunikative, epistemische, soziale und interaktive Aspekte ihres Gebrauchs. *Zeitschrift für angewandte Linguistik, 57*(1), 67–101.

Pöhler, B., & Prediger, S. (2017). Verstehensförderung erfordert auch Sprachförderung – Hintergründe und Ansätze einer Unterrichtseinheit zum Prozente verstehen, erklären und berechnen. In A. Fritz, G. Ricken & S. Schmidt (Hrsg.), *Handbuch Rechenschwäche.* Weinheim: Beltz. im Druck.

Prediger, S. (2013). Darstellungen, Register und mentale Konstruktion von Bedeutungen und Beziehungen. In M. Becker-Mrotzek, K. Schramm, E. Thürmann & H. J. Vollmer (Hrsg.), *Sprache im Fach* (S. 167–183). Münster: Waxmann.

Prediger, S. (2015). Wortfelder und Formulierungsvariation – Intelligente Spracharbeit ohne Erziehung zur Oberflächlichkeit. *Lernchancen, 18*(104), 10–14.

Prediger, S. (2016). „Kapital multiplizirt durch Faktor halt, kann ich nicht besser erklären" – Sprachschatzarbeit für einen verstehensorientierten Mathematikunterricht. In B. Lütke et al. (Hrsg.), *Fachintegrierte Sprachbildung.* Berlin: de Gruyter.

Prediger, S., Tschierschky, K., Wessel, L., & Seipp, B. (2012). Professionalisierung für fach- und sprachintegrierte Diagnose und Förderung im Mathematikunterricht. Entwicklung und Erprobung eines Konzepts für die universitäre Fachlehrerbildung. *Zeitschrift für Interkulturellen Fremdsprachenunterricht, 17*(1), 40–58.

Prediger, S., Wilhelm, N., Büchter, A., Benholz, C., & Gürsoy, E. (2015). Sprachkompetenz und Mathematikleistung – Empirische Untersuchung sprachlich bedingter Hürden in den Zentralen Prüfungen 10. *Journal für Mathematik-Didaktik, 36*(1), 77–104.

Prediger, S., Erath, K., Quasthoff, U., Heller, V., & Vogler, A.-M. (2016). Befähigung zur Teilhabe an Unterrichtsdiskursen: Die Rolle von Diskurskompetenz. In D. Höttecke, J. Menthe & T. Zabka (Hrsg.), *Befähigung zu gesellschaftlicher Teilhabe – Beiträge der fachdidaktischen Forschung.* Münster: Waxmann. im Druck.

Stanat, P. (2006). Disparitäten im schulischen Erfolg: Forschungsstand zur Rolle des Migrationshintergrunds. *Unterrichtswissenschaft, 36*(2), 98–124.

Swain, M. (1995). Three functions of output in second language learning. In G. Cook & B. Seidlhofer (Hrsg.), *Principle and practice in applied linguistics* (S. 125–144). Oxford: Oxford University Press.

Ufer, S., Reiss, K., & Mehringer, V. (2013). Sprachstand, soziale Herkunft und Bilingualität: Effekte auf Facetten mathematischer Kompetenz. In M. Becker-Mrotzek, K. Schramm, E. Thürmann & H. J. Vollmer (Hrsg.), *Sprache im Fach* (S. 167–184). Münster: Waxmann.

Wagner, S., & Schlenker-Schulte, C. (2005). *Textoptimierung von Prüfungsaufgaben*. Halle: Forschungsstelle zur Rehabilitation von Menschen mit kommunikativer Behinderung.

Teil II
Professionalisierung zur Diagnose und Förderung

Diagnostische Kompetenz von Lehramtsstudierenden fördern

Das Videotool ViviAn

4

Marie-Elene Bartel und Jürgen Roth

Zusammenfassung

Mit dem von uns entwickelten Videotool ViviAn „Videovignetten zur Analyse von Unterrichtsprozessen" (http://vivian.uni-landau.de) stellen wir Studierenden eine Lernumgebung zur Verfügung, mit der sie ihre diagnostische Kompetenz trainieren können. Im Zentrum unseres Tools befindet sich eine Videovignette, die einen Gruppenarbeitsprozess zeigt. Zudem können die Studierenden auf weitere Informationen zugreifen. Diese Kombination schafft eine ähnliche Informationslage, wie sie Lehrkräften auch in einer Unterrichtssituation zur Verfügung steht. Geleitet durch fokussierende Diagnoseaufträge analysieren die Studierenden die Lernprozesse und Lernschwierigkeiten der einzelnen Lernenden sowie der gesamten Lerngruppe. Nach der Bearbeitung der Diagnoseaufträge können die Studierenden ihre Ergebnisse mit Expertendiagnosen vergleichen. So trainieren Studierende einen differenzierten Blick auf heterogene Lerngruppen.

„Heterogenität in den Lernvoraussetzungen und Lernprozessen der Schülerinnen und Schüler zu erkennen" (Hanke 2005, S. 117) ist eine der zentralen Aufgaben von Lehrkräften aller Schularten. Sie müssen über eine ausgeprägte diagnostische Kompetenz verfügen, um die unterschiedlichen individuellen Fähigkeitsprofile der Schülerinnen und Schüler erfassen und den Unterricht darauf abstimmen zu können. Es scheint naheliegend, dass bereits das Mathematik-Lehramtsstudium die mathematischen und mathematikdidaktischen Grundlagen legen muss, damit angehende Lehrkräfte adäquat mit der Heterogenität der Schülerinnen und Schüler umgehen können. Dies kann gelingen, wenn sich die dort erarbeitete theoretische Basis in unterrichtsnahen Situationen bewähren muss und die Studierenden so Gelegenheit bekommen, ihre diagnostische Kompetenz zu entwickeln. Idealerweise geschieht dies bereits parallel zu fachdidakti-

M.-E. Bartel (✉) · J. Roth
Institut für Mathematik, Didaktik der Mathematik (Sekundarstufen), Universität Koblenz-Landau
Landau, Deutschland

© Springer Fachmedien Wiesbaden GmbH 2017
J. Leuders et al. (Hrsg.), *Mit Heterogenität im Mathematikunterricht umgehen lernen*,
Konzepte und Studien zur Hochschuldidaktik und Lehrerbildung Mathematik,
DOI 10.1007/978-3-658-16903-9_4

schen Lehrveranstaltungen der Universität. Wenn es sich dabei um Großveranstaltungen mit mehr als 200 Studierenden handelt, ist die Umsetzung nicht ganz einfach. Wir setzen deshalb auf ViviAn (**Vi**deov**i**gnetten zur **An**alyse von Unterrichtsprozessen), ein von uns selbst entwickeltes Videotool, mit dessen Hilfe die Studierenden im Rahmen einer Vorlesung ihr dort erworbenes theoretisches Wissen zur Diagnose von Schülerarbeitsprozessen nutzen. Grundlage für das Arbeiten mit ViviAn sind authentische Videovignetten aus Gruppenarbeitsphasen von Schülerinnen und Schülern.

4.1 Videogestützte Schulung lernprozessbezogener Diagnosen

4.1.1 Lernprozessbezogene Diagnosen

Publikationen, die sich mit diagnostischer Kompetenz auseinandersetzten, stützten sich lange Zeit auf eine Definition von Schrader. Für ihn ist diagnostische Kompetenz „die Fähigkeit eines Urteilers, Personen zutreffend zu beurteilen" (Schrader 2006, S. 95). Immer mehr Autoren weisen jedoch darauf hin, dass eine solche Betrachtungsweise der diagnostischen Kompetenz für Lehrkräfte nicht ausreichend ist (Abs 2007; Praetorius et al. 2012; Schrader 2013). Dies deutet sich bereits bei Weinert (2000) an. Er definiert diagnostische Kompetenz als

ein Bündel von Fähigkeiten, um den Kenntnisstand, die Lernfortschritte und die Leistungsprobleme einzelner Schüler sowie die Schwierigkeiten verschiedener Lernaufgaben im Unterricht fortlaufend beurteilen zu können, sodass das didaktische Handeln auf diagnostischen Einsichten aufgebaut werden kann (Weinert 2000, S. 16).

Wenn Weinert von diagnostischer Kompetenz spricht, dann bezieht er sich dabei offensichtlich – nach dem Begriffsverständnis von Praetorius et al. (2012) – in erster Linie auf den Teilaspekt der *lernprozessbezogenen Diagnosen*. Insbesondere diese lernprozessbezogenen Einschätzungen von Lehrkräften sind für die Steuerung von Lehr-Lern-Prozessen unabdingbar (Horstkemper 2004; Praetorius et al. 2012). Dementsprechend müssen Lehrpersonen im Unterricht in der Lage sein zu erkennen, „wo sich der einzelne Lernende in seinem Lernprozess befindet und welche Hilfen und Rückmeldungen dieser benötigt" (Praetorius et al. 2012, S. 137).

Diese Aussage deutet bereits darauf hin, dass Diagnosen alleine nicht ausreichend sind, um den Lernprozess von Schülerinnen und Schülern positiv zu beeinflussen. Es müssen weitere Schritte, wie beispielsweise eine passgenaue zusätzliche Erklärung seitens der Lehrkraft folgen (Schrader 2013). Brühwiler (2014, S. 14) bringt dies auf den Punkt, indem er angibt, dass „eine hohe diagnostische Kompetenz nur gekoppelt mit didaktischen Maßnahmen lernwirksam" wird. Insbesondere bei heterogenen Lerngruppen ist eine solche adaptive – also auf die Lernenden abgestimmte – Unterrichtsgestaltung zwingend erforderlich (Helmke 2009). Dies wird nur durch ein Zusammenspiel von diagnostischer Kompetenz und fachdidaktischem Wissen der Lehrperson möglich (van Ophuysen 2010).

Die Komplexität des Unterrichts und die Komplexität der beschriebenen lernprozessbezogenen Diagnosen legen eine Förderung der entsprechenden Kompetenz im Studium nahe. Dadurch wird auch eine enge Verzahnung mit dem in Lehrveranstaltungen aufgebauten fachdidaktischen Wissen erreicht. Einerseits kann die Praxisrelevanz fachdidaktischen Wissens anhand von selbst durchgeführten lernprozessbezogenen Diagnosen erfahrbar werden, und andererseits sind Diagnosen nur vor dem Hintergrund von inhaltsspezifischem fachdidaktischem Wissen adäquat durchführbar.

Aufgrund der Tatsache, dass das Erfassen und Verstehen individueller Lern- und Aneignungsprozesse zeitintensiv ist (Horstkemper 2004), scheint es naheliegend, bei der Förderung ein Medium einzusetzen, das dauerhaft und wiederholt nutzbar ist. Zudem sollten Lehrkräfte, und insbesondere auch Studierende, die diagnosespezifische Kompetenz fach- und handlungsbezogen erwerben und deren Umsetzung trainieren können (Horstkemper 2004). Das Medium Video hat das Potential, diesen Anforderungen gerecht zu werden. Es eröffnet die Möglichkeit, Lernprozesse sowie das Handeln der Lernenden realitätsnah darzustellen.

4.1.2 Einsatz von Videos in der Lehrerbildung

Die Idee, Videos in der Lehrerbildung einzusetzen, ist nicht neu. Bereits seit den 1960er-Jahren werden Videos mit unterschiedlichen Zielen und Funktionen sowie in unterschiedlichen Lernumgebungen genutzt (Brophy 2004; Janik et al. 2013).

Schon seit einigen Jahren werden in den USA die Lehrerexpertise, insbesondere der „professionelle Blick", das heißt die „Wahrnehmung" von Unterrichtssituationen mit Videos geschult (van Es und Sherin 2008 u. a.). Diese Idee wurde in Deutschland von Seidel et al. (2010) adaptiert und weiterentwickelt. Ihr Ziel war es mit dem Videotool „Observer", das Videoausschnitte mit darauf abgestimmten Ratingformaten kombiniert, ein standardisiertes Instrument zu schaffen, mit dem die Fähigkeiten zur „professionellen Wahrnehmung" erfasst werden können.

Das Arbeiten mit Videos kann großen Einfluss auf den Lernerfolg von Lehrpersonen haben (Lipowsky 2009). Wir haben vor diesem Hintergrund die Lernumgebung ViviAn auf der Basis von Videovignetten entwickelt. Um eine zufriedenstellende lernprozessbezogene Diagnose des beobachteten Prozesses zu ermöglichen, sind in der Regel neben den Videodaten weitere Informationen zur Lernsituation erforderlich. Deshalb stellen wir, wie schon Lampert und Ball (1998) in den USA, den Studierenden neben der Videovignette ergänzende Informationen zur Verfügung.

4.2 Konzept des Theorie-Praxis-Bezugs in der mathematikdidaktischen Lehramtsausbildung in Landau

Die mathematikdidaktische Lehramtsausbildung für die Sekundarstufen ist an der Universität Koblenz-Landau am Campus Landau über das gesamte Bachelor- und Masterstudium verteilt und aufeinander aufbauend konzipiert. Nach einer einführenden Querschnittsvorlesung „Fachdidaktische Grundlagen", die im ersten Semester stattfindet, sind die Didaktikveranstaltungen im Bachelorstudium (Didaktik der Geometrie, Didaktik der Zahlbereichserweiterungen, Didaktik der Algebra) sowie zu Beginn des Masterstudiums (Didaktik der Stochastik sowie Didaktik der Analysis bzw. Didaktik der Analytischen Geometrie und Linearen Algebra) für Sekundarstufe II-Studierende nach Inhalten des Mathematikunterrichts strukturiert. Eine Vernetzung aller Veranstaltungen findet am Ende des Masterstudiums im Rahmen des Didaktischen Seminars statt. Hier bringen die Studierenden ihr gesamtes theoretisches Wissen aus dem bisherigen Studium sowie ihre ersten Praxiserfahrungen aus den Schulpraktika in die Konzeption und Gestaltung von Lernumgebungen für das Mathematik-Labor „Mathe ist mehr" (http://mathe-labor.de) ein. Es handelt sich um ein Schülerlabor an der Universität in Landau, in dem die Studierenden zunächst einen Durchlauf einer Laborstation mit einer Schulklasse betreuen. Dabei müssen sie im Sinne der lernprozessbezogenen Diagnose Stärken und Schwächen der Lernumgebung sowie die Arbeitsprozesse der Schülerinnen und Schüler diagnostizieren. Zusätzlich wird der gesamte Prozess der Bearbeitung einer Laborstation von einer Schülergruppe jeder Klasse videografiert. Auf der Grundlage der eigenen lernprozessbezogenen Diagnosen aus dem Durchlauf und der Videoaufzeichnung überarbeiten die Studierenden entweder die erprobte Station oder entwickeln eine Station zu einem anderen Inhalt neu. Dabei werden Schülerarbeitshefte, Hilfehefte, gegenständliche Materialien sowie Simulationen (auf der Basis von GeoGebra) konzipiert und erstellt, die den Erkenntnisprozess der Lernenden möglichst optimal unterstützen. Anschließend werden die entwickelten Stationen erneut mit jeweils einer Schulklasse erprobt.

In einer Wahlpflichtveranstaltung für Studierende des Lehramts an Gymnasien, dem „Fachdidaktisches Forschungsseminar", werden die während der Labordurchläufe entstandenen Daten (Videos, gescannte Schülerbearbeitungen in den Arbeitsheften, Leistungstests) nach verschiedensten Kriterien und Fragestellungen sowie mit den jeweils dazu passenden empirischen Methoden ausgewertet. Auf diese Weise wird neben der lernprozessbezogenen Diagnose noch eine ganze Reihe von weiteren Diagnoseebenen angesprochen. Sowohl die theorie- und diagnosegestützte Konzeption von Laborstationen, als auch die nachgelagerte empirische Diagnostik kann, bei entsprechendem Interesse von Studierenden, im Rahmen von Bachelor- und insbesondere Masterarbeiten noch vertieft werden.

Damit das theoretische fachdidaktische Wissen, welches in den Vorlesungen des Bachelorstudiums vermittelt wird, nicht träge bleibt und um die Studierenden besser auf die Masterveranstaltungen vorzubereiten, müssen diese die Möglichkeit erhalten, das erworbene Wissen in unterrichtsnahen Lehr-Lernsituationen anzuwenden. Hier knüpfen wir mit dem Einsatz unseres Videotools ViviAn an. Wir möchten den Studierenden die Möglichkeit geben, ihr gerade im Rahmen einer Lehrveranstaltung erworbenes fachdidaktisches Wissen – etwa über themenspezifische Grundvorstellungen, bekannte Schülerschwierigkeiten u. v. m. – begleitend zur Lehrveranstaltung einzusetzen, indem sie Diagnoseaufträge zu Videovignetten von Gruppenarbeitsphasen zum selben Thema bearbeiten. Dabei erfahren sie einerseits dessen Bedeutung für lernprozessbezogene Diagnosen und andererseits wird ihnen bewusst, wie ihnen diese Kenntnisse helfen, ihr eigenes Lehrerhandeln zu organisieren. Damit leisten wir einen Beitrag zur Überwindung der Theorie-Praxis-Kluft, vernetzen gleichzeitig die verschiedenen fachdidaktischen Lehrveranstaltungen miteinander und sensibilisieren die Studierenden für die Unterschiedlichkeit der Schülerinnen und Schüler. Wir planen aktuell eine Studie, die untersucht, wie sich das Arbeiten mit ViviAn im Rahmen von fachdidaktischen Großveranstaltungen in der Bachelor-Phase des Studiums im Didaktischen Seminar, das in der Master-Phase des Studiums stattfindet, auf die Diagnosekompetenz und die Fähigkeit auswirkt, adäquate Lernumgebungen zu produzieren.

4.3   Das Videotool ViviAn

4.3.1   Konzeption und Gestaltung

Als zentraler Bestandteil des Videotools ViviAn befindet sich eine zwei- bis vierminütige Videovignette in der Mitte der Nutzeroberfläche (vgl. Abb. 4.1). Diese Vignetten zeigen jeweils authentische Gruppenarbeitsphasen, in denen vier Schülerinnen und Schüler gemeinsam an einer Aufgabenstellung während ihres Besuchs im Mathematik-Labor „Mathe ist mehr" arbeiten. Dieser Lernprozess wurde von schräg oben gefilmt. Die gewählte Kameraperspektive unterstützt sowohl die Betrachtung der gesamten Lerngruppe als auch die Fokussierung auf einzelne Lernende. Des Weiteren sind so alle Handlungen am gegenständlichen Material gut sichtbar. In Phasen, in denen die Lernenden im Wesentlichen mit einer Simulation arbeiten, wird die Bildschirmaufnahme (Video der Bildschirmaktionen) im Zentrum der Lernumgebung dargestellt. Damit die Interaktion der Lernenden am Tisch dabei nicht verloren geht, wird die Aufzeichnung der zuvor beschriebenen Kameraperspektive verkleinert links unten im Video dargestellt. Um die Verbalisierungen den Lernenden im Video eindeutig zuordnen zu können, wurde die Person, die gerade spricht, mit einer Markierung versehen. Der verwendete Videoplayer ermöglicht jederzeit das Starten, Anhalten sowie Vor- und Zurückspulen innerhalb der Videovignette (s. Abb. 4.1).

Wie bereits im ersten Kapitel angedeutet, stehen den Studierenden in ViviAn neben dem Video weitere Informationen zur dargestellten Situation zur Verfügung. Durch Betätigen des entsprechenden Buttons können sie diese nach Bedarf abrufen. Es öffnen sich jeweils Pop-up-Fenster, die beliebig separat bewegt, angeordnet und wieder geschlossen werden können. Die Gestaltung der Benutzeroberfläche und Anordnung der in den

Abb. 4.1 Oberfläche des Videotools ViviAn

nächsten Abschnitten beschriebenen Buttons dient der möglichst intuitiven und einfachen Bedienung.

Mit dem Button *Lernumgebung: Thema und Ziele* oberhalb des Videos, kann ein kurzer Überblick über Inhalt und Ziele der videografierten Lernsituation abgerufen werden. Neben der Videovignette befinden sich weitere Buttons, die in *Schülerebene* bzw. *Metaebene* untergliedert sind.

Mit den Buttons der *Schülerebene* links neben dem Video können Materialien der Lernumgebung abgerufen werden, mit denen die Lernenden während des Lernprozesses arbeiten oder die sie dabei produzieren. Der Button *Arbeitsauftrag* öffnet die Aufgabe, die die Lerngruppe im dargestellten Arbeitsprozess selbstständig bearbeitet. Mit dem Button *Materialien* können Fotos der gegenständlichen Materialien und gegebenenfalls die Simulation, mit denen die Lernenden arbeiten, aufgerufen werden. Die Studierenden können die Simulation im Pop-up-Fenster genauso wie die Lernenden nutzen. Auf diese Weise können sie deren Handeln bestmöglich nachvollziehen. Unter dem Button *Schülerprodukte* befinden sich die schriftlichen Arbeitsergebnisse aller Lernenden aus dem Video. Diese sind so angeordnet, dass beliebige Bearbeitungen jeweils paarweise miteinander verglichen werden können (vgl. Abb. 4.2).

Rechts neben dem Video können Studierende auf Informationen der *Metaebene* zugreifen, über die eine Lehrkraft im Klassenraum verfügt. Mit dem Button *Schülerprofile* werden Informationen zu den Lernenden im Video abgerufen (unter anderem Alter, Klassenstufe und besuchte Schulart). Darunter befindet sich der *Sitzplan*, auf dem die Lernenden (zur eindeutigen Kommunikation) von links nach rechts mit S1, S2, S3, S4 durchnummeriert sind. Der Button *Zeitliche Einordnung* öffnet den inhaltlichen Verlaufsplan

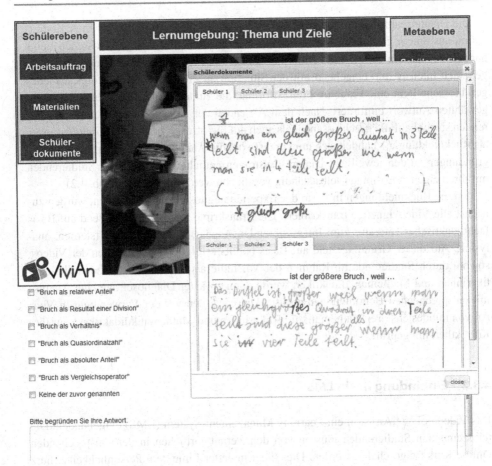

Abb. 4.2 ViviAn: Diagnoseauftrag und Pop-up-Fenster mit Schülerdokumenten

der insgesamt drei Doppelstunden, die die Lernenden im Schülerlabor Mathematik arbeiten. Dies ermöglicht es den Studierenden zu sehen, welches Lernziel durch die Aufgabe erreicht werden soll und an welchen Inhalten die Lernenden vor und nach der gezeigten Situation arbeiten.

In der rechten, unteren Ecke der Lernumgebung befindet sich ein pfeilförmiger Button mit der Aufschrift *Diagnoseauftrag*. Er öffnet, unterhalb der bisher beschriebenen Oberfläche, auf das Video abgestimmte Diagnoseaufträge (vgl. Abb. 4.2). Diese fokussieren jeweils auf einen spezifischen inhaltlichen Aspekt des Mathematiklernens der Situation, wie beispielsweise das Begriffslernen der Schülerinnen und Schüler. Dadurch kann das Hauptaugenmerk der Diagnose auf die bereits zuvor in der Vorlesung thematisierten Aspekte gelenkt werden. Dies soll dazu beitragen, die Diagnose auf eine theoriebasierte Ebene zu heben.

Die Diagnoseaufträge bestehen entweder aus einem offenem Item oder einer Kombination aus einem geschlossenen und einem offenen Item. Bei den geschlossenen Items handelt es sich um Single- und Multiple-Choice-Fragen. Um die Studierenden anzuregen, sich intensiv und eingehend mit der Situation auseinanderzusetzen, folgt auf jedes geschlossene Item eine Frage im Freitextformat, die zumeist eine Begründung der zuvor gewählten Antwort einfordert. Nach dem Absenden der Antworten erhalten die Studierenden sowohl auf die geschlossenen, als auch auf die offenen Fragen *Expertendiagnosen* als Rückmeldung. Es handelt sich um kurze Texte, die Analysen sowie entsprechende Begründungen zu den jeweiligen Diagnoseaufträgen enthalten, und von den Studierenden mit ihren eigenen Lösungen selbstständig verglichen werden können (s. Abb. 4.2).

Um die Rückmeldungen in Form der Expertendiagnosen zu ermöglichen, wurden zunächst alle Videovignetten transkribiert. Die Transkripte wurden anschließend auf Basis fachdidaktischer Literatur zum interessierenden Aspekt, z. B. dem Begriffslernen, analysiert. Auf dieser Grundlage und auf Basis bereits erfolgter Bearbeitungen der Videos, sowohl durch Studierende im Rahmen der Vorstudie als auch durch Mathematikdidaktikerinnen und Mathematikdidaktiker, wurde dann zu jeder Diagnosefrage eine Analyse mit entsprechenden Begründungen erstellt. Diese wurden vor der Verwendung in ViviAn von mindestens drei Mathematikdidaktikerinnen und Mathematikdidaktikern auf ihre Korrektheit hin geprüft.

4.3.2 Einbindung in ein LMS

Das Videotool ViviAn ist in ein Learning Management System (LMS) eingebunden. Die teilnehmenden Studierenden müssen von den Verantwortlichen in den entsprechenden Online-Kurs freigeschaltet werden. Dies dient in erster Linie dem Persönlichkeitsschutz der videografierten Personen. Die Nutzer können darüber hinaus innerhalb des LMS in Lerngruppen eingeteilt werden. Dies ermöglicht mit Blick auf die Untersuchung (mit Experimental- und Kontrollgruppe) eine randomisierte Zuweisung der Teilnehmenden und, passend zur Thematik und zu Untersuchungszwecken, das gezielte Freischalten einzelner Videos zu festgelegten Zeitpunkten. Das LMS ermöglicht darüber hinaus eine automatische Speicherung der Antworten der Studierenden. Letztere können bei Bedarf heruntergeladen und für empirische Auswertungen genutzt werden.

4.3.3 Einsatz

Veranstaltungen, in denen ViviAn eingesetzt wird, bestehen jeweils aus elf bis vierzehn Vorlesungen à 90 min über ein Semester. Nachdem das für die Analysen der Vignetten notwendige fachdidaktische Wissen in der entsprechenden Vorlesung bearbeitet wurde, werden den Studierenden thematisch passend nacheinander bis zu neun Videovignetten freigeschaltet. Die Studierenden werden in der Vorlesung und per E-Mail über die Frei-

gabe der entsprechenden Videovignetten informiert sowie zur Bearbeitung der Diagnoseaufträge angeleitet. Bei Interesse können die Videovignetten und die zugehörigen Diagnoseaufträge auch mehrmals bearbeitet werden. Die Studierenden haben im LMS die
Möglichkeit nachzusehen, ob und gegebenenfalls wann sie welche Vignette bearbeitet haben.

4.4 ViviAn – Trainingsumgebung für den Umgang mit heterogenen Lerngruppen

Damit Lernprozesse möglichst erfolgreich unterstützt werden können, müssen Verschiedenheiten von Schülerinnen und Schülern erfasst und eingeschätzt werden. In heterogenen
Lerngruppen ist eine adaptive Unterrichtsgestaltung unabdingbar, um die Schülerinnen
und Schüler individuell fördern zu können. Dies kann aber nur Lehrpersonen gelingen,
die sowohl über eine ausgeprägte diagnostische Kompetenz als auch über inhaltsbezoge-
nes fachdidaktisches Wissen verfügen (Praetorius et al. 2012). Beides wird idealerweise
in engem Bezug miteinander ausgebildet. Mit der Lernumgebung ViviAn versuchen wir,
diesen Bezug zu schaffen. In der Vorlesung wird theoretisches Wissen aufgebaut, das in
einem nächsten Schritt mit Hilfe von ViviAn unmittelbar in unterrichtsnahen Situationen
angewandt werden kann. Damit werden zwei Absichten verfolgt: Einerseits wird auf diese
Weise dem Entstehen von trägem Wissen entgegengewirkt, indem die fachdidaktischen Inhalte unmittelbar für prozessbezogene Diagnosen angewandt werden. Dies verbessert den
Theorie-Praxis-Bezug und verdeutlicht den Studierenden die Relevanz der theoretischen
Inhalte. Andererseits bietet erst der in den Veranstaltungen erarbeitete inhaltsbezogene
Theorierahmen die Basis für zielgerichtete Diagnosen in diesem Bereich. Viele fachbezo-
gene Schülerschwierigkeiten sind nur mit entsprechendem Theoriewissen wahrnehmbar.

Mit diesem Konzept leisten wir einen Beitrag zur Ausbildung von lernprozessbezoge-
ner diagnostischer Kompetenz bereits während des Lehramtsstudiums, bereiten die praktische Ausbildung an den Studienseminaren inhaltlich vor und legen so die Grundlage für
spezifische lernprozessbezogene Diagnosen in heterogenen Lerngruppen, die die Studierenden in ihren Klassen vorfinden werden.

Literatur

Abs, H. J. (2007). Überlegungen zur Modellierung diagnostischer Kompetenz bei Lehrerinnen und
    Lehrern. In M. Lüders & J. Wissinger (Hrsg.), *Forschung zur Lehrerbildung. Kompetenzent-
    wicklung und Programmevaluation* (S. 63–84). Münster: Waxmann.

Brophy, J. E. (2004). Discussion. In J. E. Brophy (Hrsg.), *Using video in teacher education* Advances
    in research on teaching, (Bd. 10, S. 287–304). Amsterdam: JAI.

Brühwiler, C. (2014). *Adaptive Lehrkompetenz und schulisches Lernen. Effekte handlungssteuern-
    der Kognitionen von Lehrpersonen auf Unterrichtsprozesse und Lernergebnisse der Schülerin-*

nen und Schüler. Pädagogische Psychologie und Entwicklungspsychologie, Bd. 91. Münster: Waxmann.

Van Es, E., & Sherin, M. G. (2008). Mathematics teachers' "learning to notice" in the context of a video club. *Teaching and Teacher Education, 24*(2), 244–276.

Hanke, P. (2005). Unterschiedlichkeit erkennen und Lernprozesse in gemeinsamen Lernsituationen fördern – förderdiagnostische Kompetenzen als elementare Kompetenzen im Lehrerberuf. In K. Bräu & U. Schwerdt (Hrsg.), *Heterogenität als Chance. Vom produktiven Umgang mit Gleichheit und Differenz in der Schule* Paderborner Beiträge zur Unterrichtsforschung und Lehrerbildung, (Bd. 9, S. 115–128). Münster: Lit.

Helmke, A. (2009). *Unterrichtsqualität und Lehrerprofessionalität. Diagnose, Evaluation und Verbesserung des Unterrichts* (4. Aufl.). Seelze-Velber: Kallmeyer.

Horstkemper, M. (2004). Diagnosekompetenz als Teil pädagogischer Professionalität. *Neue Sammlung, 44*(2), 201–214.

Janik, T., Minarikova, E., & Najvar, P. (2013). Der Einsatz von Videotechnik in der Lehrerbildung. Eine Übersicht leitender Ansätze. In U. Riegel (Hrsg.), *Videobasierte Kompetenzforschung in den Fachdidaktiken* Fachdidaktische Forschungen, (Bd. 4, S. 63–78). Münster: Waxmann.

Lampert, M., & Ball, D. L. (1998). *Teaching, multimedia, and mathematics. Investigations of real practice.* The practitioner inquiry series. New York: Teachers College Press.

Lipowsky, F. (2009). Unterrichtsentwicklung durch Fort- und Weiterbildungsmaßnahmen für Lehrpersonen. *Beiträge zur Lehrerinnen- und Lehrerbildung, 27*(3), 346–360.

Van Ophuysen, S. (2010). Professionelle pädagogisch-diagnostische Kompetenz – eine theoretische und empirische Annäherung. In N. Berkemeyer, W. Bos, H. G. Holtappels, N. McElvany & R. Schulz-Zander (Hrsg.), *Jahrbuch der Schulentwicklung Band 16. Daten, Beispiele und Perspektiven* (S. 203–234). Weinheim: Juventa.

Praetorius, A.-K., Lipowsky, F., & Karst, K. (2012). Diagnostische Kompetenz von Lehrkräften: Aktueller Forschungsstand, unterrichtspraktische Umsetzbarkeit und Bedeutung für den Unterricht. In R. Lazarides & A. Ittel (Hrsg.), *Differenzierung im mathematisch-naturwissenschaftlichen Unterricht* (S. 115–146). Bad Heilbrunn: Klinkhardt.

Schrader, F.-W. (2006). Diagnostische Kompetenz von Eltern und Lehrern. In D. H. Rost (Hrsg.), *Handwörterbuch Pädagogische Psychologie* (3. Aufl., S. 95–100). Weinheim: Beltz.

Schrader, F.-W. (2013). Diagnostische Kompetenz von Lehrpersonen. *Beiträge zur Lehrerinnen- und Lehrerbildung, 31*(2), 154–165.

Seidel, T., Blomberg, G., & Stürmer, K. (2010). „Observer" – Validierung eines videobasierten Instruments zur Erfassung der professionellen Wahrnehmung von Unterricht. *Zeitschrift für Pädagogik, 56*(Beiheft), 296–306.

Weinert, F. E. (2000). Lehren und Lernen für die Zukunft – Ansprüche an das Lernen in der Schule. *Pädagogische Nachrichten Rheinland-Pfalz, 2*, 1–16.

Diagnose und Förderung *erleben* und *erlernen* im Rahmen einer Großveranstaltung für Primarstufenstudierende

5

Johanna Brandt, Annabell Ocken und Christoph Selter

Zusammenfassung

Ein wichtiges Ziel der Lehrerausbildung besteht in der Anbahnung und der Entwicklung einer fachbezogenen Diagnose- und Förderkompetenz. Diese sollte kontinuierlich aufgebaut und nicht nur in Einzelveranstaltungen – etwa im Schulpraktikum – thematisiert werden. In diesem Sinne stellt der Beitrag das diesbezügliche Konzept der Veranstaltung „Grundlegende Ideen des Mathematikunterrichts der Primarstufe" (330 Studierende) mit seinen theoretischen Grundlegungen vor und gibt Einblicke in die konkreten Umsetzungen. So kommen in der Veranstaltung sowohl Maßnahmen zu „DiF *erleben*" als auch Maßnahmen zu „DiF *erlernen*" zum Einsatz, welche in diesem Beitrag vorgestellt werden.

5.1 Theoretischer Hintergrund

Vor dem Hintergrund der großen Heterogenität der Schülerschaft (Prenzel und Burba 2006) haben die Leitprinzipien der Diagnose und (individuellen) Förderung (DiF) in den bildungspolitischen, didaktischen und professionstheoretischen Diskussionen sowie in Entwicklung und Forschung zunehmend an Bedeutung gewonnen (vgl. Becker et al. 2006; Hußmann und Selter 2013a).

Denn Studien in der Unterrichtsforschung haben gezeigt, dass Lehr-/Lernprozesse effektiv und nachhaltig gestaltet werden können, wenn sie an individuelle Lernstände der Schüler/innen anknüpfen und diese adaptiv weiterentwickeln (Helmke 2010). Dies

J. Brandt (✉) · A. Ocken · C. Selter
Institut für Entwicklung und Erforschung des Mathematikunterrichts, Technische Universität Dortmund
Dortmund, Deutschland

© Springer Fachmedien Wiesbaden GmbH 2017
J. Leuders et al. (Hrsg.), *Mit Heterogenität im Mathematikunterricht umgehen lernen*,
Konzepte und Studien zur Hochschuldidaktik und Lehrerbildung Mathematik,
DOI 10.1007/978-3-658-16903-9_5

gilt gleichermaßen für leistungsschwache wie für leistungsstarke Lernende (Moser Opitz 2010; Moser Opitz und Nührenbörger 2015).

Zudem sind die Lernenden aktiv in diese Prozesse einzubeziehen. So soll ein verändertes Rollenverständnis von selbstverantwortlichen Lernenden und Lehrenden, die diese dabei unterstützen, lehrplangemäß greifen (bspw. MSW 2008, S. 19). Beispielsweise können Lernende durch Kompetenzlisten oder Selbstbeurteilungs- bzw. Selbstdiagnosebögen[1] dazu angeregt werden, Lernprozesse eigenverantwortlich in die Hand zu nehmen. Kompetenzlisten stellen eine Auflistung vorgegebener allgemein beschriebener Lernziele oder (Teil-)Kompetenzen dar (vgl. Sundermann und Selter 2006, S. 55). Sie sollen Lernende dabei unterstützen, ihre Lernziele zu erkennen, ihren Lernstand einzuschätzen und ihr eigenes Lernen zu strukturieren. Durch die Transparenz über erreichte und zu erreichende Ziele sollen Kompetenzlisten zudem einen Beitrag zur Lernmotivation leisten (vgl. Ewald und Willmanns 2014, S. 104). Lernende sollten dabei insgesamt in der Arbeit mit Kompetenzlisten begleitet und unterstützt werden, beispielsweise durch Angebote oder Vorschläge für adäquate Lernaktivitäten (vgl. Reiff 2006, S. 68 f.). Diagnose und Förderung wird somit zur Angelegenheit beider – Lehrpersonen und Lernender.

Erfahrungen aus der Praxis zeigen, dass der Einsatz in Bezug auf die Diagnose fachlicher Kompetenzen positive Wirkungen hat. So berichtet Reiff (2006, S. 68 f.) von einer erhöhten Bereitschaft der Schüler/innen, an ihren selbst erkannten Stärken und Schwächen weiterzuarbeiten und beispielsweise durch die Nutzung von bereitgestelltem Material dazu lernen zu wollen. In diesem Sinne kann „Selbstbeobachtung und Selbstbewertung einen wirksamen Beitrag zu Diagnose und einer daraus abgeleiteten Förderung leisten, wenn die Schüler mit ihrer persönlichen Lernerfahrung verantwortlich eingebunden werden" (Buschmann 2006, S. 127). Wie ein solches Konzept auch im Rahmen von universitären Lehrveranstaltungen eingesetzt werden kann, wird in Abschn. 5.3 dargestellt.

Entsprechend der wachsenden Bedeutung von Diagnose und Förderung in der Schule ist unstrittig, dass der Entwicklung von Diagnose- und Förderkompetenz im Lehramtsstudium ein hoher Stellenwert einzuräumen ist (von Aufschnaiter 2007). Zur Frage, welche hochschuldidaktischen Settings neben den Praxisphasen die Verknüpfung von theoretischem Wissenschaftswissen und Praxisanforderungen fördern, sprechen erste Befunde für die Wirksamkeit fallbasierten Lernens und simulierter „Laborerfahrungen" (Hascher 2011, S. 426 f.; Darling-Hammond und Hammerness 2002). Eine Möglichkeit zum Aufbau von Diagnose- und Förderkompetenz wird im Einsatz von authentischen Dokumenten zu Lehr-/Lernsituationen gesehen, wie etwa Unterrichtsvideos, Transkripte und Schülerdokumente (vgl. Welzel und Stadler 2005).

Dabei ermöglicht insbesondere das mehrfache Betrachten und Reflektieren einer Situation (im Video, Transkript oder Dokument) ohne unmittelbaren Handlungsdruck (Krammer et al. 2012) angehenden Lehrkräften in besonderer Weise eine „fallbezogene

---

[1] In der Literatur werden hierfür unterschiedliche Begrifflichkeiten verwendet. In diesem Beitrag wird im Weiteren der Begriff der Kompetenzliste genutzt.

Beschreibung und Deutung von kindlichen Verstehensprozessen" (Girulat et al. 2013, S. 153).

Für die Entwicklung von Förderansätzen ist es wichtig herauszuarbeiten, was das Besondere an einem Diagnosefall ist und welche allgemeinen Aspekte sich im Vergleich mit anderen Fällen herauskristallisieren lassen (Markovitz und Smith 2008). Damit lässt sich die Vielfalt der Einzelfälle besser bewältigen, ohne individuelle Förderansätze zu verlieren.

Wenn „Diagnose und Förderung" nicht auf ein Inselthema reduziert werden soll, das isoliert zum Beispiel in Praxisphasen am Ende des Studiums angesprochen wird, dann muss es kontinuierlich in die Ausbildung einbezogen werden. Wie dies auch in den häufig unvermeidlichen Großveranstaltungen mit einer dreistelligen Zahl von Teilnehmerinnen und Teilnehmern umgesetzt werden kann, stellt dieser Beitrag vor.

5.2 Rahmenbedingungen der Veranstaltung

Die fachdidaktische Großveranstaltung „Einführung in die grundlegenden Ideen der Mathematikdidaktik in der Primarstufe" (kurz: GIMP) – bestehend aus je zwei SWS Übung und Vorlesung – besuchten im Wintersemester 2014/2015 330 Studierende des Lehramts Grundschule und des Lehramts Sonderpädagogik. Die Studierenden waren in der Regel im 5. Fachsemester.

Inhaltliche Schwerpunkte der Veranstaltung waren zentrale mathematikdidaktische Prinzipien (u. a. „Entdeckendes Lernen", „Spiralprinzip", „Natürliche Differenzierung"), Konzeptionen und Konkretionen von Diagnose und Förderung in unterrichtsnahen Kontexten, Hintergrundwissen und Methoden zur lernförderlichen Leistungsfeststellung sowie unterrichtsbezogenes Basiswissen. Die angesprochenen Themen sind insbesondere im Kontext der „Diagnose und Förderung heterogener Lerngruppen" von zentraler Bedeutung. Der Fokus in den Kapiteln zu Diagnose und Förderung lag auf leistungsstarken und leistungsschwachen Kindern.

Hintergrund der Veranstaltungskonzeption ist das Projekt dortMINT (2009–2017). In diesem wurden und werden inhaltliche und strukturelle Maßnahmen zum Aufbau und zur Förderung der Fähigkeiten und Kenntnisse angehender Lehrkräfte zu den Themen „Diagnose und individuelle Förderung" (DiF) in Form eines Dreischritts der Professionalisierung in fachwissenschaftlichen, fachdidaktischen und in schulpraktischen Bereichen des Studiums konzipiert:

- „*Erleben* von DiF im eigenen Lernprozess in der fachwissenschaftlichen Ausbildung,
- *Erlernen* theoretischer (allgemeiner und fachbezogener) Hintergründe, empirischer und praktischer Konstrukte und Instrumente für DiF in der fachdidaktischen Ausbildung sowie
- *Erproben* erworbener Kompetenzen in schulpraktischen Zusammenhängen" (Hußmann und Selter 2013b, S. 17).

Während der Ausbildung wird DiF somit nicht nur im Hinblick auf den Anwendungskontext „Schule" behandelt (*erlernen* und *erproben*), sondern explizit auch zu den eigenen Lernerfahrungen der Studierenden in Beziehung gesetzt (*erleben*). In der Konzeption dieser Maßnahmen für die hier beschriebene Veranstaltung war es dabei eine besondere Herausforderung diese für die große Anzahl an Studierenden nutzbar und wirksam zu gestalten.

5.3 Maßnahmen zu „DiF *erleben* und DiF *erlernen*"

Zur Anbahnung und Entwicklung einer fachbezogenen Diagnose- und Förderkompetenz kommen in der Veranstaltung sowohl Maßnahmen zu „DiF *erleben*" als auch Maßnahmen zu „DiF *erlernen*" zum Einsatz, über die Tab. 5.1 einen Überblick gibt. Die Maßnahmen zu „DiF *erleben*" sind angelehnt an die Veranstaltung „Diskrete Mathematik" (Busch et al. 2013) sowie an Weiterentwicklungen aus der Veranstaltung „Arithmetik und ihre Didaktik" (vgl. Ocken et al. in Vorbereitung).

Im Folgenden werden die Konzeptionen der Bereiche „DiF *erleben*" und „DiF *erlernen*" näher beschrieben und an je einem Beispiel aus der Veranstaltung konkretisiert.

5.3.1 Maßnahmen zu „DiF *erleben*"

„DiF *erleben*" wird aus folgenden Gründen als Ausgangspunkt für den Erwerb eines vertieften Verständnisses von Diagnose und Förderung erachtet: Die Studierenden lernen verschiedene Instrumente und Möglichkeiten der Umsetzung von Diagnose und Förderung kennen, welche sie in ihrem künftigen Unterricht nutzen können. Solche haben sie in ihrer eigenen Schulzeit nur selten kennengelernt. Weiter wird den Studierenden durch das Sammeln eigener Erfahrungen mit Diagnose und Förderung ermöglicht, Einsichten in

Tab. 5.1 Maßnahmen zu „DiF *erleben*" und „DiF *erlernen*"

DiF *erleben*	DiF *erlernen*
Regelmäßige Führung von **Kompetenzlisten** Nutzung von **Förderhinweisen**	Durchführung und Analyse eines **Erkundungsprojektes**
Bearbeitung von Kompetenzchecks	Nutzung der Websites Kira und PIKAS
Nutzung von Lösungshinweisen	Kontinuierliche Nutzung von schriftlichen Schülerdokumenten
Kontinuierliche Rückmeldung durch Übungsgruppenleitung zu schriftlichen Abgaben der Studierenden	Nutzung von Videos in Vorlesung und Übung
Halbzeitrückmeldung anhand eines Reflexionsbogens zum Arbeitsverhalten	Aktivitätsphasen in der Vorlesung
	Methodische Vielfalt in den Übungen
Besuch des offenen Arbeitsraumes	Einbezug von schulnahen Aktivitäten

den Nutzen von Diagnose und Förderung für den eigenen Lernprozess zu gewinnen (vgl. Hußmann und Selter 2013b, S. 19).

Entsprechend werden den Studierenden in der Veranstaltung „GIMP" verschiedene Diagnose- und Fördermaterialien zur Nutzung für den eigenen Lernprozess bereitgestellt (vgl. Tab. 5.1). Diese Maßnahmen zu „DiF *erleben*" sind teilweise in ein Online-Portal eingebettet, das die Studierenden eigenverantwortlich nutzen. Im Folgenden werden die Kompetenzlisten mit den zugehörigen Förderhinweisen sowie ihre Einbettung in das Onlineportal vorgestellt (für genauere Erläuterungen auch zu den anderen Materialien vgl. Ocken (in Vorbereitung)).

Kompetenzlisten und Förderhinweise

Die in der „GIMP" eingesetzten Kompetenzlisten dienen dazu, den Studierenden die Lernziele der Veranstaltung transparent zu machen. Sie beinhalten eine Auflistung von konkreten Kompetenzerwartungen und bieten den Studierenden zudem die Möglichkeit, ihren individuellen Lernstand bezüglich der einzelnen Kompetenzerwartungen auf einer Likertskala von 1 bis 5 selbst einzuschätzen. Ein zusätzliches Kommentarfeld bietet Raum für inhaltliche Stichpunkte oder Vermerke bezüglich des individuellen Lernstandes und des weiteren Vorgehens im Lernprozess und regt die Reflexion über Gelerntes an (vgl. Abb. 5.1 im Anhang). Zu jedem Kapitel der Vorlesung existiert eine Liste mit Kompetenzen, von denen etwa die Hälfte verpflichtend zu bearbeiten ist; die Übrigen können freiwillig bearbeitet werden.

Die Kompetenzlisten können von den Studierenden direkt im Onlineportal bearbeitet werden. So sind nachträgliche Veränderungen unkompliziert möglich. Zudem können die Übungsleiterinnen und -leiter über das Onlineportal kontrollieren, ob der verpflichtende Anteil von den Studierenden bearbeitet wurde. Ein weiterer Vorteil der Einbettung in das Onlineportal liegt im evaluativen Bereich. So kann die Veranstaltungsleitung die Selbsteinschätzungen der Studierenden einsehen und diese zur Optimierung nutzen.

Die Selbsteinschätzung dient für die Studierenden als Grundlage, individuelle Lernziele zu setzen und entsprechende „Fördermaßnahmen" im Sinne nächster Lernsequenzen festlegen zu können. Hierzu können in einem Abschnitt zur Selbstevaluation am Ende der Kompetenzliste Formulierungen von Zielen und Maßnahmen festgehalten werden (vgl. Abb. 5.2 im Anhang). Wie in Abschn. 5.1 dargelegt, werden die Studierenden durch die Kompetenzlisten in die Prozesse der Diagnose und Förderung aktiv einbezogen. Diese Erfahrungen können eine Grundlage für den späteren Einsatz von Kompetenzlisten in der Schule bilden.

Als Anregung für die selbstständige Weiterarbeit werden die Kompetenzlisten durch Angaben zu weiteren Lernmöglichkeiten, beispielsweise in Form von Literaturtipps, weiterführenden Übungsmöglichkeiten oder Links zu den Websites „KIRA", „Mathe sicher können" und „PIKAS", ergänzt. Welche der Anregungen durch die Studierenden genutzt werden, kann individuell und entsprechend des persönlichen Lernstandes entschieden werden. Die Nutzung erfolgt auf freiwilliger und eigenverantwortlicher Basis. Weiter besteht für die Studierenden die Möglichkeit der individuellen Beratung im offenen Arbeitsraum oder durch die Übungsleitung.

5.3.2 Maßnahmen zu „DiF *erlernen*"

Die Maßnahmen zu „DiF *erlernen*" sind darauf ausgerichtet, die jeweils themenbezogenen Diagnose- und Förderfähigkeiten der Studierenden weiter zu entwickeln. So sollen die Studierenden u. a. verschiedene Diagnose- und Förderinstrumente theoretisch kennenlernen sowie erste praktische Erfahrungen mit diesen machen (vgl. Hußmann und Selter 2013b, S. 17). Im Folgenden wird an der Durchführung und Analyse eines Erkundungsprojektes exemplarisch näher beschrieben, wie dies realisiert werden kann.

Durchführung und Analyse eines Erkundungsprojektes
Im Rahmen des Erkundungsprojektes lernen die Studierenden „Standortbestimmungen" (SOBen) als exemplarisches Diagnoseinstrument kennen und erproben es eigenständig. Hierzu gehen die Studierenden in Tandems an Schulen und führen in ausgewählten Klassen der Jahrgangsstufe 3 SOBen zu den Themenbereichen „Operationsverständnis der Division" und „Stellenwertverständnis" (vgl. Abb. 5.3 im Anhang) durch.

Die Studierenden können in einer Realsituation den Einsatz eines Diagnoseinstruments erproben und gleichzeitig eine Vielzahl authentischer Schülerprodukte generieren, an denen sie insbesondere ihre Beobachtungen zur Diagnose und Hypothesenbildung ausschärfen. Die Diagnose und die hieraus entwickelten Förderansätze konzentrieren sich auf konkrete individuelle Fallbeispiele, die von den Studierenden ausgewählt werden.

Bei den eingesetzten SOBen handelt es sich um erprobte und evaluierte Vorlagen aus dem Projekt „Mathe sicher können", welches in enger Kooperation mit Studierenden Unterrichtsstrukturen, -konzepte und konkrete Materialien zur Förderung und Sicherung mathematischer Basiskonzepte entwickelt und erforscht (vgl. Selter et al. 2014). Mit diesem Material stehen den Studierenden zu den Vorlesungsinhalten zusätzliche fachliche und fachdidaktische Hintergründe sowie konkrete Bausteine für die Förderung zur Verfügung. Zu verschiedenen typischen Fehlermustern finden sich Verweise auf geeignete Förderaufgaben, wodurch den Studierenden ein gezielter diagnosegeleiteter Einstieg in die Förderung ermöglicht wird. Durch Hinzunahme von didaktischem Material und fallbezogen formulierten Aufgabenstellungen werden möglichst konkrete Förderansätze entwickelt.

Die Analyse eines selbstgewählten Fallbeispiels ist Teil der schriftlichen Abgabe der Übung. Zu dieser erhalten die Studierenden ein individuelles Feedback durch ihre Übungsleiter/innen. Auf Grundlage dieser Fallbeispiele findet in der Übung ein Austausch über verschiedene typische Fehlermuster, Ursachenhypothesen und konkrete adaptive Förderansätze statt. Die Detailanalysen mit Förderanregungen zu den Fallbeispielen sowie eine tabellarische Grobanalyse der Bearbeitungen der gesamten Klasse werden abschließend an die unterrichtenden Lehrerinnen und Lehrer zurückgetragen, wodurch die Erkundung für die Studierenden zu einer realitätsnahen und bedeutsamen Auseinandersetzung mit dem Thema „Diagnose und Förderung" wird.

5.4 Evaluation der Veranstaltungskonzeption

5.4.1 Evaluationskonzept

Im Wintersemester 2014/2015 sind die Maßnahmen und Materialien in einer „Version 1a" erstmalig zum Einsatz gekommen. Basierend auf den ersten Evaluationsergebnissen wurde die Veranstaltung im Sommersemester 2015 in einer zunächst lokal modifizierten „Version 1b" erneut angeboten. Im Wintersemester 2015/2016 setzte die Veranstaltung aus, so dass eine umfangreichere Überarbeitung auf Grundlage der Evaluationsergebnisse stattfinden konnte und die Maßnahmen und Materialien im Sommersemester 2016 in einer „Version 2a" zum Einsatz kamen. Diese wurde darauffolgend erneut ausgewertet und ein letztes Mal überarbeitet, so dass im Wintersemester 2016/2017 die Veranstaltung in der konsolidierten „Version 2b" laufen konnte.

Zur Evaluation und angestrebten Weiterentwicklung der Veranstaltungskonzeption werden die Daten hinsichtlich der folgenden Fragestellungen ausgewertet:

- Wie bewerten die Studierenden die einzelnen Maßnahmen zu „DiF *erlernen*" sowie zu „DiF *erleben*" (Akzeptanz)?
- Wie schätzen die Studierenden ihre eigenen Kompetenzen im Bereich Diagnose und Förderung ein (Selbsteinschätzung)?
- Über welche Kompetenzen im Bereich Diagnose und Förderung verfügen die Studierenden (Kompetenz)?

Zur Beantwortung dieser Fragen wurden Daten auf quantitativer sowie qualitativer Ebene erhoben. Auf quantitativer Ebene wurde die Akzeptanz mit Hilfe eines Fragebogens (Fragen mit vierstufiger Likert-Skala und zusätzlich freiem Kommentarfeld) und die Diagnose- und Förderkompetenz der Studierenden anhand einer schriftlichen Erhebung mit offenen Fragen zu einem Schülerprodukt erfasst. Qualitativ werden diese Daten durch leitfadengestützte Interviews fundiert, die mit zehn Studierenden zur Akzeptanz sowie zur Kompetenz geführt wurden.

Bei der Auswertung sollen mögliche Wechselbeziehungen zwischen den Aspekten Akzeptanz, Selbsteinschätzung und Kompetenz analysiert werden. Ziel ist es, hieraus Rückschlüsse für die Weiterentwicklung der Konzeption und der Materialien der Veranstaltung zu ziehen.

5.4.2 Erste Evaluationsergebnisse

Eine systematische Auswertung der Daten ist noch nicht abgeschlossen. Dennoch sollen an dieser Stelle erste deskriptive Ergebnisse aus der Akzeptanzbefragung, bezogen auf die Kompetenzlisten und das Erkundungsprojekt, vorgestellt werden. Dazu werden die Aussagen der Studierenden aus den Freitexten der schriftlichen Akzeptanzbefragung zusammenfassend dargestellt.

Bezüglich der Kompetenzlisten zeigt sich, dass die Studierenden es als positiv empfinden, durch diese Aufmerksamkeit und Hilfestellungen erhalten sowie einen Überblick über die eigenen Stärken und Schwächen bekommen zu haben. Als negativ wird hingegen die verpflichtende Bearbeitung der Kompetenzlisten wahrgenommen. Einige Studierende reflektieren dies jedoch weiter und halten fest, dass sie die Kompetenzlisten ohne Verpflichtung wohl nicht bearbeitet hätten.

Es zeigt sich ebenfalls, dass die Studierenden darüber nachdenken, inwiefern sie die Kompetenzlisten in der Schule einsetzen würden. So geben einige an, ihren Einsatz in der Schule für sinnvoll zu erachten und diesen durch die eigenen Erfahrungen vermutlich optimieren zu können. Grundsätzlich sehen die Studierenden das eigene Erleben als Ermutigung Kompetenzlisten in der Schule selbst einzusetzen.

Bezogen auf das Erkundungsprojekt wird insbesondere die Praxisnähe von den Studierenden als positiv wahrgenommen – nicht nur aus motivationalen Gründen, sondern auch da sie als förderlich für den persönlichen Lernfortschritt eingeschätzt wird.

Negative Rückmeldungen beziehen sich vorrangig auf organisatorische Aspekte. Hier wird überwiegend der zeitliche Aufwand für die Vorbereitung der Erkundung und dabei insbesondere die Suche nach kooperativen Schulen kritisiert. Einige Studierende reflektieren darüber hinaus jedoch das Verhältnis von Aufwand und Nutzen und stellen die Erkundung in den meisten Fällen abschließend als ertragreiche und motivierende Lernmöglichkeit heraus.

Kritisch reflektieren die Studierenden bezogen auf das Erkundungsprojekt zudem, dass die Diagnose sehr punktuell bleibt. Es wird angemerkt, dass durch die einmalige Erhebung der Fähigkeiten der Schülerinnen und Schüler in einer Standortbestimmung Diagnose nur auf einen kleinen Ausschnitt beschränkt wird und damit unzureichend bleibt. Dies kann jedoch gleichzeitig als bedeutender Erkenntnisgewinn der Studierenden gewertet werden.

Für weiterführende Ergebnisse sei auf die Qualifizierungsarbeiten der Autorinnen („DiF *erleben*" Ocken (in Vorbereitung), „DiF *erlernen*" Brandt (in Vorbereitung)) verwiesen.

A Anhang

Beispiele aus der Veranstaltung

Kompetenzbereich: 7.3 Konzeptionelles zum Produktiven Üben

Kompetenz	Ihr Kommentar	Ihre Einschätzung
Ich kann zentrale Begriffe der Konzeption des produktiven Übens allgemein und anhand von konkretisierenden Beispielen erklären.		vorher: ★ ⇕ nachher: ★ ⇕
Ich kann diese Begriffe in neuen Unterrichtskontexten anwenden.		vorher: ★ ⇕ nachher: ★ ⇕
Ich kann erläutern, mit welchen Zielen die unterschiedlichen Übungsformate in der Regel eingesetzt werden.		vorher: ★ ⇕ nachher: ★ ⇕
Ich kann erläutern, welche Arten von Strukturierung es gibt, hierfür exemplarische Aufgaben nennen und gegebene Aufgaben so verändern, dass sie eine andere Art von Strukturierung ansprechen.		vorher: ★ ⇕ nachher: ★ ⇕

Abb. 5.1 Auszug aus einer Kompetenzliste im Online-Portal

Selbstevaluation

Meine Ziele (Wo möchte ich mich verbessern?)

Meine Maßnahmen (Wie kann ich das erreichen/lernen?)

Abb. 5.2 Evaluationsabschnitt aus einer Kompetenzliste

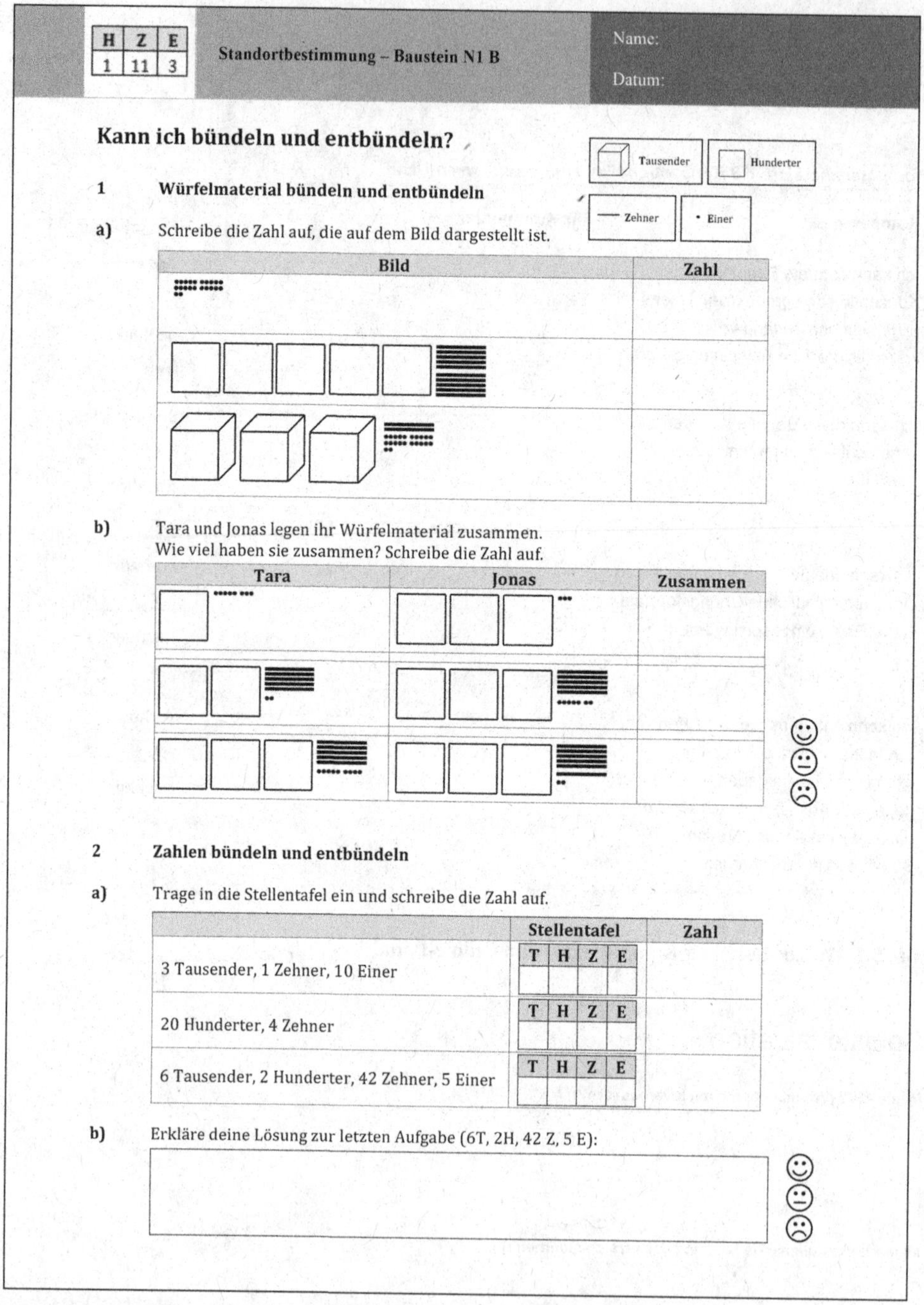

H	Z	E
1	11	3

Standortbestimmung – Baustein N1 B

Name:

Datum:

Kann ich bündeln und entbündeln?

[ ] Tausender [ ] Hunderter

— Zehner · Einer

1 Würfelmaterial bündeln und entbündeln

a) Schreibe die Zahl auf, die auf dem Bild dargestellt ist.

Bild	Zahl

b) Tara und Jonas legen ihr Würfelmaterial zusammen.
Wie viel haben sie zusammen? Schreibe die Zahl auf.

Tara	Jonas	Zusammen

☺
😐
☹

2 Zahlen bündeln und entbündeln

a) Trage in die Stellentafel ein und schreibe die Zahl auf.

	Stellentafel	Zahl
3 Tausender, 1 Zehner, 10 Einer	T H Z E	
20 Hunderter, 4 Zehner	T H Z E	
6 Tausender, 2 Hunderter, 42 Zehner, 5 Einer	T H Z E	

b) Erkläre deine Lösung zur letzten Aufgabe (6T, 2H, 42 Z, 5 E):

☺
😐
☹

Abb. 5.3 Standortbestimmung „Stellenwertverständnis" zum Einsatz im Erkundungsprojekt. (Aus dem Projekt „Mathe sicher können" – Selter et al. 2014, S. 165)

Literatur

von Aufschnaiter, C. (2007). Lernprozessorientierung als wesentliches Element von Lehrerbildung. In D. Lemmermöhle, M. Rothgangel, S. Bögeholz, M. Hasselhorn & R. Watermann (Hrsg.), *Professionell lehren – erfolgreich lernen* (S. 53–64). Münster: Waxmann.

Becker, G., Horstkemper, M., Risse, E., Stäudel, L., Werning, R., & Winter, F. (2006). *Diagnostizieren und Fördern. Stärken entdecken – Können entwickeln.* Friedrich Jahresheft 24.

Brandt, J. (in Vorbereitung). *Entwicklung und Erforschung einer Lernumgebung zum Erlernen von Diagnose und Förderung. Untersuchung im Rahmen einer mathematikdidaktischen Großveranstaltung für Studierende der Primarstufe.* Dissertation. TU Dortmund.

Busch, H. B., Di Fuccia, D. S., Filmer, M., Frye, S., Hußmann, S., Neugebauer, B., Ott, B., Pusch, A., Riese, K., Schindler, M., & Theyßen, H. (2013). Diagnose und individuelle Förderung erleben. In S. Hußmann & C. Selter (Hrsg.), *Diagnose und individuelle Förderung in der MINT-Lehrerbildung. Das Projekt dortMINT* (S. 27–96). Münster: Waxmann.

Buschmann, R. (2006). „Ich melde mich". Schülerinnen und Schüler beobachten und bewerten sich selbst. In G. Becker et al. (Hrsg.), *Diagnostizieren und Fördern. Stärken entdecken – Können entwickeln.* Friedrich Jahresheft 24 (S. 125–127).

Darling-Hammond, L., & Hammerness, K. (2002). Toward a pedagogy of cases in teacher education. *Teaching Education, 13*(2), 125–135.

Ewald, T. M., & Wilmanns, I. (2014). Instrumente und Verfahren der Lernbegleitung. Eine Interviewstudie. In S.-I. Beutel & W. Beutel (Hrsg.), *Individuelle Lernbegleitung und Leistungsbeurteilung. Lernförderung und Schulqualität an Schulen des Deutschen Schulpreises* (S. 88–189). Schwalbach: Wochenschau.

Girulat, A., Nührenbörger, M., & Wember, F. (2013). Fachdidaktisch fundierte Reflexion von Diagnose und individuelle Förderung im Unterrichtskontext – am Beispiel des Faches Mathematik unter Beachtung sonderpädagogischer Förderung. In S. Hußmann & C. Selter (Hrsg.), *Diagnose und individuelle Förderung in der MINT-Lehrerbildung. Das Projekt dortMINT* (S. 150–166). Münster: Waxmann.

Hascher, T. (2011). Forschung zur Wirksamkeit der Lehrerbildung. In E. Terhart, H. Bennewitz & M. Rothland (Hrsg.), *Handbuch der Forschung zum Lehrberuf* (S. 418–440). Münster: Waxmann.

Helmke, A. (2010). *Unterrichtsqualität und Lehrerprofessionalität: Diagnose, Evaluation und Verbesserung des Unterrichts* (3. Aufl.). Seelze: Klett-Kallmeyer.

Hußmann, S., & Selter, C. (Hrsg.) (2013a). *Diagnose und individuelle Förderung in der Lehrerbildung. Das Projekt dortMINT.* Münster: Waxmann.

Hußmann, S., & Selter, C. (2013b). Das Projekt dortMINT. In S. Hußmann & C. Selter (Hrsg.), *Diagnose und individuelle Förderung in der MINT-Lehrerbildung. Das Projekt dortMINT* (S. 15–26). Münster: Waxmann.

Krammer, K., Lipowsky, F., Pauli, C., Schnetzler, C., & Reusser, K. (2012). Unterrichtsvideos als Medium zur Professionalisierung und als Instrument der Kompetenzerfassung von Lehrpersonen. In M. Kobarg, C. Fischer, I. Dalehefe, F. Trepke & M. Menk (Hrsg.), *Lehrerprofessionalisierung wissenschaftlich begleiten – Strategien und Methoden* (S. 69–86). Münster: Waxmann.

Markovitz, Z., & Smith, M. (2008). Cases as tools in mathematics teacher education. In D. Tirosh & T. Wood (Hrsg.), *Tools and processes in mathematics teacher education* (S. 39–64). Rotterdam: Sense Publishers.

Ministerium für Schule und Weiterbildung des Landes Nordrhein-Westfalen (2008). *Lehrplan Mathematik für die Grundschulen des Landes Nordrhein-Westfalen (LPM)*. Frechen: Ritterbach.

Moser Opitz, E. (2010). Diagnose und Förderung: Aufgaben und Herausforderungen für die Mathematikdidaktik und die mathematikdidaktische Forschung. In A. Lindmeier & S. Ufer (Hrsg.), *Beiträge zum Mathematikunterricht 2010* (S. 11–18). Münster: WTM.

Moser Opitz, E., & Nührenbörger, M. (2015). Diagnostik und Leistungsbeurteilung. In R. Buder, L. Hefendehl-Hebeker, B. Schmidt-Thieme & H.-G. Weigand (Hrsg.), *Handbuch Mathematikdidaktik* (S. 491–512). Berlin Heidelberg: Springer.

Ocken, A. (in Vorbereitung). *Einsatz von Kompetenzlisten und Lernhinweisen zur Unterstützung der Lernprozesse von Studierenden. Eine Untersuchung zu Nutzungshinweisen und Akzeptanz*. Dissertation. TU Dortmund.

Ocken, A., Höveler, K., & Selter, C. (in Vorbereitung). dortMINT – Diagnose und individuelle Förderung im Rahmen der Grundschullehrerausbildung. In R. Möller & R. Vogel (Hrsg.). *Tagungsband Innovative Konzepte in der Grundschullehrerbildung im Fach Mathematik* (12 Seiten). Berlin Heidelberg: Springer.

Prenzel, M., & Burba, D. (2006). PISA-Befunde zum Umgang mit Heterogenität. In G. Opp, T. Hellbrügge & L. Stevens (Hrsg.), *Kindern gerecht werden. Kontroverse Perspektiven auf Lernen in der Kindheit* (S. 23–33). Bad Heilbrunn: Klinkhardt.

Reiff, R. (2006). Selbst- und Partnerdiagnose im Mathematikunterricht. Gezielte Förderung mit Diagnosebögen. In G. Becker et al. (Hrsg.), *Diagnostizieren und Fördern. Stärken entdecken – Können entwickeln* Friedrich Jahresheft 24 (S. 68–72).

Selter, C., Prediger, S., Hußmann, S., & Nührenbörger, M. (2014). *Mathe sicher können. Handreichungen für ein Diagnose- und Förderkonzept zur Sicherung mathematischer Basiskompetenzen. Natürliche Zahlen*. Berlin: Cornelsen.

Sundermann, B., & Selter, C. (2006). *Beurteilen und Fördern im Mathematikunterricht*. Berlin: Cornelsen Scriptor.

Welzel, M., & Stadler, H. (Hrsg.) (2005). *„Nimm doch mal die Kamera!" Zur Nutzung von Videos in der Lehrerbildung – Beispiele und Empfehlungen aus den Naturwissenschaften*. Münster: Waxmann.

Diagnosekompetenzen aufbauen und anwenden

Einblick in das Konzept einer Mathematikdidaktik-Lehrveranstaltung für Studierende des Lehramts Primarstufe

Esther Brunner

Zusammenfassung

Diagnosekompetenzen in fachdidaktischen Lehrveranstaltungen aufbauen und anwenden zu lernen, setzt ein spezifisches hochschuldidaktisches Setting voraus und erfordert Zugänge zur Praxis. Im vorliegenden Beitrag wird eine Lehrveranstaltung vorgestellt, die aus Präsenzveranstaltungen an der Hochschule besteht, den Studierenden darüber hinaus aber auch Zugänge zum Praxisfeld verschafft, diese Erfahrungen gezielt aufnimmt und in den Präsenzveranstaltungen verarbeitet. Den Abschluss der Veranstaltung bildet eine schriftliche Dokumentation des Lernstands eines Kindes mit vollständig ausgearbeiteter Förderplanung. Diese Dokumentation wird der Klassenlehrperson des Kindes zur Verfügung gestellt. Dadurch wird die Praxis nicht nur als Lernfeld für Studierende genutzt, sondern sie bekommt in einer wechselseitigen Beziehung auch eine fachdidaktische Dienstleistung zurück.

„In meiner Praxisklasse hatte ich eine Drittklässlerin, die noch immer zählend rechnet." „Bei mir wusste ein Sechstklässler nicht, was eine gerade Zahl ist." „In meiner Klasse verstand einer nicht, was ‚runden' bedeutet." – Die Liste der Herausforderungen, denen Studierende im Mathematikunterricht des zuvor absolvierten Praktikums begegnet sind, ließe sich beliebig verlängern. Wie diese Erfahrungen gezielt genutzt und wie mathematikdidaktische Diagnosekompetenzen als Ergänzung zu pädagogisch und sonderpädagogisch ausgerichteter Diagnostik aufgebaut und gefördert werden können, soll ein Einblick in eine entsprechende Lehrveranstaltung zeigen.

E. Brunner (✉)
Pädagogische Hochschule Thurgau
Kreuzlingen, Schweiz

© Springer Fachmedien Wiesbaden GmbH 2017
J. Leuders et al. (Hrsg.), *Mit Heterogenität im Mathematikunterricht umgehen lernen*,
Konzepte und Studien zur Hochschuldidaktik und Lehrerbildung Mathematik,
DOI 10.1007/978-3-658-16903-9_6

6.1 Pädagogische oder fachdidaktische Diagnostik?

6.1.1 Unterschiedliche Zugänge und Ausrichtungen von Diagnostik

Diagnostik von mathematischen Leistungen und Lernschwierigkeiten kann aus unterschiedlichen Perspektiven erfolgen, was entsprechend zu unterschiedlichen Ergebnissen führen kann. So unterscheiden beispielsweise Graf und Moser Opitz (2007) die Pädagogische Diagnostik und die Fachspezifische Diagnostik. In Ersterer geht es darum, relativ unabhängig vom Fach und dem Lerninhalt „Deutungsmuster und Zugangsweisen der Kinder zu verschiedenen Themen zu erfassen" (Graf und Moser Opitz 2007, S. 7) und verschiedene Akteure und Standpunkte einzubeziehen und diese unterschiedlichen Sichtweisen zu koordinieren. Die Fachspezifische Diagnostik hingegen bezieht sich auf das fachliche Lernen eines Kindes, seinen fachlichen Entwicklungsstand und berücksichtigt den „Kontext der *konkreten* Handlungs- bzw. Lernsituation des Kindes" (ebd.), während sich die Sonderpädagogische Diagnostik, oft auch als „Förderdiagnostik" (z. B. Buholzer 2003; Luder 2011; Luder und Kunz 2014) bezeichnet, auf besondere Schwierigkeiten und Fördermaßnahmen fokussiert.

Das Unterscheiden dieser diagnostischen Zugänge ist insbesondere in einer Ausbildung von Generalistinnen und Generalisten – wie dies bei Primarlehrlehrpersonen in der Schweiz mit einer Lehrbefähigung für mindestens sieben Fächer der Fall ist – zentral. Zum einen sollten zukünftige Klassenlehrpersonen erkennen können, was die unterschiedlichen diagnostischen Zugänge für die Praxis leisten und zum anderen sollten sie wissen, welche Verfahren für das Bestimmen von fachlichen Lern- und Entwicklungsständen sinnvoll sind. Darüber hinaus gewinnt die Kenntnis unterschiedlicher diagnostischer Zugänge im Kontext einer inklusiven Schule an Bedeutung, treffen doch mit den Regellehrpersonen und dem sonderpädagogischen Fachpersonal auch unterschiedliche Akzentuierungen im Diagnoseverständnis aufeinander.

Die unterschiedlichen Zugangsweisen können am Beispiel des Begriffs der Rechenstörung verdeutlicht werden. Die internationale Klassifikation ICD-10 (DIMDI 2015, F82.1) beschreibt eine solche als eine „Beeinträchtigung von Rechenfertigkeiten, die nicht allein durch eine allgemeine Intelligenzminderung oder eine unangemessene Beschulung erklärbar ist". Eine solche Sichtweise führt zu einer allgemeinen, nicht bereichsspezifischen und eher psychologisch-psychometrisch orientierten Diagnostik von Fachleistungen (Hasselhorn et al. 2005). Pädagogische Diagnostik würde etwa das Wechselspiel von Handlung (des Kindes) und Deutungsmuster (durch die Lehrperson) in einer bestimmten Interaktion beleuchten. Fachspezifische, hier Mathematikdidaktische Diagnostik hingegen befasst sich mit Rechenstörung als präzise beschreibbares, multifaktoriell bedingtes Störungsbild in bestimmten Inhaltsbereichen und Anforderungssituationen (z. B. Bauersfeld 2009; Moser Opitz 2007; Scherer und Moser Opitz 2010); dies unter der Annahme, dass eine Förderung umso adaptiver und passender geplant werden kann, je präziser die Schwierigkeiten bestimmt werden können. Damit einher gehen auch andere Diagnoseverfahren wie beispielsweise fachdidaktisch ausgearbeitete Interviews (Peter-Koop et al.

2013; Schmassmann und Moser Opitz 2011) oder fachdidaktisch konzipierte Tests (z. B. Grüßing et al. 2013; Moser Opitz et al. 2010).

6.1.2 Fachdidaktische Diagnostik als erweiterte und fokussierte Sichtweise mit präzisierten Diagnoseinstrumenten

Im Rahmen der pädagogischen und sonderpädagogischen Ausbildung von Lehrpersonen wird meist eine fachunspezifische Diagnostik vermittelt, die in der nachfolgend vorgestellten, vertiefenden Seminarveranstaltung durch eine fachdidaktische ergänzt wird. Die fachdidaktische Diagnostik wird dabei auf der pädagogischen bzw. sonderpädagogischen aufgebaut, nimmt die dort vermittelten Konzepte auf und konkretisiert sie. Dies kann anhand des Förderdiagnostikkreislaufs (Luder 2011) verdeutlicht werden. In diesem wird Förderplanung als zielbezogener Prozess mit vier Schritten konzipiert: Zunächst werden die Lern- und Verhaltensvoraussetzungen eines Kindes erhoben und beschrieben. Dies führt zur Anpassung der Planung des Unterrichts und der Lernangebote. Die optimierte Planung wird danach umgesetzt und schließlich bezüglich der Auswirkungen und des Ertrags evaluiert. Zirkularität und Kontinuität des Prozesses werden in diesem Modell auf einer allgemeinen, fachunspezifischen Ebene verdeutlicht, die es von der Fachdidaktik in der praktischen Umsetzung zu konkretisieren gilt. Dabei werden sowohl die Lern- und Verhaltensvoraussetzungen des Kindes als auch die darauf aufbauenden Planungsschritte, die Durchführung der Förderung sowie die Auswertung *fachdidaktisch* möglichst präzise beschrieben, wie dies in Abb. 6.1 anhand des Beispiels der Stufenzahlen illustriert wird. Es gilt: Je genauer das Lernverhalten beschrieben werden kann, desto präziser kann die fachliche Förderung darauf Bezug nehmen.

Für den förderdiagnostischen Prozess stehen verschiedene Instrumente und Verfahren zur Verfügung wie beispielsweise 1) mündliche und schriftliche Standortbestimmungen (z. B. Sundermann und Selter 2010, 2013), 2) normierte Testinstrumente (z. B. Moser Opitz et al. 2010) oder herkömmliche Lernzielkontrollen, wie sie teilweise auch in Lehrmitteln und Schulbüchern angeboten werden, 3) Fehleranalysen und Fehleranalyseraster (Jost et al. 1992), 4) klinische Interviews und interviewbasierte Verfahren (z. B. Peter-Koop et al. 2013) oder 5) offene Aufgaben mit diagnostischem Potenzial (z. B. Leiss et al. 2006; Leuders 2006; Sundermann und Selter 2013). Diese Instrumente und Verfahren haben spezifische Vor- und Nachteile, die es im konkreten Fall situativ abzuwägen gilt.

Diagnostische Werkzeuge wie Lernzielkontrollen und Fehleranalysen oder offene Aufgaben sind Studierenden aus den Grundlagenveranstaltungen bekannt. Um ihnen in diesem Bereich noch weitere Möglichkeiten aufzuzeigen, wird im Rahmen der fachdidaktischen Vertiefung, die im folgenden Abschnitt vorgestellt wird, auf die interviewbasierten Instrumente fokussiert.

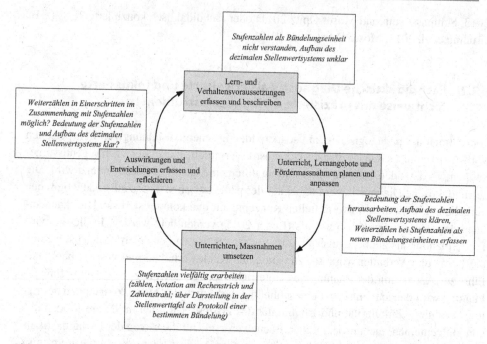

Abb. 6.1 Prozess der Förderplanung, konkretisiert am Beispiel des fehlenden Verständnisses für Stufenzahlen. (Aus Brunner 2014, S. 199; mit freundlicher Genehmigung von © Publikationsstelle PHZH/Verlag Pestalozzianum 2014. All Rights Reserved)

6.2 Einblick in eine Lehrveranstaltung

6.2.1 Situierung der Veranstaltung im Studium

Im fünften Studiensemester findet als Vertiefung das Wahl-/Pflichtmodul „Heterogenität im Mathematikunterricht" statt. Dieses schließt zum einen an die an der Hochschule bis Ende des zweiten Studienjahrs erworbene Standardqualifikation im Fach Mathematik und damit an die behandelten Grundlagen in Mathematikdidaktik, Pädagogik und Sonderpädagogik an und findet zum anderen unmittelbar nach einem siebenwöchigen Langzeitpraktikum in der Primarschule statt. Während dieses Zeitraums planen, gestalten und reflektieren Studierende unter anderem auch Mathematikstunden und werden dabei von einer erfahrenen Praxislehrperson begleitet, die sich dem Prinzip der Cognitive Apprenticeship (Collins et al. 1989) folgend sukzessive stärker zurücknimmt und den Studierenden kontinuierlich mehr Verantwortung überträgt. Das Ziel dieses Langzeitpraktikums besteht darin, dass zwei Studierende den ganzen Unterricht in der ihnen zugeteilten Klasse bestreiten.

Für die hier beschriebene Veranstaltung schafft diese Situierung im Studienplan eine günstige Ausgangslage: Zum einen kann, wie bereits festgehalten, auf vielfältige Vorkenntnisse aus den Bereichen Pädagogik, Sonderpädagogik und Mathematikdidaktik zurückgegriffen werden und zum anderen liegt mit den bis zu diesem Zeitpunkt insgesamt bereits absolvierten dreizehn Wochen Praktikum in verschiedenen Klassen eine tragfähige Erfahrungsgrundlage zum fachlichen Lernen und Fördern von Schülerinnen und Schülern vor. Während der Fokus in den Praktika auf der Klassenführung und der vielfältigen und differenzierenden Unterrichtsgestaltung liegt, geht es in der Lehrveranstaltung an der Hochschule im Sinne einer Erweiterung um den Blick auf Lernprozesse, die nicht optimal verlaufen und die besondere Unterstützung benötigen.

6.2.2 Umfang, Inhalte und Ablauf der Lehrveranstaltung

Die Lehrveranstaltung „Heterogenität im Mathematikunterricht" findet während eines Semesters als Präsenzveranstaltung mit zwei Semesterwochenstunden als Seminar statt. Das Modul ist auf ca. 60 Arbeitsstunden ausgelegt (2 ECTS) und beinhaltet nebst den Präsenzveranstaltungen auch Literaturstudium zu verschiedenen Dimensionen der Heterogenität im Mathematikunterricht, die Ausarbeitung einer Aufgabenreihe für mathematisch begabte Schülerinnen und Schüler sowie die Vorbereitung, Durchführung und Auswertung einer interviewbasierten Lernstandserfassung. Die Heterogenitätsdimensionen, die aus mathematikdidaktischer Sicht vertieft werden, sind auf diejenigen abgestimmt, die zuvor aus einer fachunspezifischen Sicht in Grundlagenmodulen im Bereich Erziehungswissenschaft thematisiert worden sind, wie z. B. unterschiedliche kognitive Lernvoraussetzungen oder unterschiedlicher kultureller und sprachlicher Hintergrund.

Beim ersten von insgesamt 12 Präsenzterminen wird eine Übersicht über die zu bearbeitenden unterschiedlichen Heterogenitätsdimensionen gegeben und damit das breite Themenspektrum des Moduls dargestellt. Es folgen vier Sitzungen zu mathematischen Lernschwierigkeiten und Diagnostik, gefolgt von je zwei Sitzungen zu mathematischer Begabung bzw. zu Sprache und Kultur im Mathematikunterricht sowie je einem Treffen zu Geschlecht und Mathematikunterricht und zu altersdurchmischtem Mathematikunterricht.

6.2.3 Fokus diagnostisches Interview

In der ersten der vier auf Lernschwierigkeiten und Diagnostik bezogenen Sitzungen werden theoretische Grundlagen zur Fehleranfälligkeit bestimmter mathematischer Inhalte, zu mathematischen Lernschwierigkeiten und Rechenstörungen vermittelt. Es folgt eine Einführung in ausgewählte, interviewbasierte Diagnoseverfahren (Peter-Koop et al. 2013; Schmassmann und Moser Opitz 2011) sowie in deren Handhabung und Einsatzbereich. Dabei werden die Verfahren verglichen, kritisch ausgeleuchtet und im Hinblick auf die eigene geplante Lernstandserfassung angepasst. Während der Phase der Anpassung werden die Studierenden im Sinne einer Fachberatung bzw. eines fachspezifisch-pädagogischen

Tab. 6.1 Auswahl geeigneter diagnostischer Aufgabenstellungen entlang von Leitfragen

Auswahl geeigneter diagnostischer Aufgabenstellungen
• Welche mathematischen Basiskonzepte sind zentral für das Verstehen der Grundlagen der entsprechenden Klasse? Konsultieren Sie dazu den Lehrplan. • Wählen Sie ein zentrales Basiskonzept aus und bestimmen Sie entlang Ihres Fachwissens, welches Vorwissen für dieses Basiskonzept notwendig ist. • Analysieren Sie das ausgewählte Interview und überprüfen Sie, inwiefern das von Ihnen gewählte Basiskonzept überprüft wird. • Welche fachlichen Anforderungen stellt diese Aufgabenstellung aus dem Interview? • Wie erwarten Sie, dass ein sehr leistungsschwaches Kind die Aufgabenstellung bearbeiten wird? Warum? • Welche Bearbeitung würden Sie im Vergleich dazu zu einem durchschnittlich leistungsfähigen und einem sehr leistungsstarken Kind erwarten? • Wie stellen Sie die Aufgabe im Interview? Welches sind Ihre einführenden Worte?

(z. B. Kreis und Staub 2007; Staub et al. 2012) oder fachdidaktischen Coachings (z. B. Prediger und Selter 2014) unterstützt. Dazu dienen unter anderem Leitfragen (Tab. 6.1).

Auf diese Weise kann sichergestellt werden, dass die Lernenden, mit denen die Studierenden die interviewbasierte Lernstandserfassung durchführen, eine fruchtbare und angenehm gestaltete diagnostische Situation erleben und dass eine fachdidaktisch sinnvolle Auswahl der Interviewaufgaben getroffen wird.

Im Anschluss daran führen die Studierenden das sorgfältig vorbereitetet Interview in der Regel mit einem Schüler oder einer Schülerin aus der Praxisklasse ihres letzten Praktikums vor Ort durch. Wenn dies wegen fehlender geeigneter Lernenden in der Praxisklasse nicht möglich ist oder wenn Studierende auf eine andere Altersstufe fokussieren möchten, wird im Einzelfall ein Schüler oder eine Schülerin aus einer anderen Klasse vermittelt.

Während der Durchführung der Lernstandserfassung protokollieren die Studierenden das Gespräch vollständig (vgl. Abb. 6.2) und zeichnen es mittels Video- oder Audiotechnik auf, um bei Fragen während der Auswertung darauf zurückgreifen zu können.

Die Protokolle der Lernstandserfassungen werden in der dritten der vier auf Lernschwierigkeiten und Diagnostik bezogenen Sitzungen aufgegriffen und ausgewertet. Auch dieser Arbeitsschritt beginnt – ebenso wie der nächste – mit einem Modelling und folgt

Rückwärts zählen Zähle von 51 bis 37 (~~von 105 bis 86~~)* rückwärts.	Wird vorwärts anstatt rückwärts gezählt? Werden bestimmte Zahlen ausgelassen? Gibt es speziell beim Übergang über den Zehner/Hunderter Schwierigkeiten?	51 → 34: 51, 50, 94, 98, 97, äh … ups ☺ nochmals: 51, 50, 49, 48, 47, 46, 44, … äh 45, 44, 3 und .. 43, 30, äh nein, 42, 41, 30, 39, 89 äh .. 38, 37, …, 36, 35, 34
In Schritten vorwärts zählen Zähle von 0 bis 34 in Zweierschritten, von 0 bis 25 in Fünferschritten, von 0 bis 50 in Zehnerschritten.	Wird in Einer- anstatt in anderen Schritten gezählt? Wird mitten im Zählen die Schrittgrösse gewechselt?	0 → 34, 2er: 0, 2, äh, 5, 7, 9, 11, 13, 15, 17, 19, 21, 23, 25, 27, 29, äh, 31, …, 33, 35, 37, 39, äh …, 40 0 → 25, 5er: 0, 5, äh, 10, 15, 20, 25 0 → 50, 10er: 0, 10, 20, 30, 40, 50

Abb. 6.2 Auszug aus einem Interview-Protokoll einer Studentin

Tab. 6.2 Tabellarische Darstellung der Stärken und Schwächen eines Kindes. (Dokumentiert von einem Studenten)

Aufgabe	Stärke	Schwierigkeit	Bemerkung/ Beobachtung	Mögliche Fördermassnahme
Zählen/Zahlwortriehe				
Zählen in Einerschritten	Zählt grundsätzlich gut	Teilweise Zweistellige zahlen formulieren (205 →	Wirkt zu Beginn sehr nervös	Zählen beim Gehen, Vorwärtsschritte +1 Rückwärtsschritte -1
	Korrigiert sich selbst	Korrektur zu → 295)		
Zählen in Zehnerschritten	Merkt sich Ausgangszahl, kennt mögliche Zielzahlen (102, 112…198, 202)	Zählt teilweise Einer auch mit (112, 124…)	Zählt eher hektisch	Beginnend bei 10, Vorwärts in 10er Schritten
		Probleme beim Hunderterübergang beim Rückwärtszählen (406, 400, 490, 468)	Stockt beim Notieren von Zehner und Einer	Anschliessend beginnend bei 11, 12 usw. Arbeit mit Stellenwerttafel oder 1er Klötzchen, 10er Würfel etc.

danach bewährten Coaching- und Beratungsansätzen. Zunächst werden die genauen Inhalte der Aufgabenstellung ausgelotet und die fachlichen Anforderungen bestimmt, bevor entlang des Interview-Protokolls Stärken und Schwächen eruiert werden. Diese werden in einer Tabelle eingetragen und mit ersten möglichen Förderideen und Bemerkungen versehen (vgl. Tab. 6.2).

In der vierten Sitzung werden sodann zentrale Grundlagen zur individuellen, zielbezogenen und adaptiven Förderung thematisiert. Anschließend konkretisieren die Studierenden ihr neues Wissen am Beispiel der eigenen Lernstandserfassung. Im Zentrum steht dabei die Konzentration auf zwei bis drei vordringliche Förderziele, die es in der Folge im Rahmen der Förderplanung detailliert auszuarbeiten gilt. Einerseits muss dabei eine zielbezogene Konkretisierung und andererseits eine Verdichtung und Hierarchisierung der festgestellten Schwierigkeiten vorgenommen werden. Eine solche Priorisierung unterschiedlicher fachbezogener Förderinhalte sollte fachlich begründet erfolgen. Dabei müssen sowohl mathematische Sachverhalte (z. B. Gesetzmäßigkeiten) als auch curriculare und didaktische Aspekte berücksichtigt werden. Leitend für diesen Arbeitsschritt ist das Konzept der Zone der nächsten Entwicklung (Vygotsky 1969), wonach die Studierenden zum einen möglichst präzise beschreiben, was das Kind im Einzelnen alles kann und zum anderen den nächsten Verstehensschritt fachlich darlegen (Tab. 6.3).

Tab. 6.3 Bestimmung des nächsten Förderschritts entlang von Leitfragen

---

Bestimmung des nächsten Förderschritts entlang der ZPD

- Welche fachliche Anforderungen wurden in der Aufgabenstellung gefordert?
- Was genau kann das Kind? Woran erkennen Sie dies?
- Bei welchem Arbeitsschritt, bei welchem Konzept, bei welchem Begriff usw. scheitert das Kind?
- Welche fachlichen Verstehenselemente fehlen dem Kind aktuell zur erfolgreichen Bearbeitung der gestellten Anforderungen? Hierarchisieren und priorisieren Sie und begründen Sie Ihre Antworten.
- Wie können Sie das Verstehen dieser fehlenden fachlichen Verstehenselemente genau fördern? Wie gehen Sie dabei vor? Mit welcher Zielsetzung? Welche Veranschaulichungsmittel setzen Sie ein?

Dass H. mit den schriftlichen Verfahren Schwierigkeiten hat, zeigt sich beispielsweise im Bereich *„Addition, Subtraktion und Ergänzen im Tausenderraum"* bei der Aufgabe „Schriftlich addieren". Ausserdem erkennt man, dass H. diese Verfahren nicht anwenden kann in den Aufgabenbereichen „Multiplikation" und „Division und, mal wie viel'-Aufgaben". Auch wenn hier kein explizites Anwenden der schriftlichen Verfahren verlangt wird, ist erkennbar, dass H. mit den schriftlichen Verfahren voraussichtlich Schwierigkeiten haben wird. Das zeigt sich an den Aufgaben „Multiplizieren mit/ Dividieren durch 10".

Abb. 6.3 Bestimmung der Schwierigkeit einer Sechstklässlerin. (Arbeit eines Studenten)

Ein Student begründete die Fokussierung auf halbschriftliche Verfahren für eine Sechstklässlerin beispielsweise damit, dass die zahlreichen Fehler bei den schriftlichen Rechenverfahren auf die Manipulation mit Ziffern bei gleichzeitigem Außerachtlassen der Größenordnung der Zahlen zusammenhängen könnten (vgl. Abb. 6.3).

Deshalb sei es sinnvoll, mit der Schülerin an Zahlbeziehungen und arithmetischen Gesetzmäßigkeiten beim halbschriftlichen Rechnen zu arbeiten, um ihr dadurch eine tragfähige, verständnisorientierte Basis und weitere Strategien zu vermitteln (vgl. Abb. 6.4). Zu diesem Zweck erstellte der Student eine zielbezogene, individuelle Förderung und formulierte Kriterien, anhand derer die Zielerreichung nach der Förderung längerfristig überprüft werden kann.

Im Anschluss an diesen vier Sitzungen umfassenden Block werden die Lernstandserfassung und die Förderplanung vollständig ausgearbeitet und dokumentiert, um sie der Klassenlehrperson die betreffenden Lernenden zur Verfügung stellen zu können. Diese Vorgabe schafft für die Studierenden eine höhere Verbindlichkeit und vergrößert zudem die Relevanz des eigenen Tuns.

Wenn Studierende auf eigene Initiative hin ein erweitertes Lern- und Übungsfeld nutzen möchten, führen einige von ihnen ihre Förderplanung mit dem betreffenden Kind auch noch selbst durch und reflektieren sie. Dieser Schritt ist allerdings nicht mehr verbindlicher Bestandteil der Lehrveranstaltung selbst, weil eine individuelle Förderung in spezifischen mathematischen Themen einen längeren Zeithorizont erfordert, als dies in einer Veranstaltung von einem Semester Dauer der Fall ist.

Die Halbschriftlichen Verfahren bietet den SuS ein Übergang zwischen dem Kopfrechnen und den schriftlichen Rechenverfahren. Daher verknüpfen die halbschriftlichen Verfahren „die Kenntnisse und Automatismen des Einspluseins, Einsminuseins, Einmaleins und Einsdurcheins mit den dezimalen Strukturen des Zahlaufbaus und nutzt elementare Rechengesetze wie das Kommutativ-, das Assoziativ-, und das Distributivgesetz..." (Schmassmann & Moser Opitz, 2008, S. S.45).

Abb. 6.4 Begründung des Studenten für seinen gewählten Förderansatz des halbschriftlichen Rechnens

6.3 Ergebnisse und Evaluation

6.3.1 Anforderungen an das Personal

Weil die im vorangegangen Abschnitt beschriebene Lehrveranstaltung auf Grundlagen aus Fachdidaktik und Erziehungswissenschaft zurückgreift, ist es notwendig, dass die zuständige Dozentin oder der zuständige Dozent in beiden Bereichen sozialisiert wurde und einen entsprechenden wissenschaftsbezogenen Hintergrund (z. B. Mathematikdidaktik und Erziehungswissenschaft) aufweist oder sonst zumindest innerhalb der Hochschule gut vernetzt ist und weiß, bei wem die nötigen Informationen eingeholt werden können. Darüber hinaus ist eine Verankerung in der Praxis von großem Belang, einerseits um Zugang zum Praxisfeld zu erhalten und andererseits um die Studierenden beim Diagnostizieren und Ausarbeiten ihrer individuellen Förderplanung so zu unterstützen, dass Letztere fachlich gehaltvoll und gleichzeitig praxistauglich ausfällt.

Wenngleich diese Anforderungen damit begründet werden können, dass die Fachdidaktik eine „grenzüberschreitende und trotzdem eigenständige Disziplin" (Reusser 1991, S. 224) ist, da sie mit mindestens drei unterschiedlichen Bezugsfeldern – der Fachwissenschaft, der Erziehungswissenschaft und der Unterrichtspraxis – in Verbindung steht, so bleiben die Anforderungen an Fachdidaktikdozierende an pädagogischen Hochschulen und Universitäten doch sehr hoch, was am Beispiel der vorgestellten Lehrveranstaltung besonders deutlich wird.

6.3.2 Einschätzung des Lernertrags der Veranstaltung durch die Studierenden

Die Lehrveranstaltung wurde mehrfach mittels Onlinefragebogen evaluiert. So zeigen quantitative Ergebnisse, die wegen der kleinen Fallzahlen (in der Regel ca. 20 Studierende pro Jahrgang) jedoch mit Vorsicht interpretiert werden müssen, dass der Lernertrag hinsichtlich des Sach- und Handlungswissens, der auf einer fünfstufigen Skala von 1 = „sehr gering" bis 5 = „sehr hoch" beurteilt wurde, aus der Sicht der Studierenden im Vergleich mit dem Mittelwert aller an der Hochschule im gleichen Zeitraum besuchten Veranstaltungen ($M = 3,50$) als hoch bzw. deutlich höher ($M = 4,00$) eingeschätzt wird. Auch wird die Lehrveranstaltung als sehr bedeutsam für die spätere Berufspraxis erachtet ($M = 4,50$), was ebenfalls deutlich über dem Mittelwert aller Veranstaltungen ($M = 3,52$) liegt. Zudem scheint die Veranstaltung dazu beizutragen, dass die Studierenden zur Ansicht gelangen, dass sie weiterführende Themen aus dem betreffenden Bereich nun selbstständig erarbeiten könnten ($M = 4,20$). Dieser Wert liegt wiederum deutlich höher als das Mittel aller Veranstaltungen ($M = 3,78$). Schließlich geben die Studierenden auch an, dass die Veranstaltung zur weiteren Beschäftigung mit dem Thema außerhalb der Lehrveranstaltungen anrege ($M = 3,92$; Mittelwert für alle Veranstaltungen: $M = 3,17$).

Ergänzend dazu liegen qualitative Aussagen vor, die nebst der fachdidaktischen Ausrichtung vor allem die Praxisnähe und Relevanz für die spätere Berufspraxis betonen. So schreibt beispielsweise eine Studentin:

> Lernstandserfassungen machen auf jeden Fall Sinn aus meiner Sicht. Mich begeistert daran, dass dabei nicht die Symptome bekämpft werden ..., sondern dass genau hingeschaut und die Ursache ergründet wird. Es wird auch klar, dass mehr gleiche Übungen Anna nicht weiterhelfen, da das Problem beim Verständnis liegt und nicht beim Mangel an Übungsmöglichkeiten. ... Dieses genaue Hinsehen hat mich sehr positiv überrascht. Mit eigentlich einfachen, vorhandenen Mitteln kann eine genaue Diagnose gestellt werden. Ebenfalls positiv überrascht hat mich das sehr gute und vielfältige Fördermaterial, das zur Verfügung steht. Ohne großen Aufwand war es möglich, eine gezielte Planung zusammenzustellen.

Insgesamt wird die Lehrveranstaltung von den Studierenden sehr positiv eingeschätzt. Berücksichtigt werden sollte hierbei jedoch, dass es sich um ein Wahl-/Pflichtmodul und nicht um eine für alle obligatorische Veranstaltung handelt. Deshalb kann einerseits davon ausgegangen werden, dass sich die Studierenden grundsätzlich für die Thematik interessieren; andererseits dürften ihre Erwartungen an ein selbst gewähltes Modul aber auch höher ausfallen.

Zusammenfassend kann davon ausgegangen werden, dass es im Rahmen der Lehrveranstaltung weitgehend gelingt, allgemeine Diagnostik mit der fachdidaktischen zu verbinden und dadurch eine erweiterte Sichtweise auf mathematische Lernschwierigkeiten und Rechenstörungen aufzubauen. Zudem wird die Ausbildung an der Hochschule auf diese Weise eng mit der Berufspraxis verbunden, was die Relevanz der Inhalte deutlicher hervortreten lässt. Und nicht zuletzt kann die Veranstaltung für alle Beteiligten als gewinnbringend betrachtet werden: 1) für die Kinder, deren Kompetenzen differenziert und ausführlich erfasst werden, was in eine detaillierte Förderplanung mündet, für deren Ausarbeitung den Klassenlehrpersonen möglicherweise die Zeit gefehlt hätte; 2) für die Studierenden, die die Gelegenheit erhalten, mit fachlicher und fachdidaktischer Unterstützung theoriebezogen Lernstandserfassungen für die Praxis zu planen, durchzuführen und auszuwerten; und schließlich 3) für die Dozentin, die im engen Kontakt mit der Praxis – vermittelt über die Erfahrungen der Studierenden und über den direkten Kontakt mit Lehrpersonen – Bedürfnisse und Rahmenbedingungen der Praxis auf den Ausbildungskontext an der Hochschule rückbeziehen und im Hinblick auf die weiteren Durchführungen der Veranstaltung Optimierungen vornehmen kann.

Literatur

Bauersfeld, H. (2009). Rechnenlernen im System. In A. Fritz, G. Ricken & S. Schmidt (Hrsg.), *Handbuch Rechenschwäche* (S. 12–24). Weinheim: Beltz.

Brunner, E. (2014). Kinder mit erhöhtem Förderbedarf in Mathematik: Was bedeutet dies für die Unterrichtsgestaltung? In R. Luder, A. Kunz & C. Müller Bösch (Hrsg.), *Inklusive Pädagogik und Didaktik* (S. 187–206). Zürich: Publikationsstelle PHZH.

Buholzer, A. (2003). *Förderdiagnostisches Sehen, Denken und Handeln: Grundlagen, Erfassungsmodell und Hilfsmittel.* Aarau: Sauerländer.

Collins, A., Brown, J., & Newman, S. (1989). Cognitive apprenticeship: Teaching the crafts of reading, writing, and mathematics. In L. B. Resnick (Hrsg.), *Knowing, learning, and instruction: Essays in the honour of Robert Glaser* (S. 453–495). Hillsdale, N.J.: Erlbaum.

DIMDI (Deutsches Institut für Medizinische Dokumentation und Information) (2015). *ICD-10-GM Version 2015. Kapitel V. Psychische und Verhaltensstörungen* (F00-F99): F81.2 Rechenstörung. https://www.dimdi.de/static/de/klassi/icd-10-gm/kodesuche/onlinefassungen/htmlgm2015/block-f80-f89.htm

Graf, U., & Moser Opitz, E. (2007). Lernprozesse wahrnehmen, deuten und begleiten (Einleitung). In U. Graf & E. Moser Opitz (Hrsg.), *Diagnostik und Förderung im Elementarbereich und Grundschulunterricht* (S. 5–12). Baltmannsweiler: Schneider Hohengehren.

Grüssing, M., Heinze, A., Duchhardt, C., & Ehmke, T. (2013). KiKi – Kieler Kindergartentest Mathematik zur Erfassung mathematischer Kompetenz von vier- bis sechsjährigen Kindern im Vorschulalter. In I. Neumann, M. Hasselhorn, A. Heinze, W. Schneider & U. Trautwein (Hrsg.), *Diagnostik mathematischer Kompetenz* (S. 67–79). Göttingen: Hogrefe.

Hasselhorn, M., Marx, H., & Schneider, W. (Hrsg.). (2005). *Diagnostik von Mathematikleistungen.* Göttingen: Hogrefe.

Jost, D., Erni, J., & Schmassmann, M. (1992). *Mit Fehlern muss gerechnet werden.* Zürich: Sabe.

Kreis, A., & Staub, F. C. (2007). Förderung der Betreuungsarbeit in der berufspraktischen Ausbildung von Lehrpersonen durch fachspezifisches Unterrichtscoaching. In D. Flagmeyer & M. Rotermund (Hrsg.), *Mehr Praxis in der Lehrerausbildung – aber wie? Möglichkeiten zur Verbesserung und Evaluation der Lehrerausbildung* (S. 95–114). Leipzig: Leipziger Universitätsverlag.

Leiss, D., Möller, V., & Schukajlow, S. (2006). *Bier für den Regenwald. Diagnostizieren und Fördern mit Modellierungsaufgaben.* Friedrich Jahresheft XXIV. (S. 89–91).

Leuders, T. (2006). „*Erläutere an einem Beispiel … "* Mathematische Kompetenzen erkennen und fördern – mit offenen Aufgaben. *Friedrich Jahresheft*, *XXIV*. (S. 78–83).

Luder, R. (2011). Förderplanung als interdisziplinäre und kooperative Aufgabe. In R. Luder, R. Gschwend, A. Kunz & P. Diezi-Duplain (Hrsg.), *Sonderpädagogische Förderung gmeinsam planen* (S. 11–27). Zürich: Pestalozzianum an der Pädagogischen Hochschule Zürich.

Luder, R., & Kunz, A. (2014). Gemeinsame Förderplanung. In R. Luder, A. Kunz & C. Müller Bösch (Hrsg.), *Inklusive Pädagogik und Didaktik* (S. 55–71). Zürich: phzh.

Moser Opitz, E. (2007). *Dyskalkulie.* Bern: Haupt.

Moser Opitz, E., Reusser, L., Moeri Müller, M., Anliker, B., Wittich, C., & Freesemann, O. (2010). *Basis Math 4–8. Basisdiagnostik Mathematik für die Klassen* (S. 4–8). Göttingen: Hogrefe.

Peter-Koop, A., Wollring, B., Spindeler, B., & Grüßing, M. (2013). *ElementarMathematisches BasisInterview. 1: Zahlen und Operationen* (2. Aufl.). Offenburg: Mildenberger.

Prediger, S., & Selter, C. (2014). Mathematikdidaktisches Update in der Ausbildung zum Fachunterrichtscoach. Konzeptioneller Rahmen, Inhalte und Gestaltungsprinzipien. In U. Hirt & K. Mattern (Hrsg.), *Coaching im Fachunterricht* (S. 107–118). Weinheim: Beltz.

Reusser, K. (1991). Plädoyer für die Fachdidaktik und für die Ausbildung von Fachdidaktiker/innen für die Lehrerbildung. *Beiträge zur Lehrerbildung*, *9*(2), 193–215.

Scherer, P., & Moser Opitz, E. (2010). *Fördern im Mathematikunterricht der Primarstufe.* Heidelberg: Spektrum Akadademischer Verlag.

Schmassmann, M., & Moser Opitz, E. (2011). *Heilpädagogischer Kommentar zum Schweizer Zahlenbuch 5+6*. Zug: Klett.

Staub, F., Waldis, M., Futter, K., & Schatzmann, S. (2012). Förderung von Lerngelegenheiten in Praktika zum Mathematikunterricht durch die Vermittlung von Kernelementen des fchspezifischen Unterrichtscoachings. In T. Hascher & H. G. Neuweg (Hrsg.), *Forschung zur (Wirksamkeit der) LehrerInnenbildung* (S. 181–200). Wien: LIT.

Sundermann, B., & Selter, C. (2010). Standortbestimmungen Mathematik. Ein Instrument zur dialogischen Lernbeobachtung und -förderung. In H. Bartnitzky & U. Hecker (Hrsg.), *Allen Kindern gerecht werden* (S. 276–286). Frankfurt/M.: Grundschulverband.

Sundermann, B., & Selter, C. (2013). *Beurteilen und fördern im Mathematikunterricht* (4. Aufl.). Berlin: Cornelsen Scriptor.

Vygotsky, L. S. (1969). *Denken und Sprechen*. Frankfurt a.M.: Fischer.

Diagnostische Kompetenzen im Mathematikunterricht

Ein Fortbildungskonzept zur kritischen Reflexion verschiedener Methoden und Instrumente

Martina Hoffmann und Petra Scherer

Zusammenfassung

Diagnostische Kompetenzen stellen für Lehrpersonen aller Schulstufen und -formen einen wichtigen Kompetenzbereich dar (vgl. Schrader und Helmke 2001). Insbesondere im Umgang mit heterogenen Lerngruppen gilt es, die vorhandenen Kompetenzen aller Lernenden zu erfassen und anschließend durch passende Lernangebote zu unterstützen. Im folgenden Beitrag wird ein Fortbildungskonzept zum Thema „Diagnostische Kompetenzen im Mathematikunterricht" vorgestellt, das bereits im Rahmen verschiedener Fortbildungsmaßnahmen für unterschiedliche Zielgruppen adaptiert und umgesetzt wurde.

7.1 Diagnostische Kompetenzen als eine zentrale Lehrerkompetenz

Lehrpersonen werden in ihrem beruflichen Alltag mit verschiedenen Facetten von Heterogenität konfrontiert, wie z. B. unterschiedliche Leistungen oder sprachliche Fähigkeiten der Lernenden (vgl. Buholzer und Kummer Wyss 2010). Inklusion erweitert dabei das Heterogenitätsspektrum noch um die Facette des sonderpädagogischen Förderbedarfs (z. B. Brügelmann 2011). Im Umgang mit allen Heterogenitätsfacetten sind die diagnostischen Kompetenzen von besonderer Bedeutung und stellen komplexe Anforderungen für Lehrende dar. Schrader und Helmke (2001) unterscheiden zwei Arten diagnostischer Tätigkeiten: Zum einen erfolgen formelle Diagnosen auf der Grundlage geeigneter Informationen (z. B. Klassenarbeiten, Tests) mit dem Ziel expliziter Beurteilungen (S. 45 f.). Zum anderen sind Diagnosen zur Steuerung unterrichtlicher Entscheidungen und Hand-

M. Hoffmann (✉) · P. Scherer
Mathematisch-Naturwissenschaftliche Fakultät, Institut für Mathematikdidaktik, Universität zu Köln
Köln, Deutschland

© Springer Fachmedien Wiesbaden GmbH 2017
J. Leuders et al. (Hrsg.), *Mit Heterogenität im Mathematikunterricht umgehen lernen*,
Konzepte und Studien zur Hochschuldidaktik und Lehrerbildung Mathematik,
DOI 10.1007/978-3-658-16903-9_7

lungen eher informell (ebd.). Auf der Grundlage dieser häufig unter Zeit- und Handlungsdruck entstehenden impliziten Einschätzungen schaffen Lehrpersonen schließlich Lernangebote für die Lernenden, die deren vorhandene Kenntnisse sowie auch deren mögliche Schwierigkeiten berücksichtigen. Diese Angebote ermöglichen es, die Lernenden in ihrem Lernprozess zu unterstützen und gezielt zu fördern. Und „das gilt nicht nur bezogen auf lernschwache Kinder, sondern für jedes Leistungsniveau und jede Lehr-Lernsituation" (Scherer und Moser Opitz 2010, S. 22).

Schrader und Helmke (2001) sehen die diagnostischen Kompetenzen neben dem Fachwissen, den didaktisch-methodischen Fähigkeiten und der Fähigkeit zur Klassenführung als einen von vier Kompetenzbereichen an, der erfolgreiche Lehrpersonen auszeichnet. Fachliche Unterstützung sowie didaktisch-methodische Maßnahmen der Lehrpersonen sind dann besonders wirksam, wenn sie die individuellen Lernvoraussetzungen der Lernenden berücksichtigen (ebd., S. 53 f.), was ohne eine sorgfältige Diagnose nicht möglich ist. Der Kompetenzaufbau im Bereich von Diagnose wird auch als ein inhaltlicher Schwerpunkt der Lehrerbildung identifiziert (vgl. KMK 2015). Insbesondere erscheinen fachspezifische diagnostische Kompetenzen von Bedeutung, da Kompetenzen domänenspezifisch ausgeprägt sind (vgl. Weinert 1999).

Trotz dieser Relevanz diagnostischer Kompetenzen weisen Forschungsergebnisse darauf hin, dass eine weitere Stärkung der Mathematiklehrpersonen hinsichtlich ihrer diagnostischen Kompetenzen erforderlich ist (vgl. z. B. Brunner et al. 2011; Schulz 2014). Das im Folgenden vorgestellte Fortbildungskonzept zielt daher darauf ab, diagnostische Kompetenzen bezogen auf den Mathematikunterricht zu erweitern bzw. zu vertiefen und die Lehrpersonen im schulischen Alltag zu stärken.

7.2 Diagnostische Methoden im Mathematikunterricht – zur Bedeutung in Lehreraus- und -fortbildung

Bei diagnostischen Methoden ist zwischen Produkt- und Prozessorientierung zu unterscheiden (vgl. Wartha et al. 2008). Ersteres ist i. d. R. charakteristisch für normierte standardisierte Verfahren, Letzteres eher für halbstandardisierte unterrichtsnahe Verfahren.

Standardisierte Diagnosemethoden gehören im Rahmen von empirischen Schulleistungsstudien seit einigen Jahren zum schulischen Alltag der Lehrpersonen, weshalb ein professioneller Umgang mit diesen Studien unumgänglich und die Thematisierung im Rahmen von Fortbildungen von Bedeutung ist. Denn „kritische Diskussionen zu Vergleichsstudien könnten den Blick der Lehrpersonen schärfen und ihnen Hilfen für die eigene Unterrichtstätigkeit bieten" (Scherer 2004, S. 277). Zentral ist bspw., die Testaufgaben hinsichtlich ihrer Konstruktion und Auswahl mit dem Ziel der Übertragbarkeit auf die Unterrichtspraxis genauer zu reflektieren. Die Analyse sprachlicher Hürden ist dabei ein wichtiger Aspekt, da die Sprachkompetenz der Lernenden erheblichen Einfluss auf die Mathematikleistung hat (vgl. z. B. Gürsoy et al. 2013).

Unterrichtsnahe Diagnoseinstrumente sind dagegen eher halbstandardisiert, dennoch theoriegeleitet und lassen qualitative Analysen zu (vgl. z. B. Lorenz und Radatz 1993). Wie bei standardisierten Methoden ist es auch hier wichtig, den Lernenden die Diagnosesituation transparent zu machen (Scherer und Moser Opitz 2010, S. 37). Eine Methode stellt bspw. die Analyse schriftlicher Aufgabenbearbeitungen (z. B. Hausaufgaben, Dokumente aus Arbeitsphasen) dar. Diese ist für Lehrpersonen unterrichtspraktisch gut zu realisieren, da die Bearbeitungen im Unterricht in natürlicher Weise entstehen, was aber auch gleichzeitig den Nachteil einer Produktorientierung deutlich macht. Um das Spektrum möglicher Fehleranalysen (vgl. z. B. Bauer 2002) zu verdeutlichen, ist dies an unterschiedlichen Aufgabentypen und Schülerbearbeitungen vorzunehmen (vgl. Abschn. 7.4). Anhand solcher Bearbeitungen können Fehler und deren mögliche Ursachen aufgedeckt werden, wobei die Ursachen mancher Fehler nicht eindeutig zu klären sind, da komplexe und vielfältige Teilschritte ineinandergreifen können (vgl. z. B. Bauer 2002). Daher ist es wichtig, weitere prozessorientierte diagnostische Methoden, z. B. das klinische Interview, anzuschließen (vgl. z. B. Scherer 2003). Lehrpersonen sollten anhand unterrichtsnaher Diagnosen für die Lernprozesse der Lernenden sensibilisiert werden, um eventuelle Schwierigkeiten beim Bearbeiten von Aufgaben bzw. in bestimmten Inhaltsbereichen zu erkennen sowie methodische und didaktische Entscheidungen zu hinterfragen (vgl. z. B. Radatz 1980; Lorenz und Radatz 1993).

Bei der Auswahl eines Diagnoseinstruments sind grundsätzlich die Ziele der Überprüfung zu klären, Methoden und Aufgaben kritisch zu betrachten, Vor- und Nachteile des jeweiligen Instruments abzuwägen sowie deren Realisierungsmöglichkeiten zu prüfen. Diagnosemethoden zeigen i. d. R. lediglich Momentaufnahmen der Schülerinnen und Schüler, sodass Ergebnisse vorsichtig zu interpretieren sind und bestenfalls durch zusätzliche Daten ergänzt und abgesichert werden sollten.

7.3 Diagnose und Förderung – ein DZLM-Fortbildungsmodul

Für die Erweiterung und Vertiefung diagnostischer Kompetenzen wurde in der Abteilung „Inklusion und Risikoschüler" im Deutschen Zentrum für Lehrerbildung Mathematik (DZLM) ein Fortbildungskonzept entwickelt, das bereits in verschiedenen Formaten mit unterschiedlichen Rahmenbedingungen und für unterschiedliche Adressatengruppen umgesetzt wurde. Tab. 7.1 gibt einen Überblick zu drei verschiedenen Maßnahmen, die sich an verschiedene Zielgruppen richteten und unterschiedliche DZLM-Kursformate (vgl. DZLM 2015) repräsentieren.

Im Folgenden sollen die Maßnahmen mit ihren Rahmenbedingungen, Zielen und Schwerpunkten skizziert werden, bevor in Abschn. 7.4 das Thema „Diagnostische Methoden" konkretisiert wird.

Maßnahme 1 In Rheinland-Pfalz wurde durch die Umstellung von fachübergreifenden zu fachbezogenen Beraterinnen und Beratern in der Grundschule ein Fortbildungsbe-

Tab. 7.1 Überblick über drei verschiedene Fortbildungsmaßnahmen

Maßnahme	Zielgruppe	Kursformat/ Gesamtumfang der Maßnahme	Zeitlicher Umfang ,Diagnostische Methoden'	Anzahl Teilnehmende
1 – ,Umgang mit Heterogenität – Diagnose und Gestaltung von Lernangeboten' (RLP)	Fachberaterinnen und Fachberater	Intensivkurs Plus 10 Tage	1 Tag	15
2 – ,Didaktische und methodische Konzepte zur Förderung mathematischer Kompetenzen' (VOBASOF, NRW)	Fachleiterinnen und Fachleiter Sonderpädagogik (ZfsL)	Standardkurs 2 Tage	2,5 Stunden	3 x 25
3 – Fortbildungstag ,Mathematikunterricht – kompetenzorientiert entwickeln' (WWU Münster, NRW)	Lehrpersonen Grund- und Förderschule und Sekundarstufe I	Impulskurs 1 Tag	90 min	25

darf hinsichtlich einer fachdidaktischen Qualifizierung von Multiplikatorinnen und Multiplikatoren identifiziert. In Kooperation mit dem DZLM wurde ein Kurs konzipiert und durchgeführt, der fünf Präsenzblöcke à 2 Tagen mit dazwischen liegenden Distanzphasen umfasste. Ziel war die Vertiefung fachdidaktischer Kompetenzen sowie die Umsetzbarkeit der Inhalte in Unterricht und Beratertätigkeit. Ein Präsenztag des Kurses wurde zum Thema „Diagnose, Lernstandsanalyse und Umgang mit empirischen Schulleistungsstudien" gestaltet und beinhaltete die Diskussion und Reflexion standardisierter und halbstandardisierter unterrichtsnaher Diagnosemethoden (vgl. auch Abschn. 7.2 und 7.4). Für die Distanzphase erhielten die Teilnehmenden einen Arbeitsauftrag zur vertiefenden Auseinandersetzung, dessen Bearbeitung an dem folgenden Präsenztag aufgegriffen und reflektiert wurde.

Maßnahme 2 Diese Maßnahme richtete sich an die Ausbilderinnen und Ausbilder, die im Rahmen der berufsbegleitenden Ausbildung zum Erwerb des Lehramts für sonderpädagogische Förderung (VOBASOF) in Nordrhein-Westfalen tätig sind. Im Rahmen von VOBASOF können Lehrpersonen anderer Lehrämter (bspw. Lehramt Grundschule) in einer Qualifizierungsmaßnahme der Zentren für schulpraktische Studien zusätzlich zu ihrer Lehrbefähigung die sonderpädagogische Lehramtsbefähigung erwerben. Die Ausbildenden sind Fachleiterinnen und Fachleiter für Sonderpädagogik. Da sie selbst jedoch vielfach über keine mathematische bzw. mathematikdidaktische Ausbildung verfügen, sollten sie durch die entsprechende Maßnahme fortgebildet werden. Der Kurs zielte auf den Erwerb und die Vertiefung grundlegender fachdidaktischer Kompetenzen ab und umfasste u. a. einen Workshop zum Thema „Diagnostische Methoden im Mathematikunterricht" (vgl. Tab. 7.1). Den Teilnehmenden wurde dabei ein Überblick über fachspezifische diagnostische Methoden gegeben. Da sie bereits umfangreiche Kenntnisse hinsichtlich standardisierter Methoden im Rahmen ihrer ersten Ausbildung erworben hatten, wurden schwerpunktmäßig unterrichtsnahe Methoden vorgestellt, reflektiert und diskutiert (vgl. Abschn. 7.4).

Maßnahme 3 Im Rahmen eines Fortbildungstags der WWU Münster wurde ein Workshop für Mathematiklehrpersonen angeboten (vgl. Tab. 7.1), der ebenfalls verschiedene Diagnosemöglichkeiten thematisierte, wobei der Fokus gleichermaßen auf der Diskussion und Reflexion standardisierter und unterrichtsnaher Diagnosemethoden lag (vgl. auch Abschn. 7.4).

Bei allen dargestellten Fortbildungsmaßnahmen wurden – mit unterschiedlicher Ausprägung und Gewichtung – die DZLM-Gestaltungsprinzipien Kompetenzorientierung, Teilnehmerorientierung, Lehr-Lern-Vielfalt, Fallbezug, Kooperationsanregung und Reflexionsförderung berücksichtigt (vgl. DZLM 2015). Im Format der Workshops konnten die Teilnehmenden nur einen Einblick in das Thema gewinnen und sich weniger intensiv damit auseinandersetzen, während etwa bei dem zeitlich umfangreicheren Format in Rheinland-Pfalz eigene Erprobungen zum festen Bestandteil gehörten. Hier bot sich in besonderer Weise die Möglichkeit, die Gestaltungsprinzipien *Teilnehmer-* und *Fallorientierung* umzusetzen, indem die Teilnehmenden an dem folgenden Präsenztermin eigene Fallbeispiele diskutieren und reflektieren konnten.

7.4   Beispiel zur Umsetzung: Diagnostische Methoden – vergleichende kritische Reflexion

Je nach zeitlichem Umfang und Adressatengruppe muss ein Fortbildungsangebot flexibel gestaltet werden, weshalb standardisierte und eher halbstandardisierte unterrichtsnahe Diagnosemethoden mit unterschiedlichem Umfang und Gewichtung reflektiert und vergleichend diskutiert werden können. Exemplarisch soll im Folgenden die Umsetzung unter mathematikdidaktischer und fortbildungsdidaktischer Perspektive skizziert werden.

Zu standardisierten Methoden Ausgewählte Ergebnisse der Vergleichsarbeiten (VERA 3) aus 2013 und diesbezügliche kontextbezogene Aufgaben (vgl. Kopiervorlage 1 im Anhang) wurden insbesondere unter Berücksichtigung der sprachlichen Anforderungen diskutiert und analysiert (vgl. Abschn. 7.2). Die Teilnehmenden wurden aufgefordert, sich in Kleingruppen mit den Aufgaben auseinanderzusetzen und die Erkenntnisse im Anschluss im Plenum zu diskutieren und zu reflektieren. Die folgende – nicht vollständige – Betrachtung einer Aufgabe zeigt, worauf Teilnehmende eingehen könnten.

Die kontextbezogene Aufgabe „Bundesjugendspiele" (vgl. Kopiervorlage 1 im Anhang; Abb. 2) wird Anforderungsbereich II bzw. Kompetenzstufe IV zugeordnet: Lernende müssen Zusammenhänge erkennen, herstellen, nutzen und auf ähnliche Sachverhalte übertragen (vgl. IQB 2013). Für die Bearbeitung der Aufgabe müssen die wichtigen Informationen dem

Text und der Tabelle entnommen und in einen Zusammenhang gebracht werden, was durch die Verwendung verschiedener Größen (Zeitangaben, Längenmaße), verschiedener Einheiten innerhalb eines Größenbereichs (Meter, Zentimeter) und unterschiedlicher Schreibweisen (gemischte Schreibweise, Dezimalschreibweise) erschwert wird. Zudem müssen verschiedene Adjektive als Operationen gedeutet werden, wie z. B. den Komparativ „langsamer" als Subtraktion. Die Berechnung der Laufzeit stellt im Vergleich zu den weiteren Berechnungen vermutlich eine kleinere Hürde dar (9 s − 1 s), wohingegen für die Berechnung der Sprungweite eine der Angaben zunächst in eine andere Einheit umzuwandeln ist, bspw. als Dezimalzahl (0,15 m). Für die weitere Verarbeitung der Größen muss ein Übergang von Zehnteln auf die Einheit berücksichtigt werden (2,90 m + 0,15 m). Die Ergebnisse sind dann in der jeweils passenden Einheit in die Tabelle einzutragen, wobei die Bedeutung von „passend" bzw. des Begriffs „Einheit" den Lernenden nicht geläufig sein könnte. Insgesamt sind also sprachliche Kompetenzen sowie ein sicherer Umgang mit Maßzahlen erforderlich (vgl. Krauthausen und Scherer 2007, S. 101 f.).

    In den Fortbildungen haben sich die Teilnehmenden intensiv mit den Aufgaben beschäftigt, diese selbst bearbeitet und mathematische und sprachliche Hürden für die Bearbeitung entdeckt. Durch die exemplarische Betrachtung solcher Aufgaben erkannten die Teilnehmenden einerseits, welche Schwierigkeiten sich für die Lernenden ergeben können. Andererseits wurde deutlich, dass Lehrpersonen sich darüber bewusst sein sollten, „welche Informationen einzelne Erhebungen bieten und wie diese für den eigenen Unterricht zu nutzen sind" (Scherer 2004, S. 277). Insbesondere bedarf es einer sorgfältigen Interpretation der Ergebnisse, bei der bspw. auch zu berücksichtigen ist, unter welchen (standardisierten) Rahmenbedingungen Leistungen entstanden sind.

Zu halbstandardisierten Methoden Zur Reflexion einer halbstandardisierten, eher unterrichtsnahen Methode wurden exemplarisch verschiedene Aufgabentypen herangezogen. Zum einen sollten Schülerbearbeitungen einer offenen Aufgabenstellung analysiert werden, um auch aufzuzeigen, dass gerade diese Offenheit Lernende zu Eigenproduktionen ermuntert und Denkprozesse zeigen kann (vgl. hierzu Scherer 2007). In einem weiteren Arbeitsauftrag sollten die Teilnehmenden reale Schülerbearbeitungen von Viertklässlern zur schriftlichen Multiplikation hinsichtlich der auftretenden Fehler und der möglicherweise zugrunde liegenden Fehlvorstellungen analysieren (vgl. Kopiervorlage 2 im Anhang). Dieser Auftrag kann je nach Rahmenbedingungen der Fortbildungsmaßnahme (vgl. Abschn. 7.3) unterschiedlich umgesetzt werden. Im Workshop erfolgte eine Analyse in Kleingruppen mit anschließender Reflexion im Plenum. Dagegen konnten sich die Teilnehmenden des Intensivkurses tiefergehend mit diesem Auftrag in der Distanzphase auseinandersetzen, und die gemeinsame Reflexion erfolgte am folgenden Präsenztermin. Die folgende Analyse eines Schülerdokuments stellt exemplarisch dar, welche Aspekte Teilnehmende analysieren könnten.

    Anna (2. Fallbeispiel, Kopiervorlage 2) beginnt bei der Multiplikation 42 · 426 korrekt, indem sie die höchste Stelle des 2. Faktors mit der kleinsten Stelle des 1. Faktors malnimmt (4 · 2, dann 4 · 4). Diese ersten beiden Teilprodukte schreibt sie nicht stellengerecht auf, sondern vergisst eine der Nullen (da eigentlich mit 400 multipliziert wird). Auch bei den nächsten Teilprodukten fehlt die Endnull, und erst die letzten Teilprodukte werden stellengerecht notiert. Bei der Addition der Teilprodukte wird der letzte Übertrag nicht notiert, jedoch bei der Rechnung berücksichtigt. Durch die Bearbeitung weiterer Aufgaben zur schriftlichen Multiplikation ließe sich erkennen, inwieweit sich diese Phänomene auch bei anderen Zahlenwerten zeigen. Hinsichtlich der Stellenwertfehler könnte Anna einzelne Schritte des Algorithmus nicht verstanden oder aber ein mangelndes oder fehlerhaftes Stellenwertverständnis haben. Ohne den Entstehungsprozess dieses Dokuments zu kennen und Anna gezielt zu ihren Teilschritten zu befragen, können lediglich verschiedene Hypothesen zu möglichen Ursachen aufgestellt werden, die für weitere diagnostische Fragen genutzt werden können.

In den Maßnahmen waren die Analysen der Teilnehmenden sehr heterogen hinsichtlich der genannten Aspekte, da nicht alle Schülerstrategien vollständig durchdrungen wurden. Häufig wurde auch angenommen, dass die Schülerbearbeitungen nicht der Realität entsprechen würden. Auf diese Weise konnte der Blick der Lehrenden geschärft und ihr didaktisches Wissen erweitert werden.

Insgesamt ist festzuhalten, dass standardisierte und halbstandardisierte Diagnosemethoden ihre Berechtigung haben und jeweils Vor- und Nachteile aufweisen, weshalb im Rahmen der Fortbildungen u. a. auch die Methodenkombination empfohlen wurde. Diagnostische Überprüfungen ermöglichen vielfach nur Momentaufnahmen, weshalb das Ziel, Diagnose als kontinuierliche Aufgabe zu begreifen, verdeutlicht wurde (Scherer und Moser Opitz 2010).

7.5 Exemplarische Evaluationsergebnisse

Die Evaluation bezüglich der diagnostischen Kompetenzen der Lehrpersonen bzw. deren Kompetenzentwicklung wurde lediglich bei der umfangreicheren Fortbildungsmaßnahme in Rheinland-Pfalz vorgenommen (vgl. Tab. 7.1). Dies geschah auf zwei Ebenen:

Zum einen boten die oben erwähnten Erprobungsaufträge, zum Teil verbunden mit entsprechenden Dokumentationen, die Möglichkeit, mündlich/schriftlich Feedback zu geben, was sich sowohl auf eingesetzte Aufgaben bzw. Instrumente als auch auf die diagnostischen Analysen und abgeleiteten Förderungen beziehen konnte. Zum anderen wurde eine schriftliche Evaluation vorgenommen, die sowohl auf die Bewertung der Maßnahme und Umsetzung der DZLM-Gestaltungsprinzipien abzielte als auch die eigene Kompetenzentwicklung in Form von Selbsteinschätzungen am Ende der Maßnahme in den Blick nahm. Auch wenn retrospektive Selbsteinschätzungen als vergleichsweise valide gelten, wäre der Einbezug weiterer objektiver Daten wünschenswert (vgl. Nimon et al. 2011). Dies war in der hier berichteten Maßnahme jedoch nicht möglich.

Exemplarisch sollen einige Ergebnisse vorgestellt werden: So bewerteten die Teilnehmenden die gesamte Maßnahme insgesamt gut bis sehr gut, und auch die Teilnehmerorientierung sowie Möglichkeiten der Kooperation wurden besonders positiv gesehen. Das

Ich kenne verschiedene Möglichkeiten und Instrumente der Diagnostik für den Mathematikunterricht und kann deren Relevanz für die Unterrichtspraxis beurteilen.

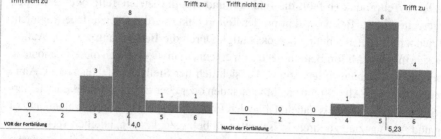

Abb. 7.1 Kompetenzentwicklung bezüglich der Kenntnis verschiedener diagnostischer Methoden und Instrumente (N = 13)

Ich kann unterrichtsnahe Diagnosemethoden und -aufgaben fachdidaktisch beurteilen und Kolleginnen und Kollegen entsprechend beraten.

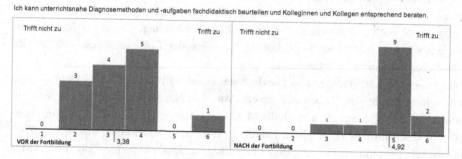

Abb. 7.2 Kompetenzentwicklung bezüglich der fachdidaktischen Beurteilung unterrichtsnaher Diagnosemethoden, u. a. zur Beratung (N = 13)

Einbeziehen konkreter Fallbeispiele bewerteten die Teilnehmenden sehr positiv und hätten sich noch mehr Möglichkeiten zur Diskussion der eigenen unterrichtlichen Erprobungen gewünscht.

Hinsichtlich der eigenen Kompetenzentwicklung zeigte sich bspw. eine Entwicklung bezüglich der Kenntnis verschiedener diagnostischer Möglichkeiten und Instrumente (Abb. 7.1) und auch bezüglich der didaktischen Beurteilung unterrichtsnaher Methoden, u. a. zur Beratung von Kolleginnen und Kollegen (Abb. 7.2). Die Teilnehmenden der Fortbildung sahen bei beiden erfragten Kompetenzen eine Steigerung. Bei der didaktischen Beurteilung und der Anforderung, Kolleginnen und Kollegen zu beraten, die eher die Rolle der Teilnehmenden als Multiplikatorinnen und Multiplikatoren anspricht, zeigten sich bei einzelnen Personen noch Unsicherheiten.

7.6 Perspektiven

Fortbildungen zu diagnostischen Kompetenzen im Mathematikunterricht werden im Rahmen des DZLM immer wieder nachgefragt und angeboten, worin sich die hohe Relevanz der Weiterbildung für die Lehrenden zeigt. Das vorgestellte Fortbildungsmodul wurde in verschiedenen Formaten und für unterschiedliche Adressatengruppen eingesetzt und das Konzept dabei immer wieder überprüft und an die jeweiligen Gegebenheiten angepasst. Es kann immer nur ein Einblick in das umfangreiche Themenfeld der diagnostischen Methoden im Mathematikunterricht gegeben und im Sinne einer kontinuierlichen Professionalisierung zur eigenen weiteren Auseinandersetzung angeregt werden (vgl. DZLM 2015). Für eine nachhaltige Wirkung sind sicherlich längerfristige Fortbildungsformate mit Präsenz- und Distanzphasen wünschenswert, um neue Erkenntnisse im eigenen Unterricht und der eigenen Fortbildung zu erproben und gemeinsam zu reflektieren (vgl. z. B. Lipowsky und Rzejak 2012).

A Anhang

Kopiervorlage 1 Sprachbezogene Aufgabenanalyse. (Mit freundlicher Genehmigung von ©IQB Institut zur Qualitätsentwicklung im Bildungswesen 2013. All Rights Reserved)

Deutsches Zentrum für Lehrerbildung Mathematik

UNIVERSITÄT DUISBURG ESSEN
Offen im Denken

Arbeitsauftrag zu VERA-Aufgaben

Analysieren Sie die sprachlichen Anforderungen der folgenden kontextbezogenen Aufgaben und halten Sie ihre Überlegungen stichpunktartig fest. Begründen Sie an der sprachlichen Gestalt, welche Operationen durchgeführt werden sollen. Worin könnten potentielle sprachliche Hürden liegen?

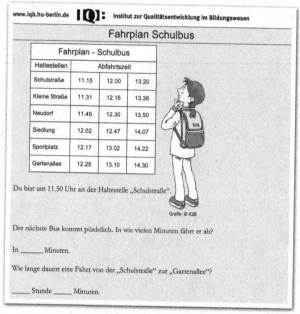

Abb. 1: Aufgabe „Fahrplan" (vgl. IQB 2013)

Abb. 2: Aufgabe „Bundesjugendspiele" (vgl. IQB 2013)

DZLM • Abteilung D „Inklusion und Risikoschüler"

Kopiervorlage 2 Analyse von Fehlermustern.

DZLM □ Deutsches Zentrum für
Lehrerbildung Mathematik

UNIVERSITÄT
DUISBURG
ESSEN

Offen im Denken

Fehleranalysen zur schriftlichen Multiplikation

Analysieren Sie in den folgenden Rechnungen von Schülerinnen und Schülern des 4. Schuljahres die auftretenden Fehler mit den möglicherweise zugrundeliegenden (Fehl-)Vorstellungen

Caroline

```
4 2  ·    4 2 6
          6 8 0 0
              8 5
          2₁ 5₁ 5
          7 1 4 3
```

Anna

```
4 2  ·    4 2 6
          1 6 8 0
              8 4
          2₂ 5 2
          2 0 1 6
```

Karin

```
4 2  ·    4 2 6
            1 6 8 0
          2 4 8 4 0
          2₂ 5₁ 2 0
          2 9 0 4 0
```

David

```
4 2  ·    4 2 6
          1 2 4 8 0
          2 4 9 6 0
          3 7 4 4 0
```

DZLM • Abteilung D „Inklusion und Risikoschüler"

Literatur

Bauer, L. (2002). Aus Fehlern lernen! In A. Schubert (Hrsg.), *Mathematik lehren – wie Kinder lernen* (S. 58–78). Braunschweig: Westermann.

Brügelmann, H. (2011). Den Einzelnen gerecht werden – in der inklusiven Schule. Mit einer Öffnung des Unterrichts raus aus der Individualisierungsfalle. *Zeitschrift für Heilpädagogik, 62*(9), 355–361.

Brunner, M., Anders, Y., Hachfeld, A., & Krauss, S. (2011). Diagnostische Fähigkeiten von Mathematiklehrkräften. In M. Kunter, J. Baumert, W. Blum, U. Klusmann, S. Krauss & M. Neubrand (Hrsg.), *Professionelle Kompetenz von Lehrkräften* (S. 215–234). Münster: Waxmann.

Buholzer, A., & Kummer Wyss, A. (2010). Heterogenität als Herausforderung für Schule und Unterricht. In A. Buholzer & A. Kummer Wyss (Hrsg.), *Alle gleich – alle unterschiedlich! Zum Umgang mit Heterogenität in Schule und Unterricht* (S. 7–13). Leipzig: Klett.

DZLM (2015). Theoretischer Rahmen des Deutschen Zentrums für Lehrerbildung Mathematik. http://www.dzlm.de/files/uploads/DZLM_Theorierahmen.pdf. Zugegriffen: 15. Apr. 2016.

Gürsoy, E., Benholz, C., Renk, N., Prediger, S., & Büchter, A. (2013). Erlös = Erlösung? – Sprachliche und konzeptuelle Hürden in Prüfungsaufgaben zur Mathematik. *Deutsch als Zweitsprache, 12*(1), 14–24.

IQB – Qualitäts- und Unterstützungsagentur – Landesinstitut für Schule (2013). Vergleichsarbeiten/Lernstandserhebungen in Klasse 3. Ergebnisse des Durchgangs 2013 in Nordrhein-Westfalen. https://www.iqb.hu-berlin.de/vera/aufgaben/map. Zugegriffen: 15. Apr. 2016.

KMK – Sekretariat der Ständigen Konferenz der Kultusminister der Länder in der Bundesrepublik Deutschland (Hrsg.). (2015). Lehrerbildung für eine Schule der Vielfalt. Gemeinsame Empfehlung von Hochschulrektorenkonferenz und Kultusministerkonferenz (Beschluss der Kultusministerkonferenz vom 12.03.2015). http://www.kmk.org/fileadmin/veroeffentlichungen_beschluesse/2015/2015_03_12-Schule-der-Vielfalt.pdf. Zugegriffen: 15. Apr. 2016.

Krauthausen, G., & Scherer, P. (2007). *Einführung in die Mathematikdidaktik* (3. Aufl.). Heidelberg: Spektrum.

Lipowsky, F., & Rzejak, D. (2012). Lehrerinnen und Lehrer als Lerner – Wann gelingt der Rollentausch? Merkmale und Wirkungen effektiver Lehrerfortbildungen. *Schulpädagogik heute, 5*(3), 1–17.

Lorenz, J. H., & Radatz, H. (1993). *Handbuch des Förderns im Mathematikunterricht*. Hannover: Schroedel.

Nimon, K., Zigarmi, D., & Allen, J. (2011). Measures of Program Effectiveness Based on Retrospective Pretest Data: Are All Created Equal? *American Journal of Evaluation, 32*(1), 8–28.

Radatz, H. (1980). *Fehleranalysen im Mathematikunterricht*. Braunschweig/Wiesbaden: Vieweg.

Scherer, P. (2003). *Produktives Lernen für Kinder mit Lernschwächen: Fördern durch Fordern. Band 2: Hunderterraum/Addition & Subtraktion*. Horneburg: Persen Verlag.

Scherer, P. (2004). Was „messen" Mathematikaufgaben? – Kritische Anmerkungen zu Aufgaben in den Vergleichsstudien. In H. Bartnitzky & A. Speck-Hamdan (Hrsg.), *Leistungen der Kinder wahrnehmen – würdigen – fördern* (S. 270–280). Frankfurt/M.: AK Grundschule.

Scherer, P. (2007). Diagnose und Förderung im Bereich der elementaren Rechenoperationen. In J. Walter & F. B. Wember (Hrsg.), *Handbuch der Sonderpädagogik, Bd. 2. Sonderpädagogik des Lernens* (S. 590–604). Göttingen: Hogrefe.

Scherer, P., & Moser Opitz, E. (2010). *Fördern im Mathematikunterricht der Primarstufe*. Heidelberg: Spektrum.

Schrader, F.-W., & Helmke, A. (2001). Alltägliche Leistungsbeurteilung durch Lehrer. In F. E. Weinert (Hrsg.), *Leistungsmessungen in Schulen* (S. 45–58). Weinheim: Beltz.

Schulz, A. (2014). *Fachdidaktisches Wissen von Grundschullehrkräften. Diagnose und Förderung bei besonderen Problemen beim Rechnenlernen*. Wiesbaden: Springer.

Wartha, S., Rottmann, T., & Schipper, W. (2008). Wenn Üben einfach nicht hilft. Prozessorientierte Diagnostik verschleppter Probleme aus der Grundschule. *mathematik lehren*, (150), 20–25.

Weinert, F. E. (1999). *Konzepte der Kompetenz. Gutachten zum OECD-Projekt „Definition and Selection of Competencies: Theoretical and Conceptual Foundations (DeSeCo)"*. Neuchatel, Schweiz: Bundesamt für Statistik.

Aufbau von diagnostischer Kompetenz im Rahmen des integrierten Semesterpraktikums

Juliane Leuders

Zusammenfassung

Im Rahmen des integrierten Semesterpraktikums an der Pädagogischen Hochschule Freiburg werden die Studierenden nicht nur bei der Planung und Durchführung von Unterricht begleitet, sondern führen auch diagnostische Gespräche mit einzelnen Schülerinnen und Schülern. Diese Gespräche werden videographiert und dann gemeinsam analysiert. Dabei können sowohl fachdidaktische Kompetenzen (Identifikation von typischen Lernhürden, Grundvorstellungen ...) als auch diagnostische Kompetenzen (Gesprächsführung, Aufgabenauswahl, Auswertung der Beobachtungen ...) aufgebaut werden. Die Bedeutung dieser Vorgehensweise für die Entwicklung der Studierenden wird diskutiert.

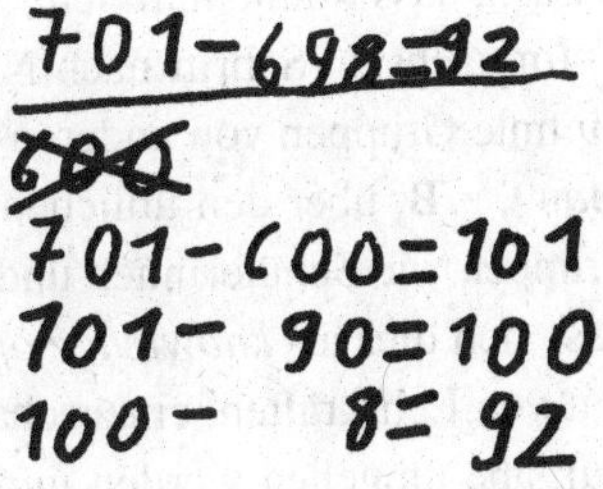

Abb. 8.1 Nadine rechnet 701 − 698

Lernendenlösungen wie in Abb. 8.1 geben Lehrkräften oft Rätsel auf. Viele Fragen lassen sich hier stellen: Ist es ein Flüchtigkeitsfehler oder ein systematischer Fehler? Warum ergänzt Nadine nicht, sondern bleibt in der Grundvorstellung des Wegnehmens? Wie kommt sie auf die Zwischenlösung 101 − 90 = 100? Ziel der Ausbildung muss es sein, bei Lehr-

J. Leuders (✉)
Institut für mathematische Bildung Freiburg, Pädagogische Hochschule Freiburg
Freiburg, Deutschland

© Springer Fachmedien Wiesbaden GmbH 2017
J. Leuders et al. (Hrsg.), *Mit Heterogenität im Mathematikunterricht umgehen lernen*,
Konzepte und Studien zur Hochschuldidaktik und Lehrerbildung Mathematik,
DOI 10.1007/978-3-658-16903-9_8

kräften die Bereitschaft zu erzeugen, diese Fragen zu stellen und ihnen nachzugehen. Dafür benötigen sie diagnostische Kompetenz (s. z. B. Wollring 2009). Es bietet sich an, diese Kompetenz bei Studierenden in Praxisphasen zu fördern, weil sie in dann in ständigem und intensivem Kontakt zu Lernenden stehen.

Um genauer zu klären, welche Fähigkeiten und Wissensfacetten sich in diesem Rahmen bei Studierenden fördern lassen, muss das Konzept „diagnostische Kompetenz" genauer beschrieben werden. Zwei Theorien erweisen sich dabei als hilfreich: Nickersons Modell des Urteilens über andere Personen (Nickerson 1999) und die Wissensfacetten für den Mathematikunterricht von Ball et al. (2008). Sie werden im Folgenden miteinander und mit Diagnose im Mathematikunterricht verknüpft.

8.1 Aspekte von diagnostischer Kompetenz

Nickerson (1999) beschreibt die kognitiven Prozesse, die ganz allgemein den Urteilen über andere Menschen zugrunde liegen. Er geht davon aus, dass der Ausgangspunkt für diagnostisches Denken immer das eigene Wissen ist (Ankereffekt). Hinzu kommt dann zunächst das (Meta-)Wissen darüber, welche Besonderheiten dieses eigene Wissen aufweist (*model of unusual aspects of own knowledge*): Einer Mathematiklehrkraft ist klar, dass sie mehr weiß als ihre Schülerinnen und Schüler. Wie zutreffend und detailliert diese Kenntnis der Unterschiede zum Lernendenwissen tatsächlich ist, hängt aber von fachdidaktischem Wissen und der Lehrerfahrung ab. Dieses unterrichtsspezifische Fachwissen ähnelt dem *specialized content knowledge* im Modell von Ball et al. (2008). Im obigen Beispiel (Abb. 8.1) ist es z. B. wichtig, die Grundvorstellungen des Wegnehmens und Ergänzens zu kennen, obwohl sie Erwachsenen beim Rechnen kaum noch bewusst werden. Diese „Dekomprimierung" einer Rechenoperation ist charakteristisch für mathematisches Wissen, dass Mathematiklehrkräfte brauchen.

Im nächsten Schritt nach Nickerson kommen nun Kenntnisse darüber hinzu, was bestimmte Gruppen von anderen Personen wissen (*knowledge of what categories of people know*), z. B. über den üblichen Wissenstand von Drittklässlern, aber auch über spezielle Gruppen wie Schülerinnen und Schüler mit Lernschwierigkeiten. Nach Ball et al. (2008) lässt sich dies als *knowledge of content and students* einordnen. Es beschreibt die Fähigkeit von Lehrkräften, einzuschätzen, was Lernende motivierend finden, wie sie mit einer Aufgabe umgehen werden und was sie leicht oder schwierig finden könnten. Dazu gehört auch, das sich entwickelnde, unvollständige Denken der Lernenden wahrzunehmen und zu analysieren, ein entscheidender Aspekt von Diagnose. Im obigen Beispiel sollte die Lehrkraft also über Erklärungsansätze für das Vorgehen von Nadine verfügen und die Schwierigkeiten in das einordnen können, was von einer Drittklässlerin zu erwarten ist.

Weiterhin fließen im Modell von Nickerson (1999) neben dem Wissen über typische Gruppen von Personen auch Kenntnisse über bestimmte, länger bekannte Personen ein (*long-term knowledge of specific others*). Ist Nadine also bereits als schwächer aufgefallen, wird die Lehrkraft eher von einem systematischen Fehler als einem Flüchtigkeitsfehler ausgehen.

Kenntnisse über Lernende werden mit der Zeit verfeinert und bei Bedarf revidiert, was Nickerson als *information obtained on on-going basis* bezeichnet. Dieser Prozess ist abhängig von der Qualität der Informationen, die eine Lehrkraft in der Praxis über bestimmte Lernende sammeln kann. Lehrkräfte, die mehr über diagnostisches Vorgehen im Unterricht wissen und auch bereit sind, dieses einzusetzen, haben größere Chancen, Informationen über bestimmte Lernende zu sammeln. Nach Ball et al. (2008) benötigen Lehrkräfte dafür *knowledge of content and teaching*. Dazu gehört es beispielsweise, passende Veranschaulichungen, gute Beispiele und sinnstiftende Kontexte zu jedem Inhalt zu kennen. Um Diagnose in den Unterricht einbinden zu können, sind passende Aufgabentypen, Unterrichtsmethoden und Grundwissen über Gesprächsführung mit Kindern wichtig. Im Beispiel könnte z. B. mit Hilfe von Dienes-Material ein Gespräch mit Nadine geführt werden, um festzustellen, wie es zu dem beobachteten Fehler kam.

Im Folgenden soll der Frage nachgegangen werden, inwieweit es gelingt, Studierende im Rahmen des Praxissemesters auf diese Aufgaben vorzubereiten.

8.2 Rahmenbedingungen

An der Pädagogischen Hochschule Freiburg absolvieren die Studierenden ein Praxissemester (Integriertes Semesterpraktikum, kurz ISP). Dieses wird meist im 5. Semester belegt. Die Praxisphase beginnt mehrere Wochen vor Semesterbeginn und endet mit der letzten Semesterwoche. In dieser Zeit sind die Studierenden täglich an der Schule, wo sie Unterricht beobachten und unterstützen, aber auch eigenen Unterricht im Umfang von insgesamt 30 h durchführen müssen. Dabei können diagnostische Interviews und Einzelförderung auch als „Unterrichtsstunde" gezählt werden.

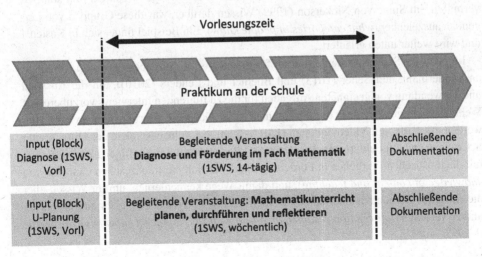

Abb. 8.2 Verlauf des Integrierten Semesterpraktikums in Freiburg

Vor dem Praxissemester (s. Abb. 8.2) finden vorbereitende Blockveranstaltungen statt (z. T. Großveranstaltungen, 30–60 Studierende), die sich mit Unterrichtsplanung einerseits und Diagnose und Förderung andererseits beschäftigen. Diese Veranstaltungen werden während des Praxissemesters inhaltlich fortgeführt. Der Bereich der Unterrichtsplanung wird semesterbegleitend durch eine wöchentliche Betreuung durch Lehrende von der Pädagogischen Hochschule abgedeckt, die an die Schulen kommen und die Studierenden bei ihren Unterrichtsversuchen beraten und unterstützen. Die Veranstaltung zu Diagnose und Förderung wird von anderen Lehrenden in Gruppen von ca. 20 Studierenden in den Räumen der Pädagogischen Hochschule durchgeführt. Diese Treffen sind in der Regel 14-tägig am Nachmittag. Es findet dabei kein Besuch an der Schule durch Lehrende statt. In den Sitzungen werden von den Studierenden geführte und videographierte Interviews mit Lernenden analysiert.

8.3 Konkreter Ablauf: Diagnostische Kompetenz fördern mit videographierten diagnostischen Gesprächen

Veranstaltungsteil 1: Blockseminar

In einer Blockveranstaltung (1 SWS) werden die Studierenden auf die Durchführung von Diagnose und Förderung im ISP vorbereitet. Diese Veranstaltung findet vor Semesterbeginn, aber nach dem Beginn des ISP statt (s. Abb. 8.2). Studierende des Grundschullehramtes und des Sekundarstufenlehramtes besuchen getrennte, aber analog gestaltete Veranstaltungen. Hier wird im Folgenden beispielhaft die Veranstaltung für das Grundschullehramt dargestellt.

Als erstes werden die beiden Pole des zu erwartenden Leistungsspektrums in einer Klasse thematisiert: Es geht um Rechenschwäche und mathematische Hochbegabung. Zu beiden Bereichen werden die kennzeichnenden Merkmale sowie Ansätze zur Förderung behandelt. Im Sinne von Ball et al. (2008) wird hier *knowledge of content and students* vermittelt, im Sinne von Nickerson (1999) Wissen darüber, was diese Gruppen von Lernenden auszeichnet (*what categories of people know*). Ein Beispiel findet sich in Kasten 1 und wird weiter unten erläutert.

Im nächsten Schritt werden Kriterien für diagnostische Aufgaben diskutiert (orientiert an Sundermann und Selter (2013) und Büchter und Leuders (2016)), um die Auswahl und Verwendung von geeigneten Aufgaben für die zu führenden Interviews vorzubereiten. Weiteres wichtiges Thema in diesem Rahmen ist die Gesprächsführung in Interviews. Hier werden mit Hilfe von Videovignetten (KIRA-Team, o.J.a) insbesondere der Umgang mit Schweigen und mit Fehlern angesprochen. So können sich die zukünftigen Lehrkräfte sich mit diagnostischem Vorgehen in Förderung und Unterricht vertraut machen (Aspekte von *knowledge of content and teaching*), und damit Wege kennenlernen, um ihr Wissen über die einzelnen Lernenden innerhalb und außerhalb des Unterrichtsprozesses auszuschärfen und zu vertiefen (*information obtained on on-going basis; longterm knowledge of specific others*).

Kasten 1   Interviewausschnitt zur Einführung in das Thema Rechenschwäche

---

Interview mit Denise (5. Klasse, Hauptschule)

1 L: Kannst du mir denn das auch wieder mit Material zeigen, 5 · 4? Wie kann man das rechnen?

2 Denise: Da nehme ich 5, dann will ich wissen, wie viel das Ergebnis ist, dann (Pause) dann zähl' ich, 5, 6, 7, 8, 9. Dann (Pause) äh, gibt es das Ergebnis raus, 9.

3 L: Ja, was hast du denn jetzt gerechnet?

4 Denise: Fast wie plus.

5 L: Ja, welche Plusaufgabe hast du denn gerechnet?

6 Denise: 5 + 4.

7 L: Kannst du auch 5·4 so zeigen?

8 Denise: (Pause) Nein, da weiß ich grad nichts.

9 L: Kannst du mir denn eine Geschichte erzählen, die zur Rechnung passt, zu 5·4?

10 Denise: (Pause) Man schreibt auf ein Blatt eine 5 drauf und macht ein Pünktchen und dann schreibt man bei 5 unten drunter eine 4, dann macht man einen Strich und dann rechnet man es aus.

11 L: Und dann rechnet man. Ja. Ich meine jetzt eine Geschichte, die du selbst erlebt hast oder die passieren könnte, und die zu 5·4 passt.

12 Denise: Dass ein Mann mir jetzt erzählt, wenn ich jetzt arbeite, dann sagt er: „Wie viel Bäume hast du schon umgeschoben?". Dann sag ich „Fünf". Dann sagt er: „Du müsstest aber neun". Dann rechne ich, wie viel noch fehlen.

13 L: Und zu welcher Rechnung passt deine Geschichte?

14 Denise: Plus.

15 L: Zu „plus". Ja. Findest du auch eine, die zu „mal" passt?

16 Denise: (Pause) Keine Ahnung.

17 L: Hm. Jetzt zeige ich dir ein Bild, und du sagst mir, welche Rechnung dazu passt, Okay? (5 Reihen zu je 4 schräg stehenden kleinen Kreuzen) (...) Fällt dir dazu eine Rechnung ein?

18 Denise: Plus.

19 L: Mhm. Sagst du mir mal, an welche Aufgabe du da denkst? Welche passt dazu?

20 Denise: 4 + 4 + 4 + 4. (Schreibt an den Rand: 4 + 4 + 4 + 4 + 4).

21 L: Fällt dir jetzt noch eine andere Rechnung dazu ein?

22 Denise: (Pause) Man könnte malnehmen.

23 L: Man könnte malnehmen, ja. Und dann?

24 Denise: Man könnte 3·2 machen.

25 L: Wo siehst du hier die 3·2?

26 Denise: Hier die 3 (deutet auf die Vierer) und hier die 2.

27 L: Was könnte man noch machen?

28 Denise: Geteilt.

29 L: Wie könnte man teilen?

30 Denise: 16 geteilt durch 8. Sind 2.

(Schäfer 2005, S. 221, Zeilennummern eingefügt)

Im Rahmen der Großveranstaltung können die beschriebenen Themen nicht mit Se-
minarcharakter erarbeitet werden. Häufige Arbeitsphasen und die Verwendung von In-
terviewausschnitten, Lernendenprodukten und Videovignetten ermöglichen aber dennoch
eine hohe kognitive Aktivierung der Studierenden. So erfolgt z. B. der Zugang zum Thema
Rechenschwäche nicht über die Definition. Statt dessen bekommen die Studierenden drei
Interviewausschnitte, anhand derer sie sich im Rahmen eines Gruppenpuzzles Merkmale von Rechenschwäche erarbeiten können. Ein Beispiel für eins dieser Interviews findet
sich in Kasten 1 (Schäfer 2005, 221). Die anderen Interviews sind ebenfalls der Literatur entnommen (Schäfer 2005, 163 & 175 f.: Fallbeispiel Günay; Humbach 2009, 66 f:
Fallbeispiel Karin). Es handelt sich dabei bewusst um Interviews mit Lernenden aus der
Sekundarstufe: Diese können sich besser ausdrücken, was den Einstieg ins Thema er-
leichtert; zudem wird deutlich, dass Rechenschwäche weit über die Grundschule hinaus
Schwierigkeiten bereiten kann.

Veranstaltungsteil 2: Semesterbegleitendes Seminar

Im zweiten Veranstaltungsteil während des Semesters geht es dann ganz konkret darum,
ein Interview mit Lernenden vorzubereiten, durchzuführen und zu analysieren. Die erste
Sitzung im Semester wird für die Planung des Interviews verwendet. Die Studierenden
arbeiten in der Regel zu zweit. Sie bekommen Planungsschritte vermittelt (basierend auf
KIRA-Team o.J.b) und können auf einen Aufgabenpool zugreifen.

Dieser Pool beinhaltet zurzeit Sätze von informativen Aufgaben zu zentralen arithmetischen Themen (PIKAS-Team o.J.), den Hamburger Beobachtungsbogen (Behörde für
Bildung und Sport der Freien und Hansestadt Hamburg 2003) und den GI-Eingangstest
(Wittmann und Müller 2006, S. 222–227). Die Studierenden können aber auch selbst Aufgaben auswählen, wenn sie spezielle Themenwünsche haben. Dies geschieht z. B., wenn
die Studierenden selbst durchgeführten Unterricht evaluieren möchten oder bei einem bestimmten Kind etwas Auffälliges bemerkt haben, dass sie näher analysieren wollen. In
diesem Fall werden sie bei der Auswahl passender Aufgaben beraten. Diese Variante er-
höht den Schwierigkeitsgrad bei der Aufgabenauswahl. Sie hat sich aber aufgrund der
Anbindung an eigene Fragestellungen aus dem Praxiskontakt als sehr motivierend für die
Studierenden erwiesen.

Die Planung und Aufgabenauswahl wird der Seminargruppe diskutiert. Dabei wird
insbesondere auch die genaue Formulierung der Fragestellungen und die unterstützen-
de Verwendung von Veranschaulichungen thematisiert. Damit wird hier Wissen über die
Gestaltung von Lehrprozessen (Aspekt von *knowledge of content and teaching*) vermittelt
bzw. Studierende werden dabei unterstützt, im Unterrichtsprozess fortlaufend Informationen über einzelne Lernende zu erhalten (*Information obtained on on-going basis*).

In den folgenden Sitzungen werden die Interviewvideos der Seminargruppe vorgestellt
(2 Videos pro Sitzung) und bezüglich Verhalten der Interviewenden und Interviewten
analysiert. Die Studierenden wählen selbstständig interessante Ausschnitte aus und diskutieren ihre Analyse dieser Ausschnitte mit der Gruppe. Eine solche Auswahl ist aus
Zeitgründen notwendig, aber sie führt auch dazu, dass die Studierenden selbst entscheiden

müssen, welche Abschnitte fachdidaktisch interessant sind. Zudem ist diese Vorgehensweise entlastend, weil sie wissen, dass sie nicht mit allen möglichen Fehlern vor der Gruppe exponiert werden. Das vollständige Video liegt nur den Lehrenden vor, die in Absprache mit den Studierenden weitere Ausschnitte einbringen können. Die Lehrenden vermitteln den Studierenden auch, dass Fehler im Interview gute und wichtige Lernanlässe darstellen und daher eine Videobesprechung, die alle Fehler auslässt, wenig interessant ist.

In der Diskussion des Lernendenverhaltens wird eine Verknüpfung zum fachdidaktischen Wissen hergestellt. Zum Beispiel können Lernende wie Nadine (Abb. 8.1) dazu befragt werden, wie sie beim Verfahren der halbschriftlichen Subtraktion vorgehen, so dass in der Analyse des Interviews Grundvorstellungen und typische Fehler für diesen Inhaltsbereich zur Sprache kommen (*unusual aspects of own knowledge/specialized content knowledge. s. o.*). Für die Studierenden wird so deutlich, dass sie das Wissen aus früheren Didaktikveranstaltungen benötigen, um zu verstehen, wie Kinder denken.

Die Diskussion des Interviewverhaltens fokussiert in der Regel auf die Gesprächsführung. Es werden alternative oder zusätzliche Fragestellungen und Vorgehensweisen eingebracht, die das Potential besitzen, den Zugang zum Denken der Kinder noch zu verbessert. Dabei wird insbesondere der Umgang mit Fehlern und mit Schweigen wieder thematisiert (*knowledge of content and teaching/information obtained on ongoing basis, s. o.*).

Eine Diskussion der Förderhinweise, die sich aus dem Interview ergeben, schließt die Vorstellung im Seminar ab. Die Förderung selbst wird aus Zeitgründen nicht im Rahmen des Seminars begleitet. Anschließend sind die Studierenden aufgefordert, Interviewausschnitte zu transkribieren und schriftlich zu analysieren. Zudem verfassen sie eine schriftliche Rückmeldung für das interviewte Kind (s. Kasten 2).

8.4 Darstellung von Erfahrungen mit dem Seminarkonzept

Erfahrungen mit den angebotenen Unterstützungselementen

Das Führen von Interviews ist eine komplexe und schwierige Anforderung für die Studierenden. Daher ist es wichtig, sie an einigen Stellen mit Unterstützungselementen zu entlasten (Sleep und Boerst 2012). Der Nutzen der verwendeten Unterstützungselemente (angelehnt an KIRA-Team o.J. a) soll im Folgenden diskutiert werden.

Der angebotene Aufgabenpool wird von den Studierenden stark genutzt. Da die Aufgaben zentrale Aspekte des Arithmetikunterrichts ansprechen, sind sie für alle Kinder relevant. Dies ist wichtig, da ungeeignete Aufgabenstellungen sonst zu Interviews führen könnten, die wenig oder gar keine Informationen über die Lernenden ergeben (Sleep und Boerst 2012).

Ein weiteres Unterstützungselement ist die Vorgabe von Planungsschritten für das Interview. Dies wird durch die Studierenden weniger gut angenommen und muss durch die Lehrenden unterstützt werden. Den Studierenden ist gerade zu Beginn des ISP vermutlich noch nicht bewusst, welche Bedeutung eine klare Zielformulierung, konkrete Fragestellungen und die Antizipation von Schwierigkeiten haben. Da die Planung aber im Seminar begleitet wird, ist es unproblematisch, dies von allen einzufordern.

Auch die Rückmeldung zu Interviewplanung und Aufgabenauswahl im Seminar kann als Unterstützungselement betrachtet werden. Sie gibt den Studierenden Sicherheit und ermöglicht es, größere Fehler zu verhindern. Die Aufgabe, den anderen Gruppen Rückmeldung zu geben, führt dazu, dass auch die Interviewplanungen anderer Gruppen von den Studierenden in den Blick genommen und reflektiert werden müssen.

Ein weiteres wichtiges Unterstützungselement ist die Besprechung von hilfreichen Frageformulierungen und Strategien für das laufende Interview. Hier lässt sich beobachten, dass es den Studierenden während des Interviews schwer fällt, darauf zurückzugreifen. Nicht selten kommt es vor, dass sie aufgrund ungünstiger Fragestellungen oder fehlender Nachfragen das Denken der Kinder nicht ausloten können. Auch der Umgang mit Fehlern stellt eine hohe Schwierigkeit dar, da die Studierenden spontan auf die Lernenden reagieren müssen. Ihnen stehen zwar Vorlagen für günstige Frageformulierungen zur Verfügung, doch dieses Angebot wird wesentlich weniger stark genutzt als der Aufgabenpool. Dies deckt sich mit den Ergebnissen von Sleep und Boerst (2012, S. 1043). Hier wäre es sicher hilfreich, wenn die Studierenden mehr als ein Interview führen könnten, um an Erfahrung zu gewinnen.

Kasten 2 Transkript und Rückmeldung. Originalbeispiel von Studierenden, Namen geändert

Zeit	Transkript	L-Verhalten	S-Verhalten
9:11	Rechenweg L: Und wie hast du jetzt gedacht? Wie hast du es gemacht? Weil jetzt hast du ja 9 Steine weggenommen. S: Ich hab das abgezählt. S. zählt nochmal nach… S: Ja das sind 8. L: Okay alles klar.	Frage ist sehr schwierig für Nina. Besser: Was hast du gemacht um auf die Lösung zu kommen. L. benutzt plötzlich anderen Begriff (wegnehmen statt abziehen…)	Nina erklärt eher ihre Handlung nicht ihr Denken.

> *Liebe Nina,*
>
> *wir haben uns sehr gefreut, dass du das Interview mit uns gemacht hast! Trotz Aufgaben, die du bisher noch nicht einmal kanntest, hast du es geschafft mit Hilfsmitteln diese Aufgaben zu lösen. Das Zählen und die Zahlen im 20er-Raum kannst du außerdem schon super! Dies ermöglicht dir ein einfaches zählendes Rechnen.*
>
> *Gerade wenn wir im Mathe-Unterricht die + und − Aufgaben genauer kennen lernen werden, sind wir uns sicher, dass dir das von großem Nutzen sein wird.*
>
> *Mach weiter so! Wir wünschen dir weiterhin viel Freude und Spaß in der Schule,*
>
> *Deine Studenten Frau Müller und Herr Schulz*

Aspekte von diagnostischer Kompetenz

Ein Abgleich mit den in Abschn. 8.1 beschriebenen Elementen diagnostischer Kompetenz zeigt, dass viele Aspekte in diesem Seminar einbezogen werden können (s. Tab. 8.1 und 8.2). Wünschenswert wäre allerdings, dass mit Blick auf Wissen zur Gestaltung von diagnostischen Lehrprozessen (*knowledge of content and teaching* bzw. *information obtained on on-going basis*) noch mehr methodisches Wissen zu diagnostischem Vorgehen im Unterricht vermittelt und im ISP geübt werden könnte. Auch die Interviewführung erfordert mehr Übung, als zurzeit zur Verfügung steht (s. o.).

Ein weiterer Aspekt ist die Qualität der Interviewanalyse. Ein Unterstützungselement hierfür ist die Rückmeldung während der Interviewanalyse im Seminar. Die verschriftlichten Ergebnisse der Studierenden (analysiertes Transkript und Rückmeldung für die Lernenden). Das Beispiel in Kasten 2 ist eher positiv: Die Studierenden nutzen Fachbegriffe und machen angemessene Verbesserungsvorschläge. Ergebnisse anderer Studierender zeigen aber, dass eine weitere Rückmeldung durch Dozierende nötig wäre, weil die Ana-

Tab. 8.1 Wissensfacetten und Prozesse, die im 1. Veranstaltungsteil angesprochen werden

Themenblock	Wissensfacette	Prozess
Hochbegabung & Rechenschwäche	Knowledge of content and students	What categories of people know
Gute diagnostische Aufgaben & Gesprächsführung	Knowledge of content and teaching	Information obtained on ongoing basis
		Longterm knowledge of specific others

Tab. 8.2 Wissensfacetten und Prozesse, die im 2. Veranstaltungsteil angesprochen werden

Themenblock	Wissensfacette	Prozess
Planung und Durchführung des Videos	Knowledge of content and teaching	Information obtained on on going basis,
	Knowledge of content and students	Longterm knowledge of specific others
Analyse Lernende	Specialized content knowledge	What categories of people know
Analyse Interviewende	Knowledge of content and teaching	Information obtained on on going basis,

lyse häufig zu oberflächlich bleibt oder zu weitgehende Vermutungen enthält. Auch diese Beobachtungen decken sich mit den Ergebnissen von Sleep und Boerst (2012).

Rückmeldungen durch Studierende

In den Rückmeldungen der Studierenden (s. Abb. 8.3) zeigt sich, dass sie die Inhalte als sehr relevant für die Praxis und das eigene Lernen erleben. Negative Rückmeldungen zur Veranstaltungen beziehen sich hauptsächlich auf den Nachmittagstermin und den Aufwand bei der Durchführung des Interviews. Zudem wird kritisiert, dass die Sitzungen mit den Videoanalysen mit der Zeit etwas gleichförmig werden. Dies wird inzwischen aufgebrochen, indem auch fachdidaktische Inhalte, die zu den Videoinhalten passen, explizit behandelt werden. Zudem haben die Studierenden die Möglichkeit, in Absprache mit den Lehrenden sogenannte „Schlüsselsituationen" in die Sitzungen einzubringen, also konkrete Beobachtungen und Fragen, die sich in der Praxis ergeben haben.

Ausblick

Mit dem Wechsel zu einer neuen Prüfungsordnung wird es die Blockveranstaltung (1 SWS) zukünftig nicht mehr geben. Sie wird abgelöst durch ein reguläres Seminar im Semester vor dem ISP (2 SWS). So können weitere wichtige Inhalte thematisiert werden (z. B. Leistungsbewertung und Rückmeldung, Förderplanung). Die Interviewsituation kann mit anderen Studierenden zu simuliert werden, um Frageformulierungen und den

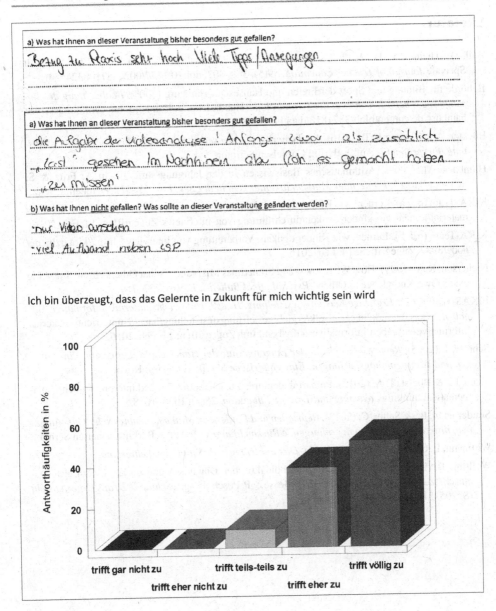

a) Was hat Ihnen an dieser Veranstaltung bisher besonders gut gefallen?

Bezug zu Praxis sehr hoch. Viele Tipps/Anregungen

a) Was hat Ihnen an dieser Veranstaltung bisher besonders gut gefallen?

die Aufgabe der Videoanalyse! Anfangs zwar als zusätzlich "last" gesehen. Im Nachhinein aber froh es gemacht haben "zu müssen"

b) Was hat Ihnen nicht gefallen? Was sollte an dieser Veranstaltung geändert werden?

-nur Video anschen
-viel Aufwand neben ISP

Ich bin überzeugt, dass das Gelernte in Zukunft für mich wichtig sein wird

Abb. 8.3 Rückmeldungen von Studierenden

Umgang mit Fehlern besser zu üben. Die Analyse von Interviews kann so ebenfalls besser vorbereitet werden. In jedem Fall erscheint es sinnvoll, das Thema Diagnose und Förderung weiterhin in diesem Umfang in das ISP einzubinden, um diese Lerngelegenheit im Praxiskontakt zu nutzen.

Literatur

Ball, D., Thames, M. H., & Phelps, G. (2008). Content Knowledge for Teaching: What Makes It Special? *Journal of Teacher Education, 59*(5), 389–407. doi:10.1177/0022487108324554.

Behörde für Bildung und Sport der Freien und Hansestadt Hamburg (2003). *Beobachtung des Lösungsweges beim Rechnen in der Grundschule*. Handreichung. Hamburg. http://bildungsserver. hamburg.de/contentblob/3871818/data/beob.pdf

Büchter, A., & Leuders, T. (2016). *Mathematikaufgaben selbst entwickeln: Lernen fördern – Leistung überprüfen* (7. Aufl.). Berlin: Cornelsen Scriptor.

Humbach, M. (2009). Arithmetisches Basiswissen in der Jahrgungsstufe 10. In A. Fritz & S. Schmidt (Hrsg.), *Fördernder Mathematikunterricht in der Sek. I* (S. 58–72). Weinheim: Beltz.

KIRA-Team (o.J. a). Lernen, wie Kinder denken. Durchführung von Interviews. http://kira.dzlm.de/ material/lernen-wie-kinder-denken/durchführung-von-interviews. Zugegriffen: 14. Feb. 2016.

KIRA-Team (o.J. b). Lernen, wie Kinder denken. Vorbereitung von Interviews. http://kira.dzlm.de/ node/89#2. Zugegriffen: 14. Feb. 2016.

Nickerson, R. S. (1999). How We Know – and Sometimes Misjudge – What Others Know: Imputing One's Own Knowledge to Others. *Psychological Bulletin, 125*(6), 737–759.

PIKAS-Team (o.J.). *Ergiebige Leistungsfeststellung. Haus9, Unterrichtsmaterial: Informative Aufgaben*. pikas.dzlm.de/material-pik/ergiebige-leistungsfeststellung/haus-9-unterrichts-material/ informative-aufgaben/informative-aufgaben.html. Zugegriffen: 14. Feb. 2016.

Schäfer, J. (2005). *Rechenschwäche in der Eingangsstufe der Hauptschule: Lernstand, Einstellungen und Wahrnehmungsleistungen: Eine empirische Studie*. Hamburg: Kovac.

Sleep, L., & Boerst, T. A. (2012). Preparing beginning teachers to elicit and interpret students' mathematical thinking. *Teaching and Teacher Education, 28*(7), 1038–1048.

Sundermann, B., & Selter, C. (2013). *Beurteilen und Fördern im Mathematikunterricht: Gute Aufgaben, differenzierte Arbeiten, ermutigende Rückmeldungen* (4. Aufl.). Berlin: Cornelsen Scriptor.

Wittmann, E. C., & Müller, G. N. (2006). *Das Zahlenbuch: 1. Schuljahr, Lehrerband*

Wollring, B. (2009). Ein Fallbeispiel zur fachdidaktischen Diagnostik und zur Ethik der Leistungseinschätzung in der Grundschule. In D. Bosse & P. Posch (Hrsg.), *Schule 2020 aus Expertensicht* (S. 305–312). Wiesbaden:: Springer.

Individuelle mathematische Lernprozesse erfassen, herausfordern und begleiten

Projektseminar zum Fördern und Fordern im Mathematikunterricht der Grundschule

Silke Ruwisch

Zusammenfassung

Der Beitrag dokumentiert das Konzept von Projektseminaren zum Erfassen, Herausfordern und Begleiten individueller mathematischer Lernprozesse. Im Rahmen des Projektseminars, das in mehreren Varianten umgesetzt und kontinuierlich weiterentwickelt wurde, setzen sich Masterstudierende für das Lehramt an Grundschulen intensiv mit der Lernausgangslage einer Lerngruppe sowie den Lernprozessen Einzelner zu einem vorgegebenen Inhaltsbereich auseinander. Aufbauend auf individuellen Fallstudien im Bachelor thematisiert das Projektseminar das Fördern leistungsschwächerer und das Fordern besonders leistungsstarker Kinder in einem umgrenzten mathematischen Inhaltsbereich. Im Unterschied zu spezifischen Seminaren zu Lernschwierigkeiten oder Hochbegabung in Mathematik ist das Seminar auf ausgewählte Inhaltsbereiche und darin auf beide Leistungsextreme gleichermaßen gerichtet.

Ziel des Projektseminars ist es, mit den Studierenden gemeinsam zu einem spezifischen Inhaltsbereich Möglichkeiten und Methoden der Feststellung des aktuellen Wissensstands der Schülerinnen und Schüler zu analysieren und zu entwickeln, diesen für eine gesamte Lerngruppe festzustellen, um daraufhin begründet drei Förder- und Fordersequenzen mit ausgewählten Schülerinnen und Schülern beider Leistungsextreme zu planen, durchzuführen und zu evaluieren. Auf diese Weise sollen die Studierenden zunehmend in die Lage versetzt werden, fachdidaktisch-pädagogische Entscheidungen in ihrem späteren Mathematikunterricht auf der Grundlage von reflektiertem und evaluiertem und damit objektivierbarem Wissen zu treffen und vertreten zu können.

S. Ruwisch (✉)
Institut für Mathematik und ihre Didaktik, Leuphana Universität Lüneburg
Lüneburg, Deutschland

© Springer Fachmedien Wiesbaden GmbH 2017
J. Leuders et al. (Hrsg.), *Mit Heterogenität im Mathematikunterricht umgehen lernen*,
Konzepte und Studien zur Hochschuldidaktik und Lehrerbildung Mathematik,
DOI 10.1007/978-3-658-16903-9_9

9.1 Theoretische Einbettung zur Diagnose und Förderung im Mathematikunterricht der Grundschule

Theoretisch ist das Seminar eingebettet in die Pädagogische Diagnostik nach Ingenkamp:

> Pädagogische Diagnostik umfasst alle diagnostischen Tätigkeiten, durch die bei einzelnen Lernenden und den in einer Gruppe Lernenden Voraussetzungen und Bedingungen planmäßiger Lehr- und Lernprozesse ermittelt, Lernprozesse analysiert und Lernergebnisse festgestellt werden, um individuelles Lernen zu optimieren.
>
> Zur pädagogischen Diagnostik gehören ferner die diagnostischen Tätigkeiten, die die Zuweisung zu Lerngruppen oder zu individuellen Förderprogrammen ermöglichen sowie die mehr gesellschaftlich verankerten Aufgaben der Steuerung des Bildungsnachwuchses oder der Erteilung von Qualifikationen zum Ziel haben (Ingenkamp und Lissmann 2008, S. 13).

Im Vordergrund des Seminars stehen zwar deutlich Überlegungen zur individuellen mathematischen Förderung, doch Platzierungs- oder Selektionsmaßnahmen werden immer auch bewusst thematisiert (vgl. Ingenkamp und Lissmann 2008, 13 f.), da zum einen aus der Lerngruppe einzelne Schülerinnen und Schüler für die Förder- und andere für die Fordersequenzen ausgewählt und somit aufgrund von Leistung selektiert werden, zum anderen Diagnose immer auf ein Erkennen, Unterscheiden, Beurteilen und Entscheiden zielt und somit Auswahl und Selektion per definitionem enthält (vgl. Werning 2006 sowie die Kritik von Moser Opitz 2010 an implizit verbleibenden Selektionsmechanismen).

Grundlegend ist ein Verständnis von Diagnostik als qualitative wie quantitative Beschreibung von Lernenden mit Bezug auf vorgegebene Konzepte oder Kategorien (vgl. Helmke 2009, S. 121–143). Somit müssen diagnostische Prozesse im Rahmen des Mathematiklernens auf fachlichen und fachdidaktischen Theorien, Modellen und Kenntnissen fußen (vgl. Scherer und Moser Opitz 2010, S. 31 ff.). Die Ausbildung kann nicht auf eine allgemein-pädagogische Diagnosekompetenz oder gar eine spezielle Förderdiagnosekompetenz zielen (vgl. kritisch Schlee 2008 zum Begriff der Förderdiagnostik in der Sonderpädagogik sowie spezifiziert für die Mathematik Moser Opitz 2006). Vielmehr ist eine fachdidaktisch fundierte Diagnose in Hinblick auf spezifische fachliche Ziele sowie die Planung und Anleitung von daraufhin abgestimmten Lernprozessen unabdingbar für jedes Lehr-Lern-Arrangement im Unterricht.

Die folgenden Merkmale von Diagnosen nach Moser Opitz (2010) bilden das theoretische Grundverständnis zum Diagnostizieren, Fördern und Fordern in den Seminaren:

- Diagnosen beschreiben momentane Zustände in selektiver Art und Weise.
- Diagnosen sind deskriptive Sätze, die für sich allein keine Ziele begründen.
- Diagnosen sind wertgeleitet, theoriebestimmt und immer fehlerhaftet.

Im Unterschied zu Veröffentlichungen, welche vornehmlich auf Schülerinnen und Schüler mit sonderpädagogischem Förderbedarf bzw. Lernschwierigkeiten im frühen mathematischen Lernprozess fokussieren (vgl. bspw. Fritz et al. 2009; Scherer und Moser

Opitz 2010; von Aster und Lorenz 2013), stehen in diesem Seminar spezifische inhaltliche Konzepte sowie Modelle und empirische Studien zu deren Erwerb im Mittelpunkt. Zwar sollen sich die Studierenden auch bei ihren Diagnosen und Fördersequenzen an grundlegenden Kreislaufmodellen pädagogischen Handelns orientieren (z. B. Huber et al. 2010 in Huber und Lehmann 2011), diese Vorstellungen aber durch mathematikdidaktisch-handlungsleitende Diagnostik im Sinne Wollrings (2006) ergänzen. Selbstverständlich kann im Seminar die Komplexität des gesamten Handlungsfeldes lediglich theoretisch thematisiert werden – praktisch sind die Studierenden nur in einen kleinen Ausschnitt dieses mathematikdidaktisch orientierten Handlungskreislaufes von Lehrkräften eingebunden.

Zudem steht die Ausbildung der Studierenden stärker im Fokus als die tatsächliche Lernentwicklung/Förderung der jeweils beteiligten Schülerinnen und Schüler, welche deutlich langfristigere Lerngemeinschaften erforderten.

9.2 Rahmenbedingungen der Veranstaltung

Das Seminar „Individuelle mathematische Lernprozesse erfassen, herausfordern und begleiten" ist als zweistündiges Projektseminar im ersten Mastersemester des Mathematikstudiums für das Lehramt an Grundschulen verortet. Im Bachelor haben die Studierenden in allen fachdidaktischen Veranstaltungen – Didaktik der Arithmetik, Didaktik der Geometrie, Grundfragen der Mathematikdidaktik sowie zwei fachdidaktischen Vertiefungsseminaren nach eigener Wahl – sowohl stoffdidaktische Analysen als auch Theorien und Modelle des Erwerbs spezifischer mathematischer Konzepte kennengelernt.

Anhand schriftlicher Eigenproduktionen von Schülerinnen und Schülern sowie Transkripten zu Interviewsituationen oder Szenen aus dem Mathematikunterricht haben sie bereits erprobt, die zugrunde liegenden mathematischen Denk- und Kommunikationsprozesse zu verstehen und mit Bezug auf die theoretischen Modelle zu analysieren. Intensiv haben sie sich in einem der Vertiefungsseminare im Rahmen einer Fallstudie mit quasi-experimentellem Design mit den mathematischen Lern- und Lösungsprozessen einiger weniger Schülerinnen und Schüler auseinandergesetzt. Insgesamt standen ihnen dafür je nach Seminar verschiedene Möglichkeiten der Umsetzung zur Verfügung: Leitfadengestützte und videografierte Einzelinterviews sind ebenso möglich wie die strukturierte Beobachtung materialbasierter Kleingruppenarbeit. Darüber hinaus musste die Fallstudie in Form einer Hausarbeit aufbereitet werden, in welcher kurz der fachdidaktisch-theoretische Hintergrund zu beleuchten war, das Aufgabendesign in seiner Konzeption dargelegt wurde, bevor die erhobenen Dokumente mit Bezug auf die Fragestellung ausgewertet wurden.

Im Master findet das hier präsentierte Seminar parallel zur Vorbereitung auf das Praxissemester statt. Ohne systematische Verknüpfung besteht bislang lediglich die Hoffnung der Übertragbarkeit und Transferwilligkeit in die anschließende Praxisphase. Im Rahmen des sogenannten Forschungsbandes, welches sich über das gesamte Masterstudium erstreckt und das Praxissemester bewusst einbezieht, befassen sich die Studierenden mit einem von 15 angebotenen Lehr-Forschungsschwerpunkten. Von den Mathematikstudierenden wählte allerdings nur ca. ein Viertel ein Forschungsseminar mit einem mathematikdidaktischen Fokus.

9.3 Beispielhafte Konkretisierung des Seminarkonzeptes

Als inhaltlichen Schwerpunkt bieten die Dozentinnen und Dozenten des Instituts unterschiedliche Themen an. Die Studierenden der letzten Jahrgänge haben sich mit einzelnen Größenbereichen oder kombinatorischen/stochastischen Fragestellungen in verschiedenen Altersstufen befasst. Die weiteren Ausführungen konkretisieren das Konzept beispielhaft am Seminar zur Größe Gewicht.

Das Seminar ist – unabhängig vom Inhalt – immer in die folgenden drei Phasen gegliedert (vgl. Tab. 9.1 als zeitlich-organisatorische Konkretisierung):

- Theoretischer Hintergrund: In den ersten Sitzungen wird zum einen das Thema pädagogische Diagnostik im Sinne des ersten Punktes dieses Beitrags behandelt, zum anderen wird die fachliche und fachdidaktische Auseinandersetzung mit dem von der/dem Lehrenden gewählten Inhaltsbereich literaturbezogen vorgenommen.
- Lernstandsdiagnose: Auf der Basis der gewonnenen Erkenntnisse zur Aneignung und Entwicklung des inhaltlichen Konzeptes und diagnostischen Möglichkeiten wird ei-

Tab. 9.1 Seminarverlauf am Beispiel des Größenbereichs Gewicht

1. Woche	2. Woche	3. Woche	4. Woche	5. /6. Woche	7. Woche
Einführung: Größen Diagnostik	Besonderheiten der Größe Gewicht	Schriftl. Gewichte-Test: Theoret. Modell und Testanalyse	Testdurchführung in der Lerngruppe	Auswertung der Tests, Vorüberlegungen zu Schülerauswahl und Förder- bzw. Fordermaßnahmen

Individuelle Beratungstermine | Präsentation: geplante Maßnahmen |

8. bis 12. Woche	13. Woche	14. Woche
Planung und Durchführung von Fördermaßnahmen (pro Studentin/Student: zwei Kinder aus verschiedenen Leistungsspektren)

Individuelle Reflexions- und Beratungsgespräche

Protokollierung der Ergebnisse | Evaluation | Reflexion Austausch

Abgabe Portfolio |

hellgrau – Anwesenheit; dunkelgrau – Außenaktivität/Individualtermin

ne schriftliche Lernstandserhebung entwickelt, in einer entsprechenden Lerngruppe durchgeführt und für die Gesamtgruppe sowohl quantitativ als auch qualitativ ausgewertet.

- Förder- und Forderung: Jede/r Studierende soll auf Basis der Ergebnisse der Lernstandsdiagnose für ein auf diesen Inhaltsbereich bezogenes möglichst leistungsstarkes und ein möglichst leistungsschwaches Kind eine Sequenz von drei kurzen (15–20 min) Forder-/Fördersituationen planen, durchführen, anpassen, reflektieren und evaluieren.

9.3.1 Fachdidaktische Analyse und Aufbereitung des Themas Gewichtsverständnis am Ende der Grundschulzeit

Aussagen, Modelle und empirische Ergebnisse zum Größenverständnis von Grundschulkindern werden zunächst gesammelt, systematisiert und führen – hoffentlich – zur Reaktivierung des bereits erworbenen Wissens der Studierenden. Für diese theoretische Fundierung haben sich zwei Ansätze bewährt. Zum einen wird die didaktische Stufenfolge (z. B. Radatz et al. 1998, S. 70; Franke 2003, S. 201 ff.) thematisiert. Zwar wird auch deren stringente Umsetzung im Unterricht kurz in Frage gestellt, jedoch vorrangig versucht, den Blick der Studierenden erneut zu schärfen: Was kann ich als Interviewerin, als Diagnostiker aus der Bearbeitung einzelner Aufgaben der verschiedenen Stufen über das Größenverständnis der Kinder herausfinden?

In Erweiterung und zur Präzisierung hat sich zum zweiten eine Matrix bewährt, die einerseits zwischen qualitativen und quantitativen Größenvergleichen trennt und andererseits zwischen konkreten und mentalen Vergleichen (vgl. Abb. 9.1). Neben der Analyse

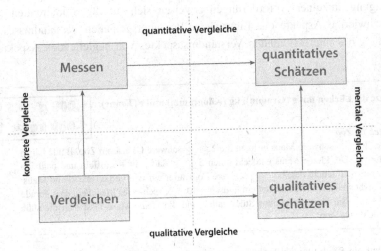

Abb. 9.1 Modell des Größenverständnisses. (Aus: Ruwisch 2014, S. 41; mit freundlicher Genehmigung von © Friedrich Verlag GmbH 2014. All Rights Reserved)

der konkreten Handhabung qualitativer Größenvergleiche stellt die Analyse der sprachlichen Anforderungen für die Studierenden eine ungewohnte Sichtweise dar. Dagegen wird zwar sofort erkannt, dass quantitative Vergleiche das Wissen um die Maßeinheiten umfasst, dann jedoch unterschätzt, welche Herausforderung dies für viele Schülerinnen und Schüler darstellt. In der Regel haben die wenigsten Studierenden zuvor über den Unterschied zwischen konkreten und mentalen Vergleichen nachgedacht – und sich damit bewusst mit dem Schätzen von Größen auseinandergesetzt.

Diese – hier lediglich kurz angerissenen – theoretischen Zusammenhänge sind zunächst für die Größe Gewicht zu präzisieren und durch Erkenntnisse bzgl. des altersgemäßen Verständnisaufbaus zu ergänzen. Die Studierenden tragen ihre Erkenntnisse i. d. R. aus drei Quellen zusammen: Lehrplan- bzw. Curriculumsdurchsicht, Schulbuchanalysen und fachdidaktische Literatur sowie Studien mit empirischen Ergebnissen. Das ausgeschärfte Modell (vgl. Kasten 1 im Anhang) diente anschließend sowohl zur Analyse gegebener Test-items aus der Literatur als auch als Hintergrund für die Konstruktion und Einordnung eigener Testaufgaben.

9.3.2 Lernstandserhebung

Da die Lernstandserhebungen als Screening-Verfahren in der gesamten Lerngruppe dienen sollen, um einzelne Schülerinnen und Schüler mit besonderen Schwierigkeiten bzw. herausragenden Kenntnissen zu identifizieren, ist den Studierenden in den Seminaren vorgegeben, den Lernstand schriftlich zu erheben.

Die Lernstandserhebungen sind akribisch vorzubereiten und bedürfen des intensiven Austauschs in den jeweiligen Kleingruppen. Neben der genauen fachlich-kognitiven Durchdringung einzelner Anforderungen erweisen sich für die Studierenden als besonders schwierige Aspekte das Einschätzen des altersgemäßen Verständnisses sowie die Trennung des interessierenden Verständnisaspektes von begleitenden Aspekten wie

---

4. Ergänze die Lücken mit g (Gramm), kg (Kilogramm) und t (Tonne).

> 1.000 g = 1 kg
> 1.000 kg = 1 t

Ein Besuch im Zoo

Die kleine 25_____ schwere Maus besucht die 2_____ schwere Giraffe im Zoo. Beide haben großen Hunger. Die kleine Maus entdeckt einen 5_____ Sack mit Kartoffeln und nagt ihn auf. Doch plötzlich taucht der 75_____ schwere Zoowärter auf und verjagt die kleine Maus. Die Maus zieht weiter und beobachtet ein hübsches 30_____ schweres Mädchen, dass gerade einen Keks isst. Sie lässt ein kleines Stück fallen und die kleine Maus lässt sich die süße Leckerei nicht entgehen.

Abb. 9.2 Aus einer Schulbuchaufgabe entwickeltes Item zur Erhebung des Verständnisses von Einheiten – mit ausgesprochen hohem Leseaufwand. (Mit freundlicher Genehmigung von © Martina Klunter 2010. All Rights Reserved)

z. B. Lesekompetenz oder Zahl- und Operationsverständnis. Häufig wird unterstellt, dass Schulbuchaufgaben zum Thema doch bereits derart fokussiert gestaltet worden seien, ohne entsprechende Stolpersteine zu erkennen (vgl. Abb. 9.2).

Nach der Durchführung sind die vorliegenden schriftlichen Dokumente auszuwerten. Auch in dieser Phase sind typische Schwierigkeiten zu beobachten. I. d. R. wird in der konzeptionellen Phase nicht hinreichend über Bepunktung bzgl. der quantitativen Auswertung und Aufbereitung der Daten nachgedacht, so dass Fragen der Gewichtung etc. sich häufig erst während der Auswertung stellen. Die qualitative Auswertung fällt hingegen – vermeintlich – leichter, verbleibt dafür jedoch häufig noch eher oberflächlich beschreibend, statt konzeptionell analysierend.

Konzeption der Lernstandserhebung

Zwei sich konzeptionell unterscheidende Varianten der Lernstandserhebung werden in den Seminaren umgesetzt. Deren pädagogisch-didaktische Eignung mit Bezug auf die anzubahnenden diagnostischen Fähigkeiten werden insbesondere im Kreis der Lehrenden immer wieder diskutiert. Bisher konnte keine zufriedenstellende Lösung erzielt werden.

Zum einen finden standardisierte Testverfahren Verwendung, welche den Studierenden vorgegeben werden. Diese haben den Vorteil, dass eine hohe Passung zwischen beabsichtigter Zielsetzung auf das zugrundeliegende Konzept und dessen Erfassung gegeben ist. Außerdem ist die Durchführung hochgradig standardisiert, so dass es den Studierenden leicht gelingt, die Lernstandserfassung durchzuführen. Als großer Nachteil erweist sich jedoch, dass es den Studierenden häufig nicht gelingt, die einzelnen Items in ihrer Aussagekraft für das jeweilige inhaltliche (Teil-)Konzept zu analysieren und somit die Gesamtkonzeption des Tests gut zu durchdringen. Im Ergebnis scheitern die Studierenden dann häufig in den konkreten Forder- und Fördersituationen, weil sie die Anschlussfähigkeit ihrer Angebote an die Testleistungen der ausgewählten Kinder nicht gut einzuschätzen vermögen.

Zum anderen werden die Studierenden aufgefordert, selbstständig Aufgaben für eine Lernstandserhebung zusammenzustellen (vgl. Abb. 9.2). Während bei dieser Vorgehensweise i. d. R. die Passung zwischen Auswertung der Testergebnisse und Planung der Förder- und Fordersequenzen gegeben ist, muss häufig das dieser Art der Lernstandserhebung zugrunde liegende „Konzept" als unvollständig, einseitig oder nicht zielgerichtet genug eingeschätzt werden, zumal die Studierenden selbst auch eher von einer Aufgabensammlung als von einem theoriegeleiteten Konzept sprechen.

Auswertung und Aufbereitung der Lernstandserhebung

Konnten die Studierenden das Modell des Gewichtsverständnisses, das dem vorgegebenen Test zugrunde lag, gut durchdringen und für sich nutzbar machen, gelang es ihnen i. d. R. auch gut, die erhobenen Daten so auszuwerten, dass sich entweder einzelne Kinder im Gesamtergebnis bereits als „näher zu beleuchten" erwiesen oder aber Teilauswertungen hier interessante Unterschiede verdeutlichten. Zum Beispiel wählte die Studierendengruppe, deren Ergebnisse in Abb. 9.3 aufgeführt sind, aufgrund der Gesamtergebnisse die Schü-

Abb. 9.3 Aufbereitung einiger quantitativer Daten einer Lernstandserhebung zum Gewichtsverständnis

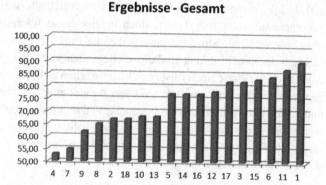

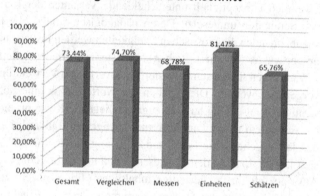

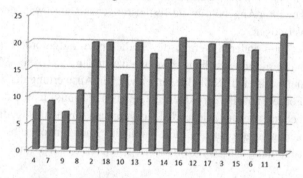

lerinnen und Schüler 4, 7, 9 und 8 aus, um deren Förderbedarf zum Thema Gewichte genauer zu analysieren. Aufgrund der insgesamt schwächeren Ergebnisse im Teilbereich Schätzen fokussierten sie diesen Bereich für die starken Kinder als Forderbereich. Nach Auswahl der Kinder 1, 3, 6, 17 (s. Abb. 9.3) aufgrund der Gesamt- und der Schätzergebnisse analysierten die Studierenden die Ergebnisse dieser Kinder in den anderen grundlegenderen Bereichen, bevor sie Forder-Ideen entwickelten.

Die Ergebnisse aller ausgewählten Kinder wurden im Anschluss außerdem intensiv qualitativ ausgewertet – soweit dies aufgrund der schriftlichen Dokumente möglich war.

9.3.3 Förder- und Fordersequenzen durchführen und evaluieren

Aufgrund erster Hypothesen aus der Analyse der Lernstandserhebung werden drei aufeinanderfolgende Sequenzen für die Forder- wie Förderkinder grob konzipiert. Den Studierenden ist freigestellt, ob sie diese in Einzelsitzungen oder in Kleingruppen mit den Schülerinnen und Schülern durchführen wollen. In der Regel ist es notwendig, zu Beginn der ersten Sitzung weitere diagnostische Aufgabenstellungen vorzusehen, um die Hypothesen zu erhärten. Trotz intensiver Einzelberatungen mit den Dozentinnen und Dozenten zwischen den Sitzungen und trotz der Konzentration auf einzelne Kinder und eng umschriebene Inhaltsbereiche, erweisen diese sich für die Studierenden als hochgradig komplex: Während die Studierenden die Problematik der zeitlichen Planung immer erkannten, fiel die Reflexion bzgl. der initiierten Lernprozesse deutlich schwerer. Bezüglich der schwachen Kinder war die größte Herausforderung, angemessene Lernangebote zu unterbreiten, ohne in eine zu starke Zergliederung mit vorgegebener Kleinschrittigkeit zu verfallen. Außerdem wurde der Fördereffekt meist deutlich überschätzt: „Der Tamo hatte das doch total gut verstanden – aber da wusste der gar nichts mehr von beim nächsten Mal." Hingegen besteht die Herausforderung für die Studierenden, bezogen auf die leistungsstarken Kinder, in der Umsetzung eines vertieften Konzeptverständnisses, ohne curricular vorzulernen. Außerdem war eine „ungewohnte Kreativität" notwendig, sollten nicht nur „schwere Text- und Knobelaufgaben" zum Einsatz kommen (vgl. Kasten 2 im Anhang). Gerade in diesem Bereich zeigte sich erneut, ob und wie tiefgreifend die Studierenden das inhaltliche Konzept sachlich und psychologisch-didaktisch durchdrungen hatten.

9.4 Fazit

Zwar findet bisher keine wissenschaftliche Evaluation der Seminare statt, doch können folgende Erfahrungen aus fünf Durchgängen festgehalten werden:

Die Studierenden betonen durchgängig die Relevanz und die gute Struktur des Seminars mit den drei Phasen und loben die Praxisnähe und individuelle Betreuung. Gleichzeitig werden jedoch der hohe Aufwand und die Erfahrung einer unzureichenden Handlungskompetenz beklagt bzw. als nicht erwartbar zurückgewiesen.

Die Lehrenden beklagen dagegen eine zu geringe fachdidaktische Durchdringung des jeweiligen Inhaltsbereichs durch die Studierenden (s. oben) sowie die zu knappen zeitlichen und personellen Ressourcen, halten sie doch ebenfalls die individuellen Beratungs- und Reflexionstermine für besonders lernförderlich.

Hinsichtlich des Ziels, Förder- wie Fordersituationen diagnosebasiert und fachdidaktisch versiert planen und evaluieren zu können, vermag das Seminar zu sensibilisieren, bedürfte jedoch einer stärkeren Verzahnung mit anderen Studienelementen, z. B. mit pädagogisch-psychologischen Modulen, sowie einer deutlich höheren Wertschätzung durch die beteiligten Lehrkräfte.

A Anhang

Kasten 1 Gewichtsverständnis im Grundschulalter

Didaktische Analyse:

- o Umrechnungszahl 1 000, deshalb erst ab 3. Klasse;
- o Einheiten: Kilogramm, Gramm und deren Zusammenhang, Erweiterung durch Tonne, aber nicht durch Milligramm;
- o Typische Stützpunkte: Tafel Schokolade, Packung Mehl, ...;
- o Dichte als Zusammenhang von Volumen und Gewicht ist schwierig, deshalb geringe Gewichtsvorstellungen zu erwarten;
- o Gewicht ist nicht zuverlässig visuell zu erfassen.

Empirische Erkenntnisse:

- o Kinder bevorzugen Alltagsgegenstände anstelle von Lebensmitteln als Stützpunkte (Emmrich 2008)
- o Gewichte geringer als 50 g oder höher als das eigene Körpergewicht sind nicht mehr konkret wahrnehmbar und können somit nur mittelbar erfahren werden (Grassmann 2001)
- o Mehr als die Hälfte der SchulanfängerInnen sind bereits in der Lage, Gewichte indirekt unter Angabe von Maßzahl und (willkürlicher) Einheit zu vergleichen (Cheeseman, McDonough & Ferguson 2012)
- o Selbst bei Dritt- und ViertklässlerInnen mit guten Leistungen im Bereich Gewichte sind die Invarianz- und Transitivitätsvorstellungen teilweise noch sehr gering ausgebildet (Kasten 2013).

Konkretisiertes Modell zum Gewichtsverständnis:

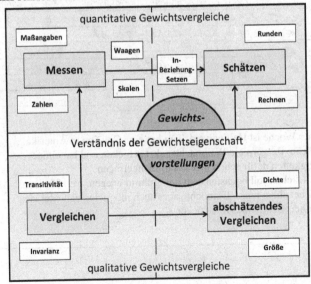

Ruwisch & Vernet 2012, internes Dokument

Kasten 2 Herausfordernde Aufgaben zur Größe Gewicht?

Analysieren Sie: Inwieweit ist die Aufgabe geeignet, das Gewichtsverständnis von Viertklässlern zu vertiefen,

a) ohne dass die Kinder den Inhalt späterer Jahrgänge vorlernen;

b) ohne dass ausschließlich „schwierige Rechnungen" zu bewältigen sind?

Welche Rückschlüsse können Sie aus den Lösungen zu 1) ziehen?

1) Markus ist Lastwagenfahrer und transportiert 300 Wasserkisten, die jeweils 9,8 kg wiegen. Als Markus mit seinem Lastwagen an eine Brücke kommt, steht dort das Schild „Höchstlast 3 t", und er fragt sich: „Darf ich auf die Brücke fahren?"

Linus:

$$100 \cdot 9,8 \, kg = 980 \, kg \qquad 980 \, kg \cdot 3 = 2940 \, kg$$
$$Markus = 80 - 90 \, kg$$

Markus darf nicht über die Brücke fahren.

Tabea:

$$R: 300 \cdot 9 = 270 \, kg \quad 300 \cdot 9 = 2700 \, kg \quad 30 \cdot 8 = 24 \, g$$
$$30 \cdot 800 = 24000 \, g \quad 240\,000 \, g \quad 300 \cdot 800 = 240\,000 \, g$$
$$240 \, t \quad 240 \, kg + 2700 \, kg = 2940 \, kg$$

Antwort: Markus schafft es nicht über die Brücke, weil fast jeder LKW mehr als eine Tonne wiegt.

2) In einer Woche ist Heiligabend. Tim hat eine Cousine in Amerika. Er möchte ihr gern ein Weihnachtspaket schicken und hat einige Kleinigkeiten dafür schon hier zusammengetragen.
Das Päckchen soll höchstens ein Kilogramm wiegen, weil Tim sonst zuviel bezahlen muss. Er möchte aber auch möglichst viele der ausgewählten Geschenke verschicken.

Literatur

von Aster, M., & Lorenz, J. H. (Hrsg.). (2013). *Rechenstörungen bei Kindern*. Göttingen: Vandenhoek & Ruprecht.

Cheeseman, J., McDonough, A., & Ferguson, S. (2012). The Effects of Creating Rich Learning Environments for Children to Measure Mass. In J. Dindyal, L. P. Cheng & S. F. Ng (Hrsg.), *Mathematics Education: Expanding Horizons (Proceedings of the 35th annual conference of MERGA)* (S. 178–185). Singapore: MERGA.

Emmrich, A. (2008). Schätzen, wiegen und vergleichen. *Grundschule Mathematik, 5*(19), 20–23.

Franke, M. (2003). *Didaktik des Sachrechnens in der Grundschule*. Heidelberg: Spektrum.

Fritz, A., Ricken, G., & Schmidt, S. (Hrsg.). (2009). *Handbuch Rechenschwäche. Lernwege, Schwierigkeiten und Hilfen bei Dyskalkulie* (2. Aufl.). Weinheim und Basel: Beltz.

Grassmann, M. (2001). „Fast jede Sache auf der Welt wiegt irgendetwas" – zum Umgang mit Gewichten. *Grundschulzeitschrift, 15*(141), 20–23.

Helmke, A. (2009). *Unterrichtsqualität und Lehrerprofessionalität. Diagnose, Evaluation und Verbesserung des Unterrichts*. Seelze: Friedrich.

Huber, S. G., & Lehmann, M. (2011). Förderkreislauf im Lehr- und Lernprozess. In Direktion des Kantons Zug (Hrsg.), *Handbuch Beurteilen und Fördern B&F (Kap. 2)*. Zug: Lehrmittelzentrale.

Ingenkamp, K., & Lissmann, U. (2008). *Lehrbuch der Pädagogischen Diagnostik* (6. Aufl.). Weinheim & Basel: Beltz.

Kasten, S. (2013). *„Käse ist schwerer, wenn er nicht gerieben ist." Eine empirische Untersuchung kindlicher Teilkonzepte des Bereichs "Gewichte vergleichen" in den Gewichtskonzepten von Drittklässlern*. Unveröffentlichte Masterarbeit. Lüneburg: Leuphana Universität.

Moser Opitz, E. (2006). Förderdiagnostik: Entstehung – Ziele – Leitlinien – Beispiele. In M. Grüßing & A. Peter-Koop (Hrsg.), *Die Entwicklung mathematischen Denkens in Kindergarten und Grundschule: Beobachten – Fördern – Dokumentieren* (S. 10–28). Offenburg: Mildenberger.

Moser Opitz, E. (2010). Diagnose und Förderung: Aufgaben und Herausforderungen für die Mathematikdidaktik und die mathematikdidaktische Forschung. In A. M. Lindmeier & S. Ufer (Hrsg.), *Beiträge zum Mathematikunterricht 2010* (S. 11–18). Münster: WTM.

Radatz, H., Schipper, W., Dröge, R., & Ebeling, A. (1998). *Handbuch für den Mathematikunterricht an Grundschulen*, 1. Schuljahr. Braunschweig: Schroedel.

Ruwisch, S. (2014). Reichhaltiges Schätzen. Schätzaufgaben und Schätzstrategien systematisieren. *Grundschule Mathematik, 11*(42), 40–43.

Scherer, P., & Moser Opitz, E. (2010). *Fördern im Mathematikunterricht der Primarstufe*. Heidelberg: Spektrum.

Schlee, J. (2008). 30 Jahre „Förderdiagnostik" – eine kritische Bilanz. *Zeitschrift für Heilpädagogik, 59*(4), 122–131.

Werning, R. (2006). Lern- und Entwicklungsprozesse fördern. In G. Becker, M. Horstkemper, E. Risse, L. Stäudel, R. Werning & F. Winter (Hrsg.), *Diagnostizieren und Fördern. Stärken entdecken – Können entwickeln* Friedrich Jahresheft XXIV. (S. 11–15). Seelze: Friedrich.

Wollring, B. (2006). „Welche Zeit zeigt deine Uhr?" Handlungsleitende Diagnostik für den Mathematikunterricht der Grundschule. In G. Becker, M. Horstkemper, E. Risse, L. Stäudel, R. Werning & F. Winter (Hrsg.), *Diagnostizieren und Fördern. Stärken entdecken – Können entwickeln* Friedrich Jahresheft XXIV. (S. 64–67). Seelze: Friedrich.

Arithmetische Basiskompetenzen theoriebezogen diagnostizieren und fördern

Explizite Theorie-Praxis-Vernetzung im Hochschulseminar

Andreas Schulz

Zusammenfassung

Dieses Seminar zur Diagnose und Förderung arithmetischer Basiskompetenzen am Übergang von der Primar- zur Sekundarstufe beinhaltet die Vermittlung, Anwendung und Vertiefung fachdidaktischer Hintergründe zum Zahl- und Operationsverständnis in der Praxis. Dazu werden konkrete Aufgaben und Materialien für die Diagnose- und Förderung analysiert und von den Studierenden selbstständig mit einzelnen Schülerinnen oder Schülern erprobt. Die Praxiserfahrungen werden im Seminar besprochen.

10.1 Theoretischer Hintergrund

10.1.1 Arithmetische Basiskompetenzen diagnostizieren und fördern

Unzureichende arithmetische Basiskompetenzen in der Sekundarstufe stellen eine Hürde für erfolgreiches Weiterlernen dar (Humbach 2008; Moser Opitz 2009). Lehrkräfte am Beginn der Klasse 5 stehen vor der Herausforderung, zielgerichtet die überwiegend heterogenen Fähigkeiten ihrer neuen Schülerinnen und Schüler zu diagnostizieren, um fokussierte und differenzierte Fördermaßnahmen in die Wege leiten zu können (Moser Opitz und Ramseier 2012; Prediger und Schink 2014). Dafür benötigen die Sekundarstufen-Lehrkräfte ein vertieftes Verständnis auch von unterscheidbaren Fähigkeitsniveaus am Ende der Grundschule insbesondere im Zahl- und Operationsverständnis. Ziel entsprechender Förderansätze ist a) auf den unteren Fähigkeitsstufen der Aufbau tragfähiger Vorstellungen zu Zahlen und Operationen (Prediger et al. 2013) und b) auf höheren Fä-

A. Schulz (✉)
Institut für Mathematische Bildung, Pädagogische Hochschule Freiburg
Freiburg, Deutschland

© Springer Fachmedien Wiesbaden GmbH 2017
J. Leuders et al. (Hrsg.), *Mit Heterogenität im Mathematikunterricht umgehen lernen*,
Konzepte und Studien zur Hochschuldidaktik und Lehrerbildung Mathematik,
DOI 10.1007/978-3-658-16903-9_10

higkeitsstufen die Vernetzung und flexible Nutzung dieser Vorstellungen in zunehmend komplexen und problemhaltigen Situationen (Schulz et al. 2017).

10.1.2 Vorbereitung auf professionelles Handeln

Fachdidaktik als zentrale Berufswissenschaft von Lehrkräften (Tenorth 2013) erhebt bereits in der ersten Phase der Lehramtsaubildung den Anspruch, einen wesentlichen Beitrag zum späteren professionellen Handeln der zukünftigen Lehrkräfte zu leisten (Blömeke 2011). Das in der Hochschule vermittelte, wissenschaftliche Wissen (vgl. Bos et al. 2010) ist in hohem Maße abstrahiert, systematisiert und vertikal strukturiert (Bernstein 1999). Sofern es empirisch fundiert ist, basiert es auf der längerfristigen Entwicklung und Prüfung von Theorien mit allgemeinem Gültigkeitsanspruch (Wirtz und Schulz 2012). Dahingegen stellt Professionswissen von Lehrkräften in hohem Maße erfahrungsbasiertes, horizontal strukturiertes Problemlösewissen dar, welches sich in situativen schulischen Kontexten bewähren muss (Bromme 1995). Für die Anwendung in der schulischen Praxis muss demnach fachdidaktisches, wissenschaftlich strukturiertes Wissen von Lehrkräften zunächst (re-)kontextualisiert und weitergehend mit persönlichen Erfahrungen im Anwendungskontext verknüpft werden (Wahl 2001). Andernfalls besteht die Gefahr, dass das in der Hochschullehre vermittelte Wissen „träge" (Renkl 1996) bleibt und beim (späteren) Unterrichten in der Schule nicht zur Anwendung kommt (Gruber et al. 2000).

10.1.3 Theorie-Praxis-Vernetzung im Hochschulseminar

Im Seminar vorgestellt und für die Diagnose verwendet werden u. a. empirisch abgesicherte kognitive Stufenmodelle (Embretson 1998) zum Zahlverständnis, Operationsverständnis und zu schriftlichen Rechenverfahren sowie passende Fördermodelle (Schulz und Leuders 2015; Schulz et al. 2017). Diese kommen in der in Baden-Württemberg landesweit und schulartenübergreifend zu Beginn von Klasse 5 implementierten Eingangsdiagnose „Lernstand 5" zur Anwendung (Leuders et al. 2015). Von den Studierenden werden mit einzelnen Schülerinnen und Schülern Diagnose- und Fördermaterialien erprobt und die daraus resultierenden praktischen Erfahrungen im Seminar mit wissenschaftlichen Befunden und Konzepten vernetzt. Praktische Verwendung finden u. a. die Standortbestimmungen und Förderbausteine aus Mathe-sicher-können (Selter et al. 2014) sowie Fördermodule für kooperativen und differenzierten Klassenunterricht aus Lernstand 5 (www.lernstand5-bw.de).

10.2   Rahmenbedingungen der Veranstaltung

10.2.1   Zielgruppe

Das Seminar mit zwei Semesterwochenstunden richtet sich an Studierende ab dem fünften Semester im Lehramt Mathematik für die nicht-gymnasiale Sekundarstufe. Die fachdidaktischen Inhalte des Seminars aus der Grundschulmathematik sind für die meisten Studierenden neu. Alle Studierenden bringen Praxiserfahrungen und diagnostische Erfahrungen aus einsemestrigen, von der Hochschule betreuten schulpraktischen Studien (Leuders in diesem Band) mit.

10.2.2   Seminarstruktur

Das Seminar ist in fünf miteinander vernetzte und sich daher zeitlich überlappende, thematische Blöcke untergliedert:

- Block 1 zur *„Bedeutung und Operationalisierung arithmetischer Basiskompetenzen"* beinhaltet empirische Befunde zu Risikoschülerinnen und -schülern sowie zu Rechenschwäche in der Sekundarstufe, erörtert die Bedeutung tragfähiger Vorstellungen für mathematisches Verständnis und gibt einen Überblick zur Eingangsdiagnose Lernstand 5 inklusive verschiedener Fördermodelle.
- Die Blöcke 2–4 sind den Bereichen *„Zahlverständnis"*, *„Operationsverständnis"* und *„Schriftliche Rechenverfahren"* gewidmet. Theoretische Hintergründe werden mit der fachdidaktischen Diskussion und Erprobung von konkreten Diagnose- und Förderaufgaben sowie von vorstellungsförderlichen Fördermaterialien (z. B. Dienes-Material) und Darstellungen (z. B. Rechenstrich, Stellentafel, Punktebilder) vertieft.
- In Block 5 führen alle Studierenden mit einem Schüler oder einer Schülerin der Klassen 4–6 selbstständig ein *Diagnose-* und ca. eine Woche später ein *Förderinterview* zum Zahl- oder Operationsverständnis durch. Zuvor werden, von den Studierenden als relevant empfundene, Evaluationsfragen zum Einsatz der Diagnose- und Fördermaterialien festgehalten. In Präsentationen beantworten die Studierenden ihre Evaluationsfragen, tauschen sich über ihre Erfahrungen aus und interpretieren ausgewählte Lernendenprodukte. Teils mit Unterstützung der Lehrenden werden dabei nochmals explizite Bezüge zum zuvor im Seminar erarbeiteten fachdidaktischen Hintergrundwissen hergestellt.

10.3 Konkrete Beschreibung des Ablaufs

10.3.1 Block 1 – Bedeutung und Operationalisierung arithmetischer Basiskompetenzen

Als motivierende und zielgerichtete Einführung hat es sich bewährt, die Studierenden Fehlerquoten aus Klasse 10 zu Aufgaben wie u. a. „50.000 − 400" oder „7000 : 1000" aus Humbach (2008) schätzen zu lassen. Die gemeinsame Diskussion darüber, was solche Aufgaben noch in Klasse 10 „schwer" machen kann, liefern den Lehrenden bereits einen guten Einblick in das Vorwissen der Studierenden zum Zahl- und Operationsverständnis.

Stufe 3	Stufe 2	Stufe 1b	Stufe 1a	Lernstandsstufe = Ziele im Operationsverständnis
Operationen bei komplexen und problemhaltigen Situationen: - mathematische Struktur der Situation i.d.R. nicht vertraut - auch kombinatorische Situationen	Verknüpfte bzw. mehrschrittige Operationen: - Beziehungen zwischen Zahlen und Größen müssen erst erkannt werden, z.B. Vergleich mit unbekannter Referenz - mehrschrittig, auch Teilen mit Rest	Elementare Operationen: - Grundvorstellungen zur Division (Aufteilen, Verteilen) - auch abstrakte Vergleiche	Elementare Operationen bei leicht erfassbaren Situationen: - einfache Vergleiche von Alter, Anzahl, Länge - konkret erfassbare Realsituationen, passende Signalwörter	
sicher	sicher	sicher	teilweise sicher	1a
sicher	sicher	teilweise sicher	weitgehend unsicher	1b
sicher	teilweise sicher	weitgehend unsicher	weitgehend unsicher	2
teilweise sicher	weitgehend unsicher	weitgehend unsicher	weitgehend unsicher	3
Differenzierendes Wiederholen, Üben und Vertiefen im Klassenunterricht - Fördermodule für kooperativen Klassenunterricht (vgl. www.lernstand5-be.de)	Diagnosegeleitete individuelle Förderung (z.B. Rechenbausteine Barzel, Hußmann, Leuders & Prediger 2012) - Selbsttest und Rechenbausteine G und L	- Fokussierte Förderhinweise ergeben die Auswertungen der Standortbestimmungen in den Bausteinen	- Vertiefende Individualdiagnose - Standortbestimmungen N3 und N4	Stufenspezifische Fördermodelle Intensive Einzel- oder Kleingruppenförderung (z.B. Mathe-sicher-können Selter et al. 2014)

Abb. 10.1 Stufenspezifische Förderung von Operationsverständnis zu Beginn von Klasse 5. (Vgl. www.lernstand5-bw.de; Schulz et al. 2015)

Die Bedeutung tragfähiger Vorstellungen aus der Grundschularithmetik für ein erfolgreiches Weiterlernen lässt sich u. a. gut an den Beispielen „Differenz negativer Zahlen: $3 - (-2) = ?$" und „Steigungskoeffizient: $m = \frac{y2-y1}{x2-x1}$" diskutieren. Eine Verständnisgrundlage für diese Differenzen ergibt sich in beiden Beispielen über die Grundvorstellung des „Vergleichens als Unterschiedsbildung". Problematisch ist es hingegen, wenn Schülerinnen oder Schüler ausschließlich über die Grundvorstellung des „Wegnehmens" zur Subtraktion verfügen (vgl. Prediger 2009).

Im weiteren Semesterverlauf ermöglichen die Stufenmodelle aus Lernstand 5 (Abb. 10.1) einen Überblick zu den sehr heterogenen Lernvoraussetzungen im Zahl- und Operationsverständnis zu Beginn der 5. Klasse (Schulz et al. 2017). Auf die Stufenmodelle abgestimmte Fördermodelle für Klasse 5 sind „Angeleitetes Wiedererarbeiten in Gruppen" z. B. mit den Mathe-sicher-können Materialien (z. B. Selter et al. 2014), „Diagnosegeleitetes individuelles Wiederholen und Vertiefen" z. B. mit den Rechenbausteinen der Mathewerkstatt (Prediger et al. 2011) und „Differenzierendes Wiederholen und Vertiefen im Klassenunterricht" z. B. mit den Fördermodulen aus Lernstand 5 (www. lernstand5-bw.de; vgl. Abb. 10.1 zum Bereich Operationsverständnis).

Nachdem die Studierenden mit den Mathe-sicher-können-Materialien und Stufenmodellen aus Lernstand 5 erste vorstellungsorientierte Diagnoseaufgaben zu arithmetischen Basiskompetenzen kennengelernt haben, bietet sich als begriffliche Abgrenzung zum Kalkülwissen ein Vergleich mit weiteren bestehenden Operationalisierungen mathematischer Basiskompetenzen an: Beispielsweise werden bei Ennemoser et al. (2011) automatisierbare Mengen-Zahlen-Kompetenzen sowie kalkülorientiertes Konventions- und Regelwissen erfasst, deren Anwendung kein tieferes mathematisches Verständnis erfordern soll. Ein vorbereitender Leseauftrag zur Kritik von Moser Opitz und Ramseier (2012) an verbreiteten Klassifikationen und Konzepten ermöglicht im Seminar eine Diskussion der Validität unterschiedlicher Verfahren zur Diagnose von Rechenschwäche in der Sekundarstufe.

10.3.2 Block 2 – Zahlverständnis bis zum Ende von Klasse 4

Die Präsentation einer Sammlung (konkret oder bildlich) von gängigen Materialien und Visualisierungshilfen zur Darstellung und zum Umgang mit Zahlen in der Grundschule (u. a. Perlenschnüre, Schüttelboxen, Abakus, Punktefelder, Stellentafel, Dienes-Material, Gleichungen mit Platzhalter, Rechenstrich, Zahlenstrahl ...) leitet einen Arbeitsauftrag an die Studierenden ein: „*Zahlverständnis zu Beginn von Klasse 5, was gehört dazu? Bitte notieren Sie in Partnerarbeit/Kleingruppen jeweils einzelne Beispiele zu Aspekten von Zahlverständnis auf einem einzelnen Blatt.*" Die Arbeitsprodukte der Studierenden werden gemeinsam sortiert (z. B. magnetische Tafel). Auf diese Weise lässt sich das Vorwissen der Studierenden (überwiegend Lehramt Sekundarstufe) zum Zahlverständnis am Ende der Grundschule aufgreifen und einführend systematisieren.

Idealtypische Zahlaspekte (Ordinal-, Kardinal-, Maß-, Rechenzahl ...) sind erfahrungsgemäß nicht allen Studierenden präsent und lassen sich konkret bei der gemeinsamen

Analyse z. B. einer Zählprozedur wiederholen, bevor die folgenden Aspekte von Zahlverständnis behandelt werden: a) Teil-Ganzes-Verständnis, b) dezimales Stellenwertsystem, c) relationales Zahlverständnis, d) additives und multiplikatives Denken:

Erfahrungen, dass sich Mengen auf verschiedene Weisen in Mengen zerlegen lassen, ermöglichen a) das *Teil-Ganzes-Verständnis* (Resnick 1989). Dieses bildet die Grundlage dafür, dass sich Kinder vom zählenden Rechnen lösen können, indem sie – anfangs mit Materialunterstützung – unbekannte Aufgaben über operative Beziehungen auf bereits bekannte Aufgaben zurückführen und derart das Ergebnis ermitteln (vgl. Gaidoschik 2007). Im Seminar besprochen wird die Förderung des Teil-Ganzes-Verständnisses durch das Arbeiten mit Schüttelboxen, Zahlenmauern, Zahlenhäusern und vielfältigen Zehnerzerlegungen (Hände, Punktebilder), sowie deren Nutzung bei Lösungswegen am Zwanzigerpunktefeld, wie z. B. $7 + 8 = 5 + 2 + 3 + 5$ (u. a. auch Nutzung der „Kraft der Fünf").

Nachfolgend wird im Seminar die fortgeschrittene Zehnerbündelung des b) *dezimalen Stellenwertsystems* thematisiert. Es werden Schulbuchaufgaben zu Bündelungen diskutiert sowie Bündelungs- und Entbündelungsprozesse mit Dienes-Material und Stellentafeln (mit Zahlen oder Plättchen) dargestellt. In Gruppen erarbeiten die Studierenden geeignete (verbale) Hilfestellungen für die Übersetzung von „Zauberzahlen" in Stellentafeln mit Stellenwerten auch >9 in die normierte Zahlschreibweise im Stellenwertsystem. Dabei machen sie sich mit der Standortbestimmung und dem Förderbaustein N1B aus Mathe-sicher-können (Selter et al. 2014) vertraut.

Das Vergleichen von Mengen in Situationen wie *„Es gibt 8 Kinder und 5 Stühle"* erfordert weitergehend c) ein *relationales Zahlverständnis* (Stern 1998). Ergänzend können Entwicklungsstufen im Zahlverständnis z. B. von Ricken et al. (2011) thematisiert werden. Für die Aufgabe *„In Emilies Regal stehen 168 Bücher. Das Regal hat 3 Fächer. In jedem Fach stehen 10 Bücher mehr als im darunter liegenden. Wie viele Bücher stehen in jedem Fach?"* vergleichen die Studierenden ihre Lösungswege, stellen mögliche Lösungshilfen vor und erkennen dabei die notwendige Vernetzung von Zahlverständnis mit Problemlösestrategien.

Um Rechenstrategien der Multiplikation und Division flexibel anwenden zu können, ist als weitere qualitative Entwicklung im Zahlverständnis d) der Schritt *vom additiven zum multiplikativen Denken* notwendig. „Gleichgroße Gruppen" werden als neue Einheit verwendet und vervielfacht, was im Vergleich zur Addition und Subtraktion eine höhere Abstraktionsfähigkeit im Umgang mit Zahlen erfordert (Mulligan und Watson 1998; Jacob und Willis 2001). So kann z. B. in der Aufgabe $4 \cdot 3$ die Zahl 3 zur neuen Einheit werden. Auch die 4 bekommt als Operator eine abstraktere Bedeutung und lässt sich nicht mehr sinnvoll über eine Zahl 4, bestehend aus 4 Einern, interpretieren. Im Seminar sollen die Studierenden die Aufgabe „$8 \cdot 19$" auf möglichst vielen verschiedenen Wegen lösen. Ergänzend werden individuelle Lösungen zu dieser Aufgabe aus einer 3. Klasse präsentiert (u. a. wiederholte Addition, schrittweise mit Addition, Nachbaraufgabe mit Subtraktion von Zwischenergebnissen). Gemeinsam wird besprochen, welche Aspekte von Zahlverständnis (insbesondere additives/multiplikatives Denken) als Grundlage unterschiedlicher Lösungswege angesehen werden können. Darauf aufbauend machen sich die Studierenden in Gruppen mit der Standortbestimmung und dem Förderbaustein N6A aus Mathe-sicher-können (Selter et al. 2014) vertraut. Dabei entwickeln und vergleichen sie verständnisför-derliche Hilfestellungen (verbal und mit Material) zur Frage „*Wie und warum verändern sich Zahlen, wenn sie mit 10 multipliziert oder dividiert werden?*"

10.3.3 Block 3 – Operationsverständnis bis zum Ende von Klasse 4

Im Seminar vorgestellt werden unterschiedliche Modelle zum Operationsverständnis u. a. von Gerster und Schultz (2000) oder Bönig (1995). Dabei wird die Bedeutung von Dar-stellungswechseln und Visualisierungen allgemein für vorstellungsbasierte Lernprozesse im Fach Mathematik (Lorenz 1992) thematisiert. Hierbei sollten weitere Beispiele für vor-stellungsförderliche Darstellungswechsel aus der Sekundarstufe (z. B. Zahlbereichserwei-terungen) aufgegriffen werden. Nach der Besprechung wichtiger Grundvorstellungen für die Grundrechenarten (Zusammenfassung in Schulz et al. 2015) ordnen die Studierenden Textaufgaben den jeweiligen *Grundvorstellungen* zu und diskutieren, wo diese Zuordnun-gen möglicherweise nicht eindeutig sind. Die Besprechung eines Modellierungskreislaufs (Blum und Leiß 2005) betont die Bedeutung von gedanklichen oder skizzierten *Situati-onsmodellen* im Lösungsprozess von Textaufgaben. Dazu werden schwierigkeitsrelevante Aufgabenmerkmale: „Ausgangsmenge bekannt/nicht bekannt", „Signalwort passt/passt nicht" und „Vergleichsaufgabe mit bekannter/unbekannter Referenz" (vgl. Stern 1998) besprochen. Ähnlich wie bei Grundvorstellungen sind teils mehrfache Zuordnungen mög-lich (Abb. 10.2, Lösung: D1:c; D2:d; K1:a; K2:b; V1:f; V2:e).

Die Studierenden identifizieren nachfolgend Unterschiede zur Definition von Stufen im Operationsverständnis bei Lernstand 5 (Abb. 10.1) (Schulz et al. 2015): Dieses empirisch fundierte Modell beschreibt die Bedeutungen von *Grundvorstellungen* (Vom Hofe 2003) und *Situationsmodellen* (Reusser 1990) für verständnisbasierte Übersetzungen zwischen

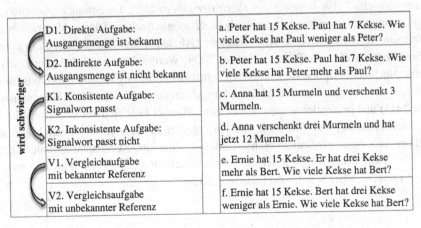

Abb. 10.2 Verbinden Sie die Aufgaben mit den entsprechenden Merkmalen

Stufe:	Beispielaufgaben zum Sortieren:
1a Elementare Operationen bei leicht erfassbaren Situationen	a. Sophia wohnt 4 km von der Schule entfernt. Den Weg zur Schule und zurück fährt sie mit dem Fahrrad. Wie viele Kilometer fährt sie in 5 Tagen?
1b Elementare Operationen	b. Tom und Jerry sparen ihr Taschengeld. Zusammen haben sie 39 Euro. Tom hat doppelt so viel gespart wie Jerry. Wie viel hat Jerry gespart?
2 Verknüpfte bzw. mehrschrittige Operationen	c. Lea hat 24 Murmeln. Sara hat 18 Murmeln. Wie viele Murmeln haben sie zusammen?
3 Operationen bei komplexen und problemhaltigen Situationen	d. In der Straßenbahn sind 58 Fahrgäste. An der Haltestelle steigen 20 Personen ein. Wie viele Personen sind jetzt in der Bahn?

Abb. 10.3 Zuordnungsauftrag für Aufgaben zu Stufen des Operationsverständnisses. (Vgl. Abb. 10.1; vgl. www.lernstand5-bw.de; Schulz et al. 2015)

Situationen (Beschreibungen, Handlungen, Bilder, Texte) und mathematisch-symbolischen Darstellungen (Zahlen, Operationen, Terme, Ergebnisse). Die Stufen des Modells klassifizieren heterogene Lernvoraussetzungen am Ende der Grundschulzeit (Abb. 10.3; Lösung: 1a:c; 1b:d; 2:a; 3:b).

10.3.4　Block 4 – Schriftliche Rechenverfahren

Als Einstieg vergleichen die Studierenden ihre eigenen Lösungswege zur Aufgabe 526 − 283 (vgl. pikas.uni-dortmund.de): „Berechnen Sie die Differenz mit Plus- oder Minussprechweise? Was bedeutet bei Ihnen der Übertrag?". Im Seminar erarbeiten sie im Gruppenpuzzle geeignete Veranschaulichungsmöglichkeiten (Dienes-Materialien mit Stellentafeln, Rechenstrich) zu den Verfahren „Abziehen und Entbündeln", „Ergänzen und Erweitern" sowie „Auffüllen" (Gerster 2009; Wartha 2014) und diskutieren deren Vor- und Nachteile. An den Beispielen der schriftlichen Multiplikation und Division recherchieren die Studierenden produktive Übungsformate (Wittmann 2005; Wittmann und Müller 2015) und präsentieren diese im Plenum. Hierbei lässt sich der Unterschied zwischen einer Sicherung und Vertiefung von Lerninhalten in der wiederholenden Förderung gegenüber ihrer Neuerarbeitung veranschaulichen. Eine kurze Übersicht zu unterscheidbaren Förderstufen und Förderansätzen für schriftliche Rechenverfahren zu Beginn von Klasse 5 findet sich bei Schulz und Leuders (2015).

10.3.5   Block 5 – Von der Theorie zur Diagnose- und Förderpraxis

Im Block zum Zahlverständnis erproben die Studierenden in Rollenspielen den Umgang mit Stellentafeln und Dienes-Materialien beim Bündeln und Entbündeln sowie beim Multiplizieren bzw. Dividieren mit Zehnerzahlen, indem sie sich gegenseitig und unter Beachtung des Prinzips der minimalen Hilfe Lösungen zu Förderaufgaben der Mathe-sicher-können Materialien (Selter et al. 2014, Bausteine N1B und N6A) erklären. Im Block zum Operationsverständnis machen sie sich in Rollenspielen mit Erklärungen zum Umgang u. a. mit Punktefeldern und Rechengeschichten vertraut (u. a. Selter et al. 2014, Baustein N4; Fördermodul vom LS Stuttgart, www.lernstand5-bw.de: „Multiplikative Strukturen in Punktefeldern"). Moderiert von dem Dozenten diskutieren sie hilfreiche und problematische Erklärungen, erarbeiten sich somit erste Erfahrungen im Umgang mit den Diagnose- und Fördermaterialien und vernetzen ihr theoretisches Hintergrundwissen mit eigenen konkreten Handlungen am Material und mit sprachlichen Lösungshilfen (vgl. Prediger 2013).

Derart vorbereitet planen die Studierenden ihre Diagnose- und Förderinterviews mit einzelnen Lernenden, die sie außerhalb des Seminars durchführen. Im Seminar berichten sie ihre praktischen Erfahrungen und beantworten ihre persönlichen Evaluationsfragen. Dabei stellen sie besonders prägnante, erwartete und auch unerwartete, Fehler der Lernenden vor. Sie berichten sowohl von bereits kurzfristigen Fördererfolgen als auch von vermutlich tiefergehenden Problemen ihrer interviewten Lernenden, die auf einen längerfristigen Förderbedarf hinweisen können. Zentrale Beispiele aus diesen Präsentationen werden im Plenum aufgegriffen und von allen Studierenden mit Rückgriff auf ihr fachdidaktisches Wissen vertiefend und vernetzend diskutiert. Die Moderation unterstützt hierbei die explizite Verknüpfung der persönlichen Erfahrungen der Studierenden mit den theoretischen Hintergründen zur Diagnose und wiederholenden Förderung von Zahl- und Operationsverständnis.

10.4   Evaluation

Zur Evaluation der erstmaligen Durchführung des Seminars im Sommersemester 2015 wurden die Antworten von 20 Studierenden auf die offenen Fragen „*Was fanden Sie gut? Was fanden Sie weniger gut?*" in Kategorien zusammengefasst. Berichtet werden alle Kategorien mit mehr als drei Nennungen (Tab. 10.1).

In der Überarbeitung des Seminars zum Wintersemester 2015–16 wurden daraufhin die begleitenden Leseaufträge konkreter formuliert und zeitnaher besprochen. Die überwiegend positiven Rückmeldungen der Studierenden sprechen dafür, dass das Ziel, eine explizite Theorie-Praxis-Vernetzung am Beispiel der Diagnose und Förderung arithmetischer Basiskompetenzen anzuregen, in diesem Hochschulseminar erreicht wurde.

Tab. 10.1 Evaluationsergebnisse: Rückmeldungen von 20 Studierenden

Anzahl Nennungen	Was fanden Sie gut?	Anzahl Nennungen	Was fanden Sie weniger gut?
14	sinnstiftender Einblick in späteren Berufsalltag, Relevanz von Grundvorstellungen u. Basiskompetenzen	12	zu viele und unklare Online-Arbeits- und Leseaufträge, gelesene Texte wurden nicht zufriedenstellend besprochen
14	gelungene Verknüpfung von Theorie und Praxis v.a. in der Erprobung	6	Seminar ist zeitaufwändig: Erprobung durchführen u. Leseaufträge bearbeiten
11	gute Arbeitsatmosphäre		
11	klare und informative Struktur des Seminars und der Materialien		
5	Fördermaterialien Mathe-sicher-können und/oder Lernstand 5		

Literatur

Barzel, B., Hußmann, S., Leuders, T., & Prediger, S. (Hrsg.). (2012). *Mathewerkstatt*. Berlin: Cornelsen.

Bernstein, B. (1999). Vertical and Horizontal Discourse. An essay. *British Journal of Sociology of Education, 20*(2), 157–173.

Blömeke, S. (2011). WYSIWYG: Von nicht erfüllten Erwartungen und übererfüllten Hoffnungen. Organisationsstrukturen der Lehrerbildung aus internationaler Perspektive. *Erziehungswissenschaft, 22*(43), 13–31.

Blum, W., & Leiß, D. (2005). Modellieren im Unterricht mit der „Tanken"-Aufgabe. *Mathematik lehren, 128*, 18–21.

Bönig, D. (1995). *Multiplikation und Division. Empirische Untersuchungen zum Operationsverständnis bei Grundschülern*. Münster: Waxmann.

Bos, W., Klieme, E., & Köller, O. (Hrsg.). (2010). *Schulische Lerngelegenheiten und Kompetenzentwicklung*. Münster: Waxmann.

Bromme, R. (1995). Was ist "pedagogical content knowledge"? Kritische Anmerkungen zu einem fruchtbaren Forschungsprogramm. *Zeitschrift für Pädagogik, 33*, 105–113.

Embretson, S. E. (1998). A cognitive design system approach to generating valid tests. Application to abstract reasoning. *Psychological Methods, 3*(3), 380–396.

Ennemoser, M., Krajewski, K., & Schmidt, S. (2011). Entwicklung und Bedeutung von Mengen-Zahlen-Kompetenzen und eines basalen Konventions- und Regelwissens in den Klassen 5 bis 9. *Zeitschrift für Entwicklungspsychologie und Pädagogische Psychologie, 43*(4), 228–242.

Gaidoschik, M. (2007). *Vom Zählen zum Rechnen*. Wien: öbvhpt.

Gerster, H. D. (2009). Probleme und Fehler bei den schriftlichen Rechenverfahren. In A. Fritz, G. Ricken & S. Schmidt (Hrsg.), *Handbuch Rechenschwäche. Lernwege, Schwierigkeiten und Hilfen bei Dyskalkulie* (S. 222–237). Weinheim: Beltz.

Gerster, H. D., & Schultz, R. (2000). Schwierigkeiten beim Erwerb mathematischer Konzepte im Anfangsunterricht. Bericht zum Forschungsprojekt „Rechenschwäche-Erkennen, Beheben, Vorbeugen". http://phfr.bsz-bw.de/frontdoor/index/index/docId/16. Zugegriffen: 9. Mai 2016.

Gruber, H., Mandl, H., & Renkl, A. (2000). Was lernen wir in Schule und Hochschule: Träges Wissen? In H. Mandl & J. Gerstenmaier (Hrsg.), *Die Kluft zwischen Wissen und Handeln. Empirische und theoretische Lösungsansätze* (S. 139–156). Göttingen: Hogrefe.

Humbach, M. (2008). *Arithmetische Basiskompetenzen in der Klasse 10. Quantitative und qualitative Analysen*. Berlin: Köster.

Jacob, L., & Willis, S. (2001). Recognising the difference between additive and multiplicative thinking in young children. In 24th Annual Conference of Mathematics Education Research Group of Australasia Incorporated (Vol. 2, S. 306–313). http://researchrepository.murdoch.edu. au/6179/. Zugegriffen: 9. Mai 2016.

Leuders, T., Fischer, U., & Schulz, A. (2015). Lernstandsdiagnose 5. Neue Eingangsdiagnose konstruktiv nutzen. *Bildung und Wissenschaft, 6*, 34–35.

Lorenz, J. H. (1992). *Anschauung und Veranschaulichungsmittel im Mathematikunterricht. Mentales visuelles Operieren und Rechenleistung*. Göttingen: Hogrefe.

Moser Opitz, E. (2009). Erwerb grundlegender Konzepte der Grundschulmathematik als Voraussetzung für das Mathematiklernen in der Sekundarstufe I. In A. Fritz & S. Schmidt (Hrsg.), *Fördernder Mathematikunterricht in der Sekundarstufe I. Rechenschwierigkeiten erkennen und überwinden* (S. 29–46). Weinheim: Beltz.

Moser Opitz, E., & Ramseier, E. (2012). Rechenschwach oder nicht rechenschwach? *Lernen und Lernstörungen, 1*(2), 99–117.

Mulligan, J., & Watson, J. (1998). A developmental multimodal model for multiplication and division. *Mathematics Education Research Journal, 10*(2), 61–86.

Prediger, S. (2009). Inhaltliches Denken vor Kalkül. In A. Fritz & S. Schmidt (Hrsg.), *Fördernder Mathematikunterricht in der Sekundarstufe I. Rechenschwierigkeiten erkennen und überwinden* (S. 213–234). Weinheim: Beltz.

Prediger, S. (2013). Darstellungen, Register und mentale Konstruktion von Bedeutungen und Beziehungen – mathematikspezifische sprachliche Herausforderungen identifizieren und bearbeiten. In M. Becker-Mrotzek, K. Schramm, E. Thürmann & H. J. Vollmer (Hrsg.), *Sprache im Fach. Sprachlichkeit und fachliches Lernen* (S. 167–183). Münster: Waxmann.

Prediger, S., & Schink, A. (2014). Verstehensgrundlagen aufarbeiten im Mathematikunterricht. Fokussierte Förderung statt rein methodischer Individualisierung. *Pädagogik, 66*(5), 21–25.

Prediger, S., Hußmann, S., Leuders, T., & Barzel, B. (2011). „Erst mal alle auf einen Stand bringen ...". Diagnosegeleitete und individualisierte Aufarbeitung arithmetischen Basiskönnens. *Pädagogik, 63*(5), 20–24.

Prediger, S., Freesemann, O., Moser Opitz, E., & Hußmann, S. (2013). Unverzichtbare Verstehensgrundlagen statt kurzfristige Reparatur. Förderung bei mathematischen Lernschwierigkeiten in Klasse 5. *Praxis der Mathematik in der Schule, 55*(51), 12–17.

Renkl, A. (1996). Träges Wissen. Wenn Erlerntes nicht genutzt wird. *Psychologische Rundschau, 47*, 78–92.

Resnick, L. B. (1989). Developing mathematical knowledge. *American Psychologist, 44*(2), 162–169.

Reusser, K. (1990). From text to situation to equation. Cognitive simulation of understanding and solving mathematical word problems. In H. Mandl & E. de Corte (Hrsg.), *Analysis of complex skills and complex knowledge domains* (S. 477–498). Oxford: Pergamon Press.

Ricken, G., Fritz, A., & Balzer, L. (2011). Mathematik und Rechnen – Test zur Erfassung von Konzepten im Vorschulalter (MARKO-D). Ein Beispiel für einen niveauorientierten Ansatz. *Empirische Sonderpädagogik, 3*(3), 256–271.

Schulz, A., & Leuders, T. (2015). Fehlerfrei schriftlich rechnen. *Mathematik lehren, 191*, 9–12.

Schulz, A., Leuders, T., Rangel, U., & Kowalk, S. (2015). Guter Start in die Sekundarstufe. Lernstand 5 in Baden-Württemberg: Diagnose und Förderung arithmetischer Basiskompetenzen. *Mathematik lehren,* (192), 14–17.

Schulz, A., Leuders, T., & Rangel, U. (2017). Arithmetische Basiskompetenzen am Übergang zu Klasse 5 – eine empirie- und modellgestützte Diagnostik als Grundlage für spezifische Förderentscheidungen. In A. Fritz, S. Schmidt & G. Ricken (Hrsg.), Handbuch Rechenschwäche (3. völlig neu bearbeitete Auflage, S. 396–417). Weinheim [u. a.]: Beltz.

Selter, C., Prediger, S., Nührenbörger, M., & Hußmann, St. (2014). *Mathe sicher können. Diagnose- und Förderkonzept zur Sicherung mathematischer Basiskompetenzen.* Berlin: Cornelsen.

Stern, E. (1998). *Die Entwicklung des mathematischen Verständnisses im Kindesalter.* Lengerich: Pabst.

Tenorth, H.-E. (2013). Fachdidaktiken – ihre historische Entwicklung im Kontext pädagogischer Professionalisierung. In K.-P. Hufer & D. Richter (Hrsg.), *Politische Bildung als Profession* (S. 21–32). Bonn: Bundeszentrale für Politische Bildung.

Vom Hofe, R. (2003). Grundbildung durch Grundvorstellungen. *Mathematik lehren, 118*, 4–8.

Wahl, D. (2001). Nachhaltige Wege vom Wissen zum Handeln. *Beiträge zur Lehrerbildung, 19*(2), 157–174.

Wartha, S. (2014). *Grundvorstellungen und schriftliche Rechenverfahren.* Beiträge zum Mathematikunterricht 2014. (S. 1279–1282). Münster: WTM.

Wirtz, M., & Schulz, A. (2012). Modellbasierter Einsatz von Experimenten. In W. Rieß, M. Wirtz, B. Barzel & A. Schulz (Hrsg.), *Experimentieren im mathematisch-naturwissenschaftlichen Unterricht. Schüler lernen wissenschaftlich denken und arbeiten* (S. 57–74). Münster: Waxmann.

Wittmann, E. (2005). *Das Zahlenbuch.* Leipzig: Klett.

Wittmann, E., & Müller, G. (2015). *Vom halbschriftlichen zum schriftlichen Rechnen (Handbuch produktiver Rechenübungen).* Stuttgart: Klett.

Projektseminar Inklusion

Arbeiten mit Kernideen

Marei Fetzer, Julia Friedle, Anne Mau und Lea Nemeth

Zusammenfassung

Das Projektseminar „Inklusiver Mathematikunterricht" wurde in enger Zusammenarbeit von Lehramtsstudierenden für das Lehramt an Grundschulen und der Dozentin entwickelt. Leitend, sowohl für die Konzeption als auch für die gesamte Arbeit im Seminar, war die Orientierung an (mathematischen) Kernideen. Im Beitrag wird zum einen die Konzeption des Seminars vorgestellt. Zum anderen werden im Seminar gemeinsam entwickelte Ergebnisse und Erkenntnisse dahingehend reflektiert, welche Faktoren für gelingenden inklusiven Mathematikunterricht entscheidend sein können.

Eine Gruppe Studierender für das Lehramt an Grundschulen steht im Anschluss an eine Seminarveranstaltung an der Goethe-Universität in Frankfurt zusammen und tauscht sich darüber aus, dass Lehramtsstudierende sowohl theoretisch als auch praktisch kaum auf die Herausforderungen inklusiven Mathematikunterrichts vorbereitet werden. Dieses Gespräch interessierter Studierender war die Initialzündung für die Entwicklung des Projektseminars „Inklusiver Mathematikunterricht". Gemeinsam haben wir, die Studierenden und die Dozentin, uns an die Arbeit gemacht. Wir haben Ideen gesammelt, über notwendige und wünschenswerte Inhalte diskutiert und über ein Seminarkonzept nachgedacht. Ein Semester später war es soweit: Das Projektseminar Inklusion ging an den Start.

M. Fetzer (✉) · J. Friedle · A. Mau · L. Nemeth
Institut für Didaktik der Mathematik und der Informatik, Goethe-Universität Frankfurt
Frankfurt /M., Deutschland

© Springer Fachmedien Wiesbaden GmbH 2017
J. Leuders et al. (Hrsg.), *Mit Heterogenität im Mathematikunterricht umgehen lernen*,
Konzepte und Studien zur Hochschuldidaktik und Lehrerbildung Mathematik,
DOI 10.1007/978-3-658-16903-9_11

11.1 Inklusion in der mathematikdidaktischen Lehrerbildung

Seit der Ratifizierung der UN-Behindertenrechtskonvention im Jahr 2009 durch die Bundesregierung ist die Umsetzung inklusiver Bildung eines der zentralen Themen in der Bildungspolitik, der Forschung sowie der Praxis, mit dem Ziel „*alle* Barrieren in Bildung und Erziehung für *alle* SchülerInnen auf ein Minimum zu reduzieren" (Boban und Hinz 2003, S. 11; Hervorhebungen im Original). Als essentielle Voraussetzung für die erfolgreiche Umsetzung inklusiven (Mathematik-)Unterrichts ist die diesbezügliche Professionalisierung von Lehrkräften zu sehen. Die Vorbereitung auf Inklusion im Allgemeinen und im Speziellen für den Mathematikunterricht erweist sich in der universitären LehrerInnenausbildung im Bereich der Regelschulen jedoch als ausbaufähig (vgl. Heinrich et al. 2013; Scherer 2015; Schuppener 2014).

Welche Kompetenzen benötigen Mathematiklehrkräfte, um auf das Lehren und Lernen heterogener Lerngruppen vorbereitet zu sein? Welche Inhalte sollten demnach Bestandteil der universitären Ausbildung sein? Die Bezugsdisziplinen Sonderpädagogik und Inklusionspädagogik sowie die Mathematikdidaktik selbst zeigen ein breites Spektrum auf. Weitgehender Konsens besteht in der Mathematikdidaktik darüber, dass inklusiver Mathematikunterricht auf der Basis einer Balance von *individueller* Förderung und *gemeinsamem* Lernen gelingen kann (Fetzer 2016; Häsel-Weide 2015; Häsel-Weide und Nührenbörger 2012; Korff 2015; Krauthausen und Scherer 2014). In Bezug auf das Lernen als entscheidend, in der Umsetzung jedoch als besonders herausfordernd, erweist sich das *gemeinsame* Lernen (Korff 2015; Wittmann 1995, 2010). Die Betonung des Potenzials gemeinsamen Lernens findet sich nicht nur in der mathematikdidaktischen Diskussion, sondern auch in der Inklusionspädagogik bei Feuser (1995) und Seitz (2006), im Rahmen von Vygotskys Ansatz der „Zone der nächsten Entwicklung" (1978) sowie bei Millers kollektiven Lernprozessen (1986). Für die entsprechende Gestaltung inklusiven Mathematikunterrichts erweisen sich profunde didaktische und fachwissenschaftliche Kenntnisse als grundlegend (vgl. Baumert und Kunter 2006; Fetzer et al. 2015; Hattermann et al. 2014; Käpnick 2016). Ebenso entscheidend ist es für die Studierenden, ein fundiertes methodisches und diagnostisches Handlungsrepertoire aufzubauen. So können diese in ihrer späteren Lehrtätigkeit einerseits den individuellen Bedürfnissen ihrer SchülerInnen gerecht werden und andererseits gemeinsames Lernen ermöglichen. Damit geht die Vorbereitung auf die Arbeit in multiprofessionellen Teams, bestehend aus z. B. Grundschullehrkräften, Förderschullehrkräften, SozialpädagogInnen und SchulpsychologInnen, einher. Die Bündelung verschiedener Kompetenzen eröffnet Chancen. Gleichzeitig zeigen sich Grenzen der Zusammenarbeit, welche einerseits in den schulischen Rahmenbedingungen und andererseits in den unterschiedlichen „commitments" der Professionen begründet sein können (vgl. Moser und Demmer-Dieckmann 2012). Schließlich sollten Lehramtsstudierenden konkrete und praktische Erfahrungen mit inklusivem Unterricht ermöglicht werden (vgl. Hascher und de Zordo 2015). Eine solche intensive theoretische sowie praktische Auseinandersetzung mit der Thematik Inklusion in der Lehreramtsausbildung kann letztlich eine positive Einstellungsveränderung der Studierenden bewirken (Beacham und Rouse 2012; Carroll et al. 2003; Lancaster und Bain 2007).

11.2 Rahmenbedingungen der Veranstaltung

Im Projektseminar „Inklusiver Mathematikunterricht" waren Studierende für das Lehramt an Grundschulen im Fach Mathematik die TeilnehmerInnen. Nach vier Semestern, in denen sich die angehenden Grundschullehrkräfte im Rahmen von Vorlesungen mit fachmathematischen und mathematikdidaktischen Grundlagen beschäftigen, belegen sie im fünften und im sechsten Semester jeweils eine Seminarveranstaltung im Modul „Fachdidaktische Vertiefungen". Hierbei handelt es sich um Wahlpflichtseminare mit 4 SWS und einer Teilnehmerzahl von ca. 35 Studierenden. Die jeweils angebotenen Vertiefungsseminare sind thematisch unabhängig. Studierende unterschiedlicher Fachsemester besuchen diese Veranstaltungen. Das Projektseminar „Inklusiver Mathematikunterricht" fand im Rahmen dieser vertiefenden Seminare statt. Zu diesem Zeitpunkt hatten alle Studierenden für das Lehramt an Grundschulen bereits zwei Blockpraktika absolviert.

11.3 Projektseminar: Arbeiten mit Kernideen

Ziel des Projektseminars war es, dass sich die Studierenden intensiv mit der Thematik „Inklusion im Mathematikunterricht der Grundschule" auseinandersetzen und diesbezüglich Umsetzungsmöglichkeiten theoretisch kennenlernen sowie praktisch erproben. In den folgenden Abschnitten wird zunächst die grundlegende Konzeption des Seminars dargestellt. Anschließend werden die Inhalte sowie die Praxisphase des Seminars, in welcher die Studierenden inklusiven Mathematikunterricht beobachteten, selbst planten und durchführten, skizziert.

11.3.1 Konzeption des Seminars

Grundlegend für die Konzeption des Seminars war die konsequente Orientierung an der Thematik Inklusion und am Fach Mathematik. Zentrale Elemente inklusiven (mathematischen) Lernens sollten in der universitären LehrerInnenausbildung nicht nur gelehrt, sondern tatsächlich erlebbar gemacht werden. Als geeignet erwies (und erweist) sich im Seminar das Arbeiten mit dem Begriff der Kernidee nach Ruf und Gallin (1999). Kernideen dienen als Orientierungshilfe, um ein „Neuland als lohnendes Entdeckungsfeld wahrzunehmen" (Gallin und Ruf 1998, S. 29). Sie zeichnen sich dadurch aus, „dass sie in der singulären Welt [der Studentin oder des Studenten] Fragen wecken, welche die Aufmerksamkeit auf ein bestimmtes Sachgebiet [...] lenken" (ebd., S. 32). Die konsequente Orientierung an der Kernidee „Inklusiver Mathematikunterricht" bringt die Studierenden zum Nachdenken über das Thema, bis sie es zu ihrem eigenen machen können. Sie werden angeregt, ihre Ideen und Erfahrungen einzubringen und eigene Ressourcen in Bezug auf die Thematik (wieder-) zu entdecken und zu heben. Sie werden ermutigt, auf der Grundlage ihrer Kompetenzen, Kenntnisse, aber auch ihrer individuellen Zweifel und Ängste ihren Bedarf gezielt zu identifizieren. Was bräuchte ich, um Mathematik inklusiv unterrichten zu können?

Das gemeinsame Arbeiten über ein ganzes Semester hinweg an der Kernidee „Inklusiver Mathematikunterricht" ermöglicht intensives gemeinsames Lernen in besonderer Weise. Die Dozentin bietet zwar den Rahmen, gibt fachlichen Input und bringt Vorschläge oder Anregungen ein, lässt jedoch insgesamt größtmöglichen Freiraum für Entwicklungen. Bleibt die Dozentin offen und flexibel, um auf Kursänderungen, Ideen und Schwerpunktsetzungen einzugehen, ermöglicht sie auf universitärer Ebene individuelles und gemeinsames Lernen in besonderer Weise. So können Studierende erleben, wie „Unterricht" aussehen könnte. Die Dozentin stellte zwar einen „Seminarfahrplan" zu Beginn des Semesters zur Verfügung, der konkrete Seminarplan wurde jedoch durch das Semester hinweg kontinuierlich in Zusammenarbeit mit den Studierenden ausgearbeitet und weiterentwickelt. Hierzu wurden regelmäßig Zwischenfazits erstellt, in denen die Studierenden herausarbeiteten, welche Erkenntnisse über inklusiven Mathematikunterricht sie bereits gewonnen haben und welche Aspekte im weiteren Verlauf des Seminars noch Berücksichtigung finden sollten. Das gemeinsame Lernen fand jedoch nicht nur in der Großgruppe, sondern ebenfalls durch das regelmäßige Arbeiten in festen Kleingruppen statt. Das intensive Zusammenarbeiten der Studierenden zielte auf den Ausbau von Teamfähigkeit. Statt Einzelkämpfer braucht Inklusion Teamplayer, welche die Chance multiprofessioneller Teams schätzen und nutzen lernen. Auch dieser Aspekt war integrativer Bestandteil der Seminarkonzeption.

11.3.2 Inhalte des Seminars – Verlauf

Um die Studierenden auf die im Verlauf des Seminars auf sie zukommende Planung und Umsetzung inklusiven Mathematikunterrichts vorzubereiten, begann das Seminar zunächst mit einer Grundlegung mathematikdidaktischer, methodischer sowie diagnostischer Kenntnisse. Nach einer allgemeinen Annäherung an den Begriff der Inklusion wurde festgehalten, dass SchülerInnen in einem inklusiven Unterricht „in Kooperation miteinander, auf ihrem jeweiligen Entwicklungsniveau, nach Maßgabe ihrer momentanen Wahrnehmungs-, Denk- und Handlungskompetenzen, in Orientierung auf die ‚nächste Zone ihrer Entwicklung', an und mit einem ‚gemeinsamen Gegenstand' spielen, lernen und arbeiten" (Feuser 1995, S. 173 f.). Somit konnten zwei zentrale Aspekte inklusiven (Mathematik-)Unterrichts herausgearbeitet werden:

1. gemeinsames Lernen aller Kinder und
2. individuelle Förderung und Forderung.

Im Anschluss daran stellte sich jedoch die Frage, ob Inklusion im Mathematikunterricht überhaupt möglich und in Bezug auf die Umsetzung individuellen und gemeinsamen Lernens sinnvoll ist: Wie lernen Kinder Mathematik? Unter Rückgriff auf eine sozial-konstruktivistische Auffassung von Lernen wurde konstatiert, dass Mathematiklernen als ein „individueller, sozial vermittelter Prozess der eigenen Konstruktion von Wissen, Fertigkeiten und Fähigkeiten" (Schipper 2009, S. 33) anzusehen ist. Mathematiklernen geschieht somit einerseits auf der individuellen Ebene der SchülerInnen, andererseits kann substanziell Neues nur im Miteinander gelernt werden, wodurch sich das gemeinsame Lernen als ein zentraler Aspekt für einen erfolgreichen inklusiven Mathematikunterricht auszeichnet (vgl. Miller 1986; Vygotsky 1978).

Im Rahmen eines gemeinsamen Zwischenfazits wurden Diagnosekompetenzen als zentral im Kontext inklusiven Mathematikunterrichts identifiziert. Im Zuge einer theoretischen sowie praktischen Annäherung an die Thematik erfolgten ein Besuch in der didaktischen Werkstatt der Goethe-Universität sowie ein Experten-Vortrag von Dr. Gyde Höck. Dabei wurden unterschiedliche Diagnoseverfahren vorgestellt, ausprobiert und die jeweiligen Vor- und Nachteile reflektiert.

Um die individuelle Förderung und Forderung konkret umsetzen und mit gemeinsamem Lernen vereinbaren zu können, sind Kenntnisse zur Differenzierung notwendig. In der Mathematikdidaktik erweist sich insbesondere das Konzept der natürlichen Differenzierung durch offene und komplexe Lernangebote als anschlussfähig für inklusives Mathematiklernen (vgl. Krauthausen und Scherer 2014). Auch substanzielle Aufgabenformate (vgl. Wittmann 1995, 2010) und unterrichtsintegrierte Förderung (vgl. Häsel-Weide und Nührenbörger 2012; Häsel-Weide et al. 2013) bieten Potenzial für gemeinsames Mathematiklernen. Die Auseinandersetzung mit diesen Ansätzen wurde durch einen Experten-Vortrag von Prof. Dr. Uta Häsel-Weide sowie einen unterrichtspraktischen Vortrag einer Grund- und Förderschullehrerin sowie Direktorin einer Grundschule unterstützt.

11.3.3 Praxiserfahrungen

Aufbauend auf der inklusionspädagogischen und fachdidaktischen Basis wagten die Studierenden die Annäherung an die Praxis, indem sie in Kleingruppen in inklusiven Grundschulklassen hospitierten. Anhand von Beobachtungsleitfäden, welche gemeinsam entwickelt wurden, sollten die Studierenden herausfinden, inwiefern und auf welche Art und Weise inklusiver Mathematikunterricht momentan tatsächlich umgesetzt wird. Hierbei wurde unter anderem herausgearbeitet, dass die Arbeit im multiprofessionellen Team von Grundschul- und Förderschullehrkraft durch die strukturellen Rahmenbedingungen, wie etwa die geringe Stundenzahl der Förderschullehrkräfte in den Schulklassen, erschwert wird. Weiterhin konnte zwar häufig die Umsetzung des individuellen Lernens beobachtet werden, *gemeinsames* Mathematiklernen fand während der Hospitationen hingegen kaum statt. Zusätzlich besuchte jede der Gruppen eine Förder- und/oder eine Reformschule. Hierdurch konnten die Studierenden die konkrete Arbeit von Förderschullehrkräften bzw. andere Ansätze des Umgangs mit Heterogenität und Inklusion kennenlernen und somit ihre eigene Perspektive erweitern. Die Erfahrungen aus den Hospitationen wurden anschließend in der Seminargruppe gemeinsam reflektiert. Es wurde zusammengefasst, welche Elemente als gelungen und anschlussfähig oder aber als ungeeignet für die Gestaltung inklusiven Mathematikunterrichts eingeschätzt wurden. Auf diese Weise konnten gezielt Rückschlüsse für die eigenen anstehenden inklusiven Unterrichtsversuche gezogen werden.

Bei der Entwicklung und Durchführung von Lernumgebungen für „ihre" Hospitationsklassen in Teams konnten die Studierenden eigene Erfahrungen hinsichtlich der Umsetzung inklusiven Mathematikunterrichts sammeln. Gemeinsames Mathematiklernen kann gelingen, wenn Kinder über Mathematik ins Gespräch kommen, wenn ein fachlicher Austausch über mathematische Inhalte möglich wird. Voraussetzung ist die Arbeit an einem gemeinsamen mathematischen Kern. So prägten wir im Seminar den Begriff der *mathematischen Kernidee* (Fetzer et al. 2015), um die inhaltliche Substanz einer Lernumgebung zu benennen. Anhand der mathematischen Kernidee vollzog sich die weitere konkrete Planung der inklusiven Unterrichtsstunde. Hierbei waren die Studierenden dazu angehalten, folgende gemeinsam entwickelte „Checkliste" zu bedenken (vgl. Fetzer 2016):

Ermöglicht die Lernumgebung

1. unterschiedliche Einstiegsniveaus?
2. unterschiedliche Zugänge?
3. unterschiedliche Wege?
4. unterschiedliche Ziele?
5. individuelles und gemeinsames Lernen?

Die entwickelten Unterrichtskonzepte wurden in den besuchten Grundschulklassen durchgeführt, anhand eines Beobachtungsbogens oder Audioaufnahmen dokumentiert und anschließend sowohl in der Kleingruppe als auch im Seminar reflektiert. Hierdurch entstand eine Art Rückführung auf den Beginn des Seminars: Anhand des zuvor erarbeiteten theoretischen Wissens wurden die entwickelten und erprobten inklusiven Lernumgebungen kritisch betrachtet. Die Studierenden konnten somit ihre eigenen Unterrichtskonzepte durch die zahlreichen Ideen ihrer Mitstudierenden weiterentwickeln und überarbeiten sowie weitere Anregungen hinsichtlich der Gestaltung inklusiven Mathematikunterrichts in zahlreichen thematischen Feldern (von Arithmetik über Geometrie bis hin zu Kombinatorik) erhalten. Unsere entwickelten „Ideen für den Unterricht" haben wir in einer gemeinsamen Publikation gebündelt (Fetzer 2016).

11.4 Wie kann inklusiver Mathematikunterricht gelingen? Ideen aus dem Seminar

Die Ergebnisse, die wir in unserem Seminar erarbeitet haben, sind unterschiedlichen Bereichen zuzuordnen. Einerseits haben wir resümiert, wie inklusiver Mathematikunterricht in der Umsetzung gelingen kann. Andererseits haben wir Erkenntnisse darüber gesammelt, was unserer Ansicht nach im Rahmen der universitären Ausbildung für das Lehramt an Grundschulen im Fach Mathematik relevant ist, um möglichst gut auf die aktuellen Herausforderungen inklusiven Mathematikunterrichts vorbereiten zu können.

11.4.1 Unterrichtspraxis: Wie kann inklusiver Mathematikunterricht gelingen?

Unser Fazit gründet jeweils auf der Verknüpfung der Erkenntnisse aus der rezipierten Literatur und eigener Erfahrungen aus den Hospitationen sowie den entwickelten und umgesetzten Lernumgebungen. So können wir Aussagen aus der Literatur bestätigen, dass die Umsetzung eines gelungenen inklusiven Mathematikunterrichts sehr guter Kenntnisse in Fachwissenschaft und Fachdidaktik bedarf (vgl. z. B. Baumert und Kunter 2006; Hattermann et al. 2014; Käpnick 2016). Insbesondere haben wir die Orientierung an einer mathematischen Kernidee bei der Planung inklusiven Unterrichts als sehr hilfreich erkannt. Durch die konsequente Orientierung am mathematischen Kern wird das Arbeiten mit Formen der Natürlichen Differenzierung angeregt. Das trägt zur Ermöglichung nicht nur von individueller Förderung, sondern auch von gemeinsamem Mathematiklernen bei. Während wir die Umsetzung individueller Förderung in der Praxis bereits weithin umgesetzt erlebt haben, bestätigen unsere Beobachtungen einen Mangel an gemeinsamen Lernsituationen (vgl. Korff 2015; Kucharz und Wagener 2013). Da substanziell Neues jedoch im Miteinander erlernt wird (vgl. Miller 1986; Wittmann 1995), sehen wir bezüglich dieses Aspekts erheblichen Entwicklungsbedarf.

Eine weitere zentrale Komponente stellt die Offenheit der Lehrkraft hinsichtlich unterschiedlicher Bearbeitungsmöglichkeiten und verschiedener Ziele dar. Um mit der daraus resultierenden begrenzten Planbarkeit umgehen und rasch im Unterrichtsverlauf reagieren zu können, sind ein hohes Maß an Flexibilität der Lehrperson sowie fachliche und didaktische Sicherheit erforderlich.

Die Offenheit und Flexibilität der Lehrkraft ist auch für die Teamarbeit im multiprofessionellen Team relevant. Das Zusammenführen der Kompetenzen der beteiligten Professionen birgt Potenzial, das vor allem dann zur Entfaltung kommen kann, wenn die Verantwortlichkeit nicht delegiert, sondern wenn teamorientiert kooperativ zusammengearbeitet wird.

11.4.2 Lehrerausbildung: Wie kann die Universität auf die Herausforderungen von Inklusion vorbereiten?

Zentral für die universitäre Ausbildung im Grundschullehramt hinsichtlich der Vorbereitung auf inklusiven Mathematikunterricht ist die Verzahnung von Theorie und Praxis. Dies kann unseres Erachtens nach durch die Integration von Hospitationen über längere Zeiträume, wie etwa fest eingeplante Praxistage oder Praxissemester, gelingen (vgl. Hascher und de Zordo 2015). Zur Theorie-Praxis-Verzahnung kann auch die Analyse von Fallbeispielen inklusiven Unterrichts beitragen. Hierzu könnten Unterrichtsvideos eingesetzt werden (vgl. Blomberg et al. 2014; Krammer et al. 2012), um das komplexe Unterrichtsgeschehen aus der „Distanz" geleitet und unter bestimmten Gesichtspunkten analysieren und reflektieren zu können. Allerdings ist die Auswahl an Videomaterial zu gemeinsamen Lernphasen im inklusiven Mathematikunterricht noch im Aufbau.

Weitere zentrale Aspekte für gelingenden inklusiven Unterricht sind Teamfähigkeit und Kooperation. Um diese bereits im Studium auszubilden, sollte die Planung und Gestaltung von Unterricht im Team stattfinden. Ziel sollte es sein, den Austausch in multiprofessionellen Teams von Studierenden des Grundschul- und Förderschullehramts zu ermöglichen, um somit bestmöglich auf die multiprofessionelle Arbeit in der späteren Praxis vorzubereiten und unterschiedliche Sichtweisen und Herangehensweisen zu vernetzen. Im Rahmen dieses Seminars fand bereits eine Kooperation mit einer Seminargruppe aus dem Förderschullehramt statt, die sich strukturell jedoch als schwierig erwies. Hier besteht Entwicklungspotenzial hinsichtlich einer Änderung der bestehenden Studienordnungen, um eine bessere Kooperation zu ermöglichen.

Für eine Weiterentwicklung der universitären Lehramtsausbildung bezüglich der Thematik „Inklusion im Mathematikunterricht" erscheint uns eine Vernetzung von Universitäten wünschenswert, um das Wissen und die Erfahrungen zusammenzuführen. Zudem sollte Inklusion im Mathematikunterricht ein fester und verpflichtender Bestandteil des Lehramtsstudiums werden, um alle Studierenden auf diese Herausforderung vorzubereiten.

11.5 Beispiele aus der Veranstaltung

„Was bräuchten wir, um den Herausforderungen inklusiven Mathematikunterrichts gewachsen zu sein?" Zu Beginn des Seminars haben wir „Ich packe meinen Inklusions-Koffer und tue hinein ..." gespielt. Mit diesem gepackten Koffer ging eine Gruppe Studierender an den Start:

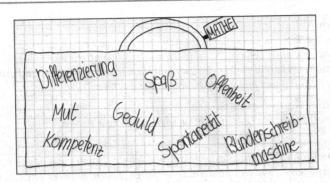

Das individuelle Zwischenfazit einer Studentin zeigt, dass sie im Verlauf des Semesters für sich ein differenzierteres Verständnis zu Inklusion und inklusivem Mathematikunterricht entwickeln konnte:

Wenn ich durch den Flur einer Schule gehe, in der inklusiv gelernt wird, höre ich idealerweise ...

angeregte Diskussionen vieler Kinderstimmen. Ich schnappe Fetzen wie "andere Möglichkeit", "das könnte auch gehen" oder "Was meinst du denn dazu?" auf.

Öffne ich eine der Klassenzimmertüren, so sehe ich ...

je nach Tageszeit und Situation ganz unterschiedliche Dinge. Einmal sitzt die ganze Klasse im Stuhlkreis, ein andermal arbeiten verschieden große Kindergruppen an einem monströsen Bauwerk, dann wieder lauschen viele Kinder im Kinositz dem Vortrag einiger Schüler und vielleicht treffe ich auch mal niemanden – die Klasse ist wohl auf einem Ausflug.

Mathematiklernen und Inklusion...

werden noch viel zu selten zusammen gedacht. Ich bin der festen Überzeugung, dass sich gerade das Fach Mathematik für gemeinsame Lernprozesse eignet. Alle Kinder schauen aus ihren jeweiligen Perspektiven auf unterschiedlichen Ebenen auf denselben mathematischen Kern – und profitieren voneinander.

Wenn ich später inklusiven Mathematikunterricht gestalte, würde ich mit meinem ‚Telefon-Joker‘ vermutlich ...

darüber diskutieren, welchen Impuls ich in der aktuellen Situation einer Lerngruppe geben sollte, damit diese selbstständig neue Entdeckungen machen kann.

Menschen, die in inklusiven Settings Mathematikunterricht gestalten, ...

müssen offen sein für das Unerwartete und jederzeit bereit, einen neuen Blickwinkel einzunehmen. Sie müssen sich mathematisch und didaktisch gut auskennen. Und sie können sich glücklich schätzen – kaum ein Beruf ist so vielfältig und immer wieder aufs Neue spannend.

Die größte Herausforderung sehe ich darin, ...

das mathematische Lernen nicht aus den Augen zu verlieren.

Kooperation ...

ist zentral für das Gelingen der inklusiven Schule. Sie muss auf allen Ebenen erfolgen – zwischen Kindern, Lehrkräften, Eltern, Erzieherinnen, der Schulleitung, dem Hausmeister und der Sekretärin. Schließlich sollen alle Beteiligten sich angenommen fühlen und die Möglichkeit haben, ihre Möglichkeiten, Potenziale und Bedürfnisse einzubringen.

Im Studium ...

ist mir das Thema "Inklusion" nur in einem (Wahl)Seminar begegnet. Das ist zu wenig.

Mit einem großen Sack Geld ...

würde ich Kinder rechnen lassen. Im Ernst: ...würde ich die pauschale Zuweisung von Sonderpädagoginnen an alle Grundschulen - unabhängig von diagnostizierten Förderbedarfen – finanzieren beziehungsweise die bisherige Stundenzuweisung aufstocken. Ach ja, und Schulen modernisieren, Ganztagsangebote ausbauen, insgesamt mehr Lehrer einstellen, Forschungsprojekte in Auftrag geben, ...

In einem offenen Brief an die politisch Verantwortlichen ...

würde ich darauf hinweisen, dass es mit dem Unterzeichnen der Behindertenrechtskonvention nicht getan ist. Um Inklusion gewinnbringend für alle Beteiligten umsetzen zu können, bedarf es entsprechender Mittel und der gezielten Unterstützung der Lehrkräfte vor Ort.

Vor allem ...

fehlt es mir selbst bisher an Erfahrung. Ich wünsche mir viele Hospitationen, bei denen ich gelungenen inklusiven Matheunterricht beobachten und daraus lernen kann – und für später ein Kollegium, mit dem ich gemeinsam inklusive Praktiken entwickeln kann.

Literatur

Baumert, J., & Kunter, M. (2006). Stichwort: Professionelle Kompetenz von Lehrkräften. *Zeitschrift für Erziehungswissenschaft, 9*(4), 469–520.

Beacham, N., & Rouse, M. (2012). Student Teachers' Attitudes and Beliefs about Inclusion and Inclusive Practice. *Journal of Research in Special Educational Needs, 12*(1), 3–11.

Blomberg, G., Sherin, M. G., Renkl, A., Glogger, I., & Seidel, T. (2014). Understanding Video as a Tool for Teachers' Education: Investigating Instructional Strategies to Promote Reflection. *Instructional Science, 42*(3), 443–463.

Boban, I., & Hinz, A. (Hrsg.). (2003). *Index für Inklusion. Lernen und Teilhabe in der Schule der Vielfalt entwickeln.* Halle: Martin-Luther-Universität.

Carroll, A., Forlin, C., & Jobling, A. (2003). The Impact of Teacher Training in Special Education on the Attitudes of Australian Preservice General Educators towards People with Disabilities. *Teacher Education Quarterly, 30*(3), 65–79.

Fetzer, M. (2016). *Inklusiver Mathematikunterricht – Ideen für die Grundschule.* Baltmannsweiler: Schneider Verlag Hohengehren.

Fetzer, M., Friedle, J., Pfeiffer, L., & Schneider, F. (2015). *Inklusion – Ideen für Unterricht und Lehrerausbildung. Beiträge zum Mathematikunterricht. Vorträge auf der 49. Tagung für Didaktik der Mathematik in Basel, Schweiz*

Feuser, G. (1995). *Behinderte Kinder und Jugendliche zwischen Aussonderung und Integration.* Darmstadt: Wissenschaftliche Buchgesellschaft.

Gallin, P., & Ruf, U. (1998). *Sprache und Mathematik in der Schule. Auf eigenen Wegen zur Fachkompetenz.* Seelze: Kallmeyer.

Hascher, T., & de Zordo, L. (2015). Praktika und Inklusion. In T. Häcker & M. Walm (Hrsg.), *Inklusion als Entwicklung. Konsequenzen für Schule und Lehrerbildung* (S. 165–184). Bad Heilbrunn: Julius Klinkhardt.

Häsel-Weide, U. (2015). Gemeinsames Mathematiklernen – im Spiegel von Inklusion. In R. Braches-Chyrek, C. Fischer, C. Mangione, A. Penczek & S. Rahm (Hrsg.), *Herausforderung Inklusion. Schule – Unterricht – Profession* (S. 191–200). Bamberg: University Press.

Häsel-Weide, U., & Nührenbörger, M. (2012). Individuell fördern – Kompetenzen stärken. Fördern im Mathematikunterricht. In H. Bartnitzky, U. Hecker & M. Lassek (Hrsg.), *Individuell fördern – Kompetenzen stärken.* Frankfurt am Main: Grundschulverband.

Häsel-Weide, U., Nührenbörger, M., Moser Opitz, E., & Wittich, C. (2013). *Ablösung vom zählenden Rechnen. Fördereinheiten für heterogene Lerngruppen.* Seelze: Kallmeyer.

Hattermann, M., Meckel, K., & Schreiber, C. (2014). Inklusion im Mathematikunterricht – das geht! In B. Amrhein & M. Dziak-Mahler (Hrsg.), *Fachdidaktik inklusiv. Auf der Suche nach didaktischen Leitlinien für den Umgang mit Vielfalt in der Schule* (S. 201–220). Münster: Waxmann.

Heinrich, M., Urban, M., & Werning, R. (2013). Grundlagen, Handlungsstrategien und Forschungsperspektiven für die Ausbildung und Professionalisierung von Fachkräften für inklusive Schulen. In H. Döbert & H. Weishaupt (Hrsg.), *Inklusive Bildung professionell gestalten. Situationsanalyse und Handlungsempfehlungen* (S. 69–134). Münster: Waxmann.

Käpnick, F. (2016). Konzeptionelle Eckpfeiler einer sinnvollen Inklusion im Mathematikunterricht. In F. Käpnick (Hrsg.), *Verschieden verschiedene Kinder. Inklusives Fördern im Mathematikunterricht der Grundschule* (S. 99–100). Seelze: Klett & Kallmeyer.

Korff, N. (2015). *Inklusiver Mathematikunterricht in der Primarstufe. Erfahrungen, Perspektiven und Herausforderungen*. Baltmannsweiler: Schneider Verlag Hohengehren.

Krammer, K., Lipowsky, F., Pauli, C., Schnetzler, C. L., & Reusser, K. (2012). Unterrichtsvideos als Medium zur Professionalisierung und als Instrument der Kompetenzerfassung von Lehrpersonen. In M. Kobarg, C. Fischer, I. M. Dalehefte, F. Trepke & M. Menk (Hrsg.), *Lehrerprofessionalisierung wissenschaftlich begleiten. Strategien und Methoden* (S. 69–86). Münster: Waxmann.

Krauthausen, G., & Scherer, P. (2014). *Natürliche Differenzierung im Mathematikunterricht. Konzepte und Praxisbeispiele aus der Grundschule*. Seelze: Klett & Kallmeyer.

Kucharz, D., & Wagener, M. (2013). *Jahrgangsübergreifendes Lernen. Eine empirische Studie zu Lernen, Leistung und Interaktion von Kindern in der Schuleingangsphase* (4. Aufl.). Baltmannsweiler: Schneider Verlag Hohengehren.

Lancaster, J., & Bain, A. (2007). The Design of Inclusive Education Courses and the Self-efficacy of Pre-service Teacher Education Students. *International Journal of Disability, Development and Education, 54*(2), 245–256.

Miller, M. (1986). *Kollektive Lernprozesse. Studien zur Grundlegung einer soziologischen Lerntheorie*. Frankfurt: Suhrkamp.

Moser, V., & Demmer-Dieckmann, I. (2012). Professionalisierung und Ausbildung von Lehrkräften für inklusive Schulen. In V. Moser (Hrsg.), *Die inklusive Schule. Standards für die Umsetzung* (S. 153–172). Stuttgart: Kohlhammer.

Ruf, U., & Gallin, P. (1999). *Spuren legen – Spuren lesen*. Dialogisches Lernen in Sprache und Mathematik, Bd. 2. Seelze: Kallmeyer.

Scherer, P. (2015). Inklusiver Mathematikunterricht in der Grundschule. Anforderungen und Möglichkeiten aus fachdidaktischer Perspektive. In T. Häcker & M. Walm (Hrsg.), *Inklusion als Entwicklung. Konsequenzen für Schule und Lehrerbildung* (S. 267–284). Bad Heilbrunn: Julius Klinkhardt.

Schipper, W. (2009). *Handbuch für den Mathematikunterricht an Grundschulen*. Braunschweig: Schroedel.

Schuppener, S. (2014). Inklusive Schule – Anforderungen an Lehrer_innenbildung und Professionalisierung. *Zeitschrift für Inklusion, 8*(1–2). http://www.inklusion-online.net/index.php/inklusion-online/article/view/220/221. Zugegriffen: 19. Apr. 2016.

Seitz, S. (2006). Inklusive Didaktik: Die Frage nach dem ‚Kern der Sache'. *Zeitschrift für Inklusion, 1*(1). http://www.inklusion-online.net/index.php/inklusion-online/article/view/184/184/15. Zugegriffen: 23. Mai 2016.

Vygotsky, L. S. (1978). *Mind in society: the development of higher psychological processes*. Cambridge: Harvard University Press.

Wittmann, E. C. (1995). Aktiv-entdeckendes und soziales Lernen im Arithmetikunterricht. In G. N. Müller & E. C. Wittmann (Hrsg.), *Mit Kindern rechnen* (S. 10–42). Frankfurt: Arbeitskreis Grundschule.

Wittmann, E. C. (2010). Natürliche Differenzierung im Mathematikunterricht der Grundschule – vom Fach aus. In P. Hanke, G. Möwes-Butschko, A. K. Hein, D. Berntzen & A. Thieltges (Hrsg.), *Anspruchsvolles Fördern in der Grundschule* (S. 63–78). Münster: ZfL.

Der professionelle Blick auf Darstellungen: ein Schlüssel zum Umgang mit heterogenen Lernvoraussetzungen im Mathematikunterricht

Marita Friesen und Sebastian Kuntze

Zusammenfassung

Die Berücksichtigung heterogener Lernvoraussetzungen stellt Lehrkräfte vor die Herausforderung, in der Planung von Unterricht und im Unterrichtsgeschehen jeweils dort anzuknüpfen, wo die Schülerinnen und Schüler sich in ihrem Lernprozess befinden. Im Mathematikunterricht können Lehrkräfte Darstellungen nutzen, um Einblicke in die Vorstellungen der Lernenden zu gewinnen und passende Lernangebote und Lernhilfen anbieten zu können. Voraussetzung hierfür ist ein professioneller Blick auf Darstellungen, mit dem der Umgang mit Darstellungen in Aufgaben und Unterrichtssituationen analysiert werden kann. Es wird eine Weiterbildung für Lehrkräfte vorgestellt, in der im Wechsel zwischen Theoriephasen an der Hochschule und Praxisphasen im eigenen Unterricht ein solcher professioneller Blick auf Darstellungen zum Umgang mit heterogenen Lernvoraussetzungen gefördert werden konnte.

12.1 Theoretischer Hintergrund

12.1.1 Einleitung

Eine verstärkte Individualisierung im Unterricht wird als eine mögliche Antwort auf heterogene Lernvoraussetzungen von Schülerinnen und Schülern gesehen, die individuelle Lernunterstützung in individualisierten oder kooperativen Arbeitsphasen wird dabei häufig zur zentralen Aufgabe von Lehrpersonen (Krammer 2009; Krammer et al. 2010). Die Gelegenheit, Lernprozesse individuell zu begleiten, geht hierbei für die Lehrkräfte mit der Herausforderung einher, im Unterrichtsgeschehen dort anzuknüpfen, wo sich die Ler-

M. Friesen (✉) · S. Kuntze
Institut für Mathematik und Informatik, Pädagogische Hochschule Ludwigsburg
Ludwigsburg, Deutschland

© Springer Fachmedien Wiesbaden GmbH 2017
J. Leuders et al. (Hrsg.), *Mit Heterogenität im Mathematikunterricht umgehen lernen*,
Konzepte und Studien zur Hochschuldidaktik und Lehrerbildung Mathematik,
DOI 10.1007/978-3-658-16903-9_12

nenden in ihrem Lernprozess jeweils befinden (Krammer et al. 2010; Schnebel 2013). Die dafür notwendigen Einblicke in die individuellen Vorstellungen und Lernprozesse von Schülerinnen und Schülern können Lehrkräfte im Mathematikunterricht über den Umgang mit Darstellungen gewinnen: Als „observable embodiments of students' internal conceptualizations" (Lesh et al. 1987, S. 33) können die individuellen Darstellungen der Lernenden Einblicke in deren Verständnis geben und der Lehrperson somit ein Anknüpfen an individuelle Lernvoraussetzungen im weiteren Lernprozess ermöglichen. Um dieses Potential von Darstellungen als Schlüssel für den Umgang mit heterogenen Lernvoraussetzungen nutzen zu können, müssen Lehrkräfte Unterrichtssituationen mit einem professionellen Blick auf Darstellungen analysieren können. Wesentliche Voraussetzung hierfür ist professionelles Wissen zum Umgang mit Darstellungen. In Studien zeigte sich jedoch ein Professionalisierungsbedarf von Lehrkräften sowohl im Bereich des professionellen Wissens zu Darstellungen als auch bei der Analyse von Darstellungen in Aufgaben und Unterrichtssituationen (Dreher und Kuntze 2014, 2015).

12.1.2 Professionelles Wissen zum Umgang mit Darstellungen

Das Lernen und Lehren von Mathematik ist ohne den Einsatz von Darstellungen wie z. B. Schaubildern, Texten, Formeln oder Diagrammen kaum vorstellbar. Durch sie werden abstrakte, „unsichtbare" mathematische Objekte für Lernende zugänglich und das Sprechen über Mathematik sowie der Austausch zu mathematischen Inhalten überhaupt erst möglich. Darstellungen können auf vielfältige Weise für mathematische Objekte stehen, oft betonen verschiedene Darstellungen jeweils unterschiedliche Aspekte eines Objektes (Lesh et al. 1987; Goldin und Shteingold 2001; Duval 2006). Die Verwendung *vielfältiger* Darstellungen im Unterricht wird damit zur notwendigen Voraussetzung für den Aufbau mathematischen Wissens, erfordert von den Lernenden jedoch auch, zwischen den verschiedenen Darstellungen eines mathematischen Objekts zu wechseln. Solche Darstellungswechsel verlangen von den Schülerinnen und Schülern komplexe Denkleistungen und sind damit häufig Ursache für Verständnisschwierigkeiten (Duval 2006; Ainsworth 2006). Für Lehrkräfte ist es daher besonders wichtig, potentielle Lernhürden beim Wechsel von Darstellungen zu erkennen, um die Lernenden z. B. mit passenden Verknüpfungshilfen zwischen unterschiedlichen Darstellungen unterstützen zu können (Dreher und Kuntze 2014).

12.1.3 Der professionelle Blick auf Darstellungen

Der Umgang mit Darstellungen ermöglicht Einblicke in die Vorstellungen der Lernenden: Welche Darstellungen werden (wie sicher) verwendet? Wie gelingt der Wechsel zwischen verschiedenen Darstellungen? Lehrkräfte müssen in der Lage sein, die von den Schülerinnen und Schülern verwendeten Darstellungen zu deuten, um bei Bedarf passgenaue

Hilfestellungen zu geben, d. h. an vorhandene Lernendendarstellungen anknüpfen zu können (Duval 2006; Ainsworth 2006).

Um im Unterricht optimal an Darstellungen der Lernenden anzuknüpfen, müssen Lehrkräfte Lernsituationen mit einem professionellen Blick auf Darstellungen analysieren können. Eine solche Analyse umfasst basierend auf dem Konzept des Noticing (z. B. Sherin et al. 2011) die folgenden interagierenden Prozesse: das *Identifizieren* von Situationselementen, die relevant für das Lernen mit Darstellungen sind, wie z. B. das Erkennen von Verständnisschwierigkeiten von Schülerinnen und Schülern bei einem Darstellungswechsel; deren *kritische Einschätzung* und *Interpretation* auf Grundlage professionellen Wissens, z. B. die Annahme, dass die Verständnisschwierigkeiten auf eine unzureichende Verknüpfung verschiedener Darstellungen zurückgeführt werden können und die *Artikulation* des Analyseprozesses, z. B. durch einen passenden Lernimpuls, der die Verknüpfung unterschiedlicher Darstellungen unterstützt (Friesen et al. 2015a, 2015b). Die von der Lehrkraft auf Grundlage ihrer Analyse vorgenommene Lernunterstützung sollte dabei so gestaltet sein, dass die Lernenden dazu befähigt werden, ihren Lernprozess möglichst selbständig weiter zu führen (Krammer 2009; Leiss und Tropper 2014).

12.2   Das Rahmenkonzept der Weiterbildungsveranstaltung

12.2.1   Die Struktur der Ludwigsburger Weiterbildungen (LuWe)

Seit dem Schuljahr 2013/14 bieten Lehrende der Pädagogischen Hochschule Ludwigsburg Weiterbildungen für praktizierende Lehrkräfte der Primarstufe und Sekundarstufe I an. Dabei handelt es sich um ein Pilotprojekt, welches vom Innovations- und Qualitätsfonds des Ministeriums für Wissenschaft, Forschung und Kunst Baden-Württemberg gefördert wird (Projektzeitraum 2013–2017, Antragsteller(innen): Stefan Jeuk, Sebastian Kuntze, Joachim Schäfer, Silvia Wessolowski, alle Pädagogische Hochschule Ludwigburg). Übergreifendes Ziel der Weiterbildungsveranstaltungen ist es, Anforderungen und Fragen aus der Unterrichtspraxis mit aktuellen Entwicklungen in der Mathematikdidaktik zu verbinden und die Unterrichtspraxis theoriebasiert zu reflektieren und weiterzuentwickeln. Die jeweils dreitägigen Weiterbildungsveranstaltungen erstrecken sich über einen Zeitraum von etwa drei Monaten und folgen einem Blended-Learning-Szenario: Zwischen drei Präsenztagen an der Hochschule liegen jeweils mehrwöchige Zwischenphasen mit Möglichkeiten zum Experimentieren mit Weiterbildungsinhalten, zu Implementationsaktivitäten, Praxisreflexion und Selbststudium. Die Zwischenphasen werden durch den Einsatz der Online-Lernplattform Moodle begleitet (vgl. Abb. 12.1), auf der die teilnehmenden Lehrkräfte sich zu ihren Erfahrungen und eingestellten Materialien austauschen können. Durch die vertiefte Auseinandersetzung mit den Weiterbildungsinhalten an drei Präsenztagen und der Möglichkeit, diese in den Zwischenphasen im eigenen Unterricht zu erproben, wird eine besondere Nachhaltigkeit der Weiterbildung angestrebt.

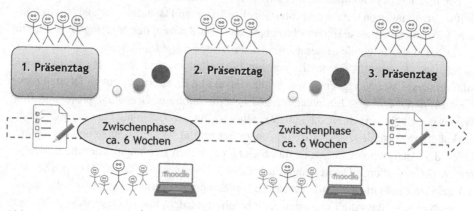

Abb. 12.1 Struktur der Ludwigsburger Weiterbildungen

12.2.2 Ziele, Inhalte und Methode der Weiterbildungsveranstaltung

Ausgehend von der oben dargestellten zentralen Bedeutung eines professionellen Blicks auf Darstellungen für den Umgang mit heterogenen Lernvoraussetzungen und dem festgestellten Professionalisierungsbedarf in diesem Bereich (Dreher und Kuntze 2014, 2015), war das Ziel der Weiterbildungsveranstaltung, professionelles Wissen und einen professionellen Blick zum Umgang mit Darstellungen im Hinblick auf die Unterstützung von Lernenden mit heterogenen Lernvoraussetzungen zu fördern. Inhaltliche Schwerpunkte der Weiterbildungsveranstaltung waren daher die Auseinandersetzung mit theoretischen Grundlagen zum Umgang mit Darstellungen (z. B. Duval 2006), die Entwicklung theoriegeleiteter Kriterien zur Analyse des Umgangs mit Darstellungen in Aufgaben und Unterrichtssituationen sowie die Analyse, Erstellung und Erprobung von Aufgabenmaterial mit dem Blick auf Darstellungen und heterogene Lernvoraussetzungen. Hinzu kam die Dokumentation und Reflexion eigener Unterrichtserfahrungen zum Umgang mit Darstellungen, z. B. durch die Analyse von Lernendendokumenten, Gesprächsstrategien und Hilfen beim Verknüpfen von Darstellungen.

Die Methode des fallbasierten Arbeitens gilt als besonders geeignet, um in der Lehrerbildung die Analyse- und Reflexionsfähigkeit von Lehrkräften zu fördern und die Verbindung von Theorie und Praxis zu unterstützen (Krammer 2014; Syring et al. 2016). Entsprechend wurden in der Weiterbildung Unterrichtssituationen als Anlass für die Analyse und Reflexion zum Umgang mit Darstellungen eingesetzt. Die Unterrichtssituationen wurden in Textform als Lernende-Lehrende-Dialoge, als Comics oder in der Form von Videoclips dargeboten (siehe Abb. 12.2). Dabei wurden in Absprache mit den teilnehmenden Lehrkräften Fallbeispiele aus verschiedenen Themenbereichen und Klassenstufen

Abb. 12.2 Fallbeispiele als Unterrichtscomic oder in Textform umgesetzt. (Comic gezeichnet von Juliana Egete)

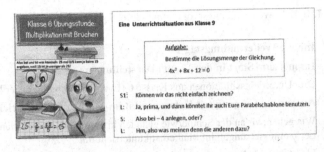

gewählt. Allen Unterrichtssituationen gemeinsam war die situative Einbettung in eine Gruppenarbeitsphase, in der die jeweils dargestellte Lehrkraft eine begleitende Rolle einnimmt. In den Fallbeispielen konnten über Darstellungen der Schülerinnen und Schüler Einblicke in deren Lernprozesse gewonnen werden, wobei z. B. Fehlvorstellungen und Verständnisschwierigkeiten sichtbar wurden, die Anlass zur Lernunterstützung gaben.

Ergänzt wurden diese vorbereiteten Unterrichtssituationen durch Beispiele, die die teilnehmenden Lehrkräfte in den beiden Zwischenphasen im eigenen Unterricht dokumentierten. Die Analyse und Reflexion dieser eigenen Praxisbeispiele zum Umgang mit Darstellungen erfolgte dann am Präsenztag oder auf der Online-Lernplattform Moodle, wo sich alle Teilnehmenden in der Form eines Blogs mit Kommentarfunktion austauschen konnten. Die Lehrkräfte konnten hier auch die selbst erstellten Arbeitsmaterialien und dokumentierten Unterrichtssituationen einstellen und sich dazu gegenseitig Feedback geben. Darüber hinaus wurde die Online-Lernplattform verwendet, um den Lehrkräften z. B. Literatur und Aufgabenbeispiele zur Verfügung zu stellen. In der dargestellten Form wurde die dreitägige Weiterbildung bisher in zwei parallelen Gruppen mit insgesamt über 30 Lehrkräften durchgeführt.

12.3   Ablauf der Weiterbildungstage

Am ersten Präsenztag wurden die beiden inhaltlichen Schwerpunkte „Darstellungen in Aufgaben" und „Darstellungen in Unterrichtssituationen" eingeführt (vgl. Weiterbildungsprogramm in Tab. 12.1). Dabei wurden die fachdidaktischen Grundlagen aus den Inputphasen in Teamarbeitsphasen umgesetzt und reflektiert.

Am zweiten Präsenztag wurde der Einsatz von Darstellungen bei Diagnose- und Fördermaterialien analysiert. Die Beobachtungen aus der Experimentierphase zu Lernhürden bei Darstellungswechseln wurden aufgegriffen und die Lehrkräfte bereiteten im Team Materialien für eine lernendenzentrierte Lernumgebung zu verschiedenen Themengebieten und Klassenstufen vor (siehe Tab. 12.2).

Der Schwerpunkt des dritten Präsenztages lag auf dem Austausch und der Reflexion zu Erfahrungen aus der Experimentierphase, wie z. B. dem Einsatz von Gesprächsstrategien und Verknüpfungshilfen, der Erprobung der gemeinsam erstellten lernendenzentrierten

Tab. 12.1 Weiterbildungsprogramm Präsenztag 1

Inhalte Weiterbildungstag 1
Impuls zum Start in das Thema Darstellungen (ca. 20 min)
Drei Unterrichtssituationen aus Klasse 6 (Evaluationsstudie: erster Erhebungszeitpunkt)
Austausch: Umgang mit Heterogenität im Mathematikunterricht (ca. 20 min)
Wie gehen wir an der Schule/wie gehe ich in meinen Klassen bislang mit heterogenen Lernvoraussetzungen im Mathematikunterricht um?
Inputphase I: Darstellungen in Aufgaben (ca. 20 min)
Welche Rolle spielen Darstellungen für das Lernen im Mathematikunterricht? Wie kann das Lernpotential von Darstellungen optimal ausgeschöpft werden? Wie können Darstellungen zum Schlüssel im Umgang mit heterogenen Lernvoraussetzungen werden? Einführung in die kriteriengeleitete Aufgabenanalyse zu Darstellungen (s. Anhang 1)
Teamarbeit I: Darstellungen in Aufgaben (ca. 90 min)
Analyse und Anreicherung von Schulbuchaufgaben: Wie werden Darstellungen eingesetzt? Wie können mit Darstellungen vielfältige Zugänge zu mathematischen Inhalten geschaffen und heterogene Verständnisvoraussetzungen eingebunden werden?
Inputphase II: Darstellungen in Unterrichtssituationen (ca. 60 min)
Wie können individuelle Darstellungen im Unterricht eingebunden werden? Wie können Darstellungswechsel unterstützt werden? Welche Gesprächsstrategien können das Lernen mit Darstellungen unterstützen und Lernhürden abbauen?
Teamarbeit II: Darstellungen in Unterrichtssituationen (ca. 90 min)
Analyse und Anreicherung von Unterrichtsgesprächen: Wie können Lernhilfen eingesetzt und Lernhürden abgebaut werden?
Vorbereitung der Experimentierphase im eigenen Unterricht (ca. 60 min)
Aufträge für die Experimentierphase: Dokumentation von Unterrichtssituationen mit dem Blick auf Darstellungen; Vorstellung der Online-Plattform (Moodle) Abschluss: Feedback und Wünsche für die nächsten beiden Weiterbildungstage

Lernumgebung und ausgewählten Best-Practice-Beispielen aus der eigenen Unterrichtspraxis (siehe Tab. 12.3).

12.4 Evaluationsstudie zur Weiterbildungsveranstaltung

In die Weiterbildungsveranstaltung waren Erhebungen einer Evaluationsstudie eingebettet (vgl. Abb. 12.1). Aus dem oben skizzierten theoretischen Hintergrund leiteten sich für die Evaluationsstudie folgende Forschungsfragen ab: Wie beurteilen die Lehrkräfte Unterrichtssituationen zum Umgang mit Darstellungen vor und nach der Weiterbildung? Insbesondere: Werden unverknüpfte Darstellungswechsel erkannt und beschrieben? Wie wird der Grad der Lehrendenzentrierung beurteilt? Werden passende Handlungsalternativen im Hinblick auf den Umgang mit Darstellungen und den Grad der Lehrendenzentrierung an-

Tab. 12.2 Weiterbildungsprogramm Präsenztag 2

Inhalte Weiterbildungstag 2
Impulsvortrag/Anknüpfen an den ersten Weiterbildungstag (ca. 15 min) Herausforderung Heterogenität; Wie kann im Mathematikunterricht mit heterogenen Lernvoraussetzungen umgegangen werden? Weshalb spielt der Umgang mit Darstellungen hierbei eine Schlüsselrolle?
Inputphase I: Zur Diagnose von heterogenen Lernvoraussetzungen im Mathematikunterricht (ca. 45 min) Wie können über Darstellungen Einblicke in Vorstellungen und Lernprozesse von Schülerinnen und Schülern gewonnen werden? Beispiele zu Diagnose- und Fördermaterial
Teamarbeit I: Darstellungen in Diagnose- und Förderaufgaben (ca. 90 min) Analyse von Aufgabenmaterial aus verschiedenen Klassenstufen: Wie können unterschiedliche Darstellungen und Darstellungswechsel eingesetzt werden, um Lernprozesse von Schülerinnen und Schülern zu diagnostizieren und zu fördern?
Austausch und Reflexion (ca. 60 min) **Dokumentierte Unterrichtssituationen aus der Experimentierphase** Situationen, in denen der Umgang mit Darstellungen und Darstellungswechsel zu Lernhürden für Schülerinnen und Schüler wurden; gemeinsame Entwicklung von Gesprächsstrategien, die das Lernen mit Darstellungen unterstützen und Lernhürden abbauen können
Teamarbeit II (ca. 90 min) **Erstellung einer lernendenzentrierten Lernumgebung in Kleingruppen** Erstellung einer differenzierten Lernumgebung (unterschiedliche Klassenstufen) mit dem Blick auf Darstellungen; Wie können über Darstellungen und Verknüpfungshilfen verschiedene Anforderungsniveaus verwirklicht werden?
Vorbereitung der Experimentierphase im eigenen Unterricht (ca. 60 min) Aufträge für die eigene Experimentierphase: Erprobung der erstellten Lernumgebung; Experimentieren mit Gesprächsstrategien und Verknüpfungshilfen im eigenen Unterricht; Abschluss: Feedback und Wünsche für den letzten Weiterbildungstag

gegeben? Um diese Forschungsfragen zu beantworten wurden die Lehrkräfte zu Beginn und gegen Ende der Weiterbildung gebeten, je drei Unterrichtssituationen zum Umgang mit Darstellungen einzuschätzen. Die vorgelegten Situationen (zwei Comics, ein Video) waren jeweils Sequenzen aus Arbeitsphasen mit Lernunterstützung zum Thema „Brüche" aus Klasse 6. Die Unterrichtssituationen waren strukturgleich aufgebaut (Abb. 12.3): Der Lehrkraft wird von einer Kleingruppe im Lösungsprozess eine Frage gestellt, wobei die von den Lernenden verwendete Darstellung als Hefteintrag gezeigt wird. Die Lehrkraft reagiert mit einer Hilfestellung, indem sie eine Erklärung einbringt und dabei die Darstellung wechselt, ohne jedoch an die verwendete Darstellung der Lernenden anzuknüpfen. Darüber hinaus ist die Reaktion der Lehrkraft durch eine starke Lehrerzentrierung gekennzeichnet.

Die Lehrkräfte wurden zu den Situationen um eine Einschätzung im offenen Format gebeten: „*Wie gut eignet sich die Reaktion der Lehrperson, um den Schülerinnen und*

Tab. 12.3 Weiterbildungsprogramm Präsenztag 3

Inhalte Weiterbildungstag 3
Impuls/Anknüpfen an die beiden ersten Weiterbildungstage (ca. 15 min)
Wie können Darstellungen im Mathematikunterricht zum Schlüssel im Umgang mit heterogenen Lernvoraussetzungen werden? Beispiele aus verschiedenen Themenbereichen und Klassenstufen; Gestaltung von Lern- und Aufgabenmaterialien, Umgang mit Darstellungen in Unterrichtssituationen
Teamarbeit 1: Analyse von Unterrichtssituationen aus Klasse 9 (ca. 45 min)
Wie sehen Hilfestellungen aus, die an bereits vorhandene Lernendendarstellungen und -vorstellungen anknüpfen? Analyse und Reflexion von Lernenden-Lehrenden-Gesprächen; Verfassen eines eigenen Dialogs
Drei Unterrichtssituationen aus Klasse 6 (Evaluationsstudie: zweiter Erhebungszeitpunkt); anschließend Rückgabe der Antwortbögen des ersten Erhebungszeitpunkts und Vergleich/Reflexion der beiden Analysezeitpunkte (ca. 60 min)
Austausch und Reflexion: Selbst erstellte und erprobte Lernumgebungen
Wie wurden in den Lernumgebungen Darstellungen verwendet, um verschiedene Zugangsweisen und Anforderungsniveaus zu verwirklichen? Welche Erfahrungen wurden beim Einsatz der Lernumgebungen gemacht? Kollegiales Feedback (ca. 90 min)
Austausch: Best-Practice-Beispiele der teilnehmenden Lehrkräfte zur Differenzierung und Individualisierung im Mathematikunterricht (ca. 60 min)
Welche Lernmaterialien werden eingesetzt? Wie werden z.B. Klassenarbeiten und andere Formen der Leistungsrückmeldung gestaltet? Wie können im Mathematikunterricht individualisierte Lernformen organisiert werden? Wie kann das Lernen mit Checklisten, Kompetenzrastern, Lernweglisten etc. ablaufen?
Erweiterung und Diskussion (ca. 30 min)
Heterogenität statt „Monokultur" auch bei den Inhalten im Mathematikunterricht? Die Nutzung vielfältiger Darstellungen zur Verknüpfung von Inhaltsbereichen

Abb. 12.3 Unterrichtscomic aus der Evaluationsstudie, Ausschnitt. (Gezeichnet von Juliana Egete)

Darstellung und Frage der Lernenden Darstellung und Erklärung der Lehrkraft

Schülern weiterzuhelfen? Bitte beurteilen Sie im Hinblick auf den Umgang mit Darstellungen und begründen Sie!" (vgl. Friesen im Druck). Zusätzlich sollte der empfundene Grad der Authentizität, Immersion (*„Ich fühlte mich in die Unterrichtssituation hineinversetzt, als sei ich im Klassenzimmer dabei."*), Motivation sowie Resonanz (*„Bei der*

Beschäftigung mit der Situation habe ich an eigene Erfahrungen beim Unterrichten gedacht.“) angegeben werden (Friesen im Druck; vgl. Seidel et al. 2011). Die Ergebnisse zeigen durchweg positive Einschätzungen der Lehrkräfte zu allen vier Faktoren, was auf einen hohen Grad der Auseinandersetzung mit den vorgelegten Situationen schließen lässt. Die Antworten der Lehrkräfte zeigen weiter, dass deren Analyse zu Beginn der Weiterbildung häufig voneinander losgelöst *entweder* die starke Lehrerzentrierung *oder* die unverknüpften Darstellungswechsel betraf. Zudem konnte die Mehrheit der Lehrkräfte zu Beginn der Weiterbildung eine mangelhafte Anknüpfung an individuelle Darstellungen nicht erkennen oder keine passenden Handlungsalternativen zur gezeigten Lehrerreaktion angeben. Nach der Weiterbildung zeigt sich, dass mehrheitlich sowohl die unverknüpften Darstellungswechsel als auch die starke Lehrerzentrierung kritisch in den Blick genommen werden konnten. Darüber hinaus waren mehr Lehrkräfte in der Lage, auf Grundlage ihrer Analyse passende Handlungsalternativen zu beschreiben, in dem sie z. B. passende Verknüpfungshilfen für den Darstellungswechsel formulierten. Abb. 12.4 zeigt beispielhaft die Einschätzungen einer Lehrkraft: Zu Beginn der Weiterbildung wurde der Darstellungswechsel durchweg positiv eingeschätzt (z. B. „*Veranschaulichung passt gut zur Situation*“), die mangelnde Aktivierung der Lernenden wurde nicht beschrieben. Nach der Weiterbildung fand sowohl eine Analyse des unverknüpften Darstellungswechsels (z. B. „*Es fehlt die deutliche Verbindung zwischen Aufgabe und Darstellung*“) als auch der starken Lehrerzentrierung (z. B. „*zu wenig S-Aktivität*“) statt.

Als Ergebnis der Evaluationsstudie lässt sich festhalten, dass der professionelle Blick von Lehrkräften auf Darstellungen zum Umgang mit heterogenen Lernvoraussetzungen in einer Weiterbildung der beschriebenen Art gefördert werden kann. Allerdings zeigen die Ergebnisse auch weitere Professionalisierungsbedarfe auf, die dafür sprechen, eine solche Förderung bereits verstärkt in die erste und zweite Phase der Lehramtsausbildung zu implementieren.

1. Tag der Weiterbildung	3. Tag der Weiterbildung
Die ~~A~~ Veranschaulichung passt gut zur Situation, dadurch, dass die Lehrperson die ‚Rechenaufgabe' in einen lebensweltlichen Kontext „Pizzastücke" übersetzt, wird eine weitere ‚Vorstellung' bei den SuS aktiviert ~~/~~ (zumindest besteht die Chance). Die Darstellung visualisiert genau die ‚gestellte' Aufgabe, sodass es den SuS auch ohne vorheriges Rechnen möglich ist, die Aufgabe zu lösen.	Lehrer nimmt Darstellungswechsel vor, zeichnet „schnell" selbst → ~~S~~ für SuS ist nicht ‚einsehbar' / nachvollziehbar, wie die Zeichnung entsteht Wo sieht man die Rechnung? Es fehlt die Verbindung (deutliche Verbindung) zwischen ‚Aufgabe' und Darstellung Zu wenig S-Aktivität.

Abb. 12.4 Einschätzungen einer Lehrkraft. (Vgl. Comic in Abb. 12.3)

A Materialanhang

Anhang 1 Leitfragen zur kriterienbasierten Analyse von Aufgaben mit dem Blick auf Darstellungen basierend auf Duval (2006), vgl. Dreher und Kuntze (2012)

Leitfragen zur Analyse von Aufgaben mit dem Blick auf Darstellungen
• Was ist das mathematische Objekt/die mathematische Idee?
• Welche Register sind in der Aufgabe gegeben (Ausgangsregister)?
• Welche Register fordert die Aufgabe (Zielregister)?
• Werden Treatments oder Conversions verlangt?
• Wird die Überprüfung oder Durchführung von Treatments/Conversions gefordert?
• In welche Richtung werden Darstellungswechsel gefordert?
• Werden die Lernenden zur Entwicklung eigener Darstellungen angeregt?
• Werden die Lernenden darin unterstützt, Bezüge zwischen den Registern herzustellen? Gibt es Verknüpfungshilfen?

Anhang 2 Arbeitsaufträge für die Zwischenarbeitsphasen. (Vgl. Abb. 12.1)

Zu Aufgaben und Lernmaterialien: **Gemeinsame Erstellung einer schülerzentrierten Lernumgebung**	Erstellen Sie in Ihrer Kleingruppe eine schülerzentrierte Lernumgebung zu dem von Ihnen gewählten Themenbereich (vgl. Beispiele vom ersten Weiterbildungstag). Bitte bereiten Sie die Lernumgebung für den zweiten Weiterbildungstag so vor, dass sie den anderen Teilnehmenden vorgestellt und mit ihnen besprochen werden kann. Im Anschluss an den zweiten Weiterbildungstag soll Ihre Lernumgebung nach Möglichkeit in Ihrer Klasse erprobt werden. Vor dem dritten Weiterbildungstag werden alle Lernumgebungen in Moodle eingestellt und stehen somit jeweils auch den anderen Teilnehmenden zur Verfügung.
Zum Umgang mit Darstellungen in Unterrichtssituationen: **Dokumentation von Unterrichtssituationen**	Dokumentieren Sie zu den folgenden beiden Fragen jeweils zwei Situationen aus Ihrem Unterricht (s. Beispiel in Moodle): a. In welcher Situation war ein Darstellungswechsel ein möglicher Grund für eine Verständnisschwierigkeit eines/mehrerer Lernenden? b. In welcher Situation ist es Ihnen gelungen, Verknüpfungshilfen beim Darstellungswechsel zu geben? Wie sind Sie dabei vorgegangen? Bitte stellen Sie die vier Dokumentationsblätter bis zum 20. April in Moodle ein. Bitte geben Sie in Moodle den Kolleginnen und Kollegen aus Ihrer Arbeitsgruppe Rückmeldungen zu deren Situationen bis zum 4. Mai.

Anhang 3 Fallbeispiel aus Klasse 9 mit Arbeitsauftrag

> **Aufgabe:**
>
> Bestimme die Lösungsmenge der Gleichung.
>
> $-4x^2 + 8x + 12 = 0$

S1: Können wir das nicht einfach zeichnen?

L: Ja, prima, und dann könntet Ihr auch Eure Parabelschablone benutzen.

S: Also bei −4 anlegen, oder?

L: Hm, also was meinen denn die anderen dazu?

S2: Ich würde erst mal durch −4 teilen und alles andere auf die andere Seite bringen.

L: Das ist eine gute Idee. Kann das jemand mal erklären?

S1: Vor dem x^2 darf ja nichts stehen wenn ich die Schablone nehmen will.

L: Genau. Dann zeichnet doch schon mal ein was Ihr habt.

S1: (*zeichnet eine Normalparabel in ein Koordinatensystem ein*)

S2: Und wie geht es jetzt weiter?

L: Schaut mal, Ihr habt ja noch was übrig, wie könntet Ihr das denn jetzt noch in Eurem Koordinatensystem ergänzen?

S1: 2x + 3... hm, das ist doch eine Gerade, oder? (*zeichnet ein*)

L: Ja, genau. Und dann sehr Ihr ja auch schon die beiden Schnittpunkt und könnt die Lösungsmenge aufschreiben. Meldet Euch nochmal wenn Ihr Fragen habt, ok?

Auftrag: Wie gut ist die Hilfestellung der Lehrperson geeignet, um den Lernenden weiterzuhelfen? Bitte beurteilen Sie im Hinblick auf den Umgang mit Darstellungen.

Anhang 4 Fallbeispiel aus Klasse 8 mit Arbeitsauftrag

> **S1:** Können Sie mal bitte kommen? Wir verstehen die Nr. 7 irgendwie nicht...
>
> *(Lehrperson kommt zum Tisch.)*
>
> Also, gegeben ist die Gleichung und wir sollen den Schnittpunkt mit der x-Achse bestimmen:
>
> <u>Nr. 7</u>
>
> Gegeben ist die Gleichung einer linearen Funktion mit y = -5x + 20.
>
> Bestimme den Schnittpunkt mit der x-Achse.
>
> **S2:** Und wir haben jetzt auch eine Wertetabelle gemacht und schon ein paar Werte ausgerechnet und jetzt wollen wir fragen, wie man den Schnittpunkt hier abliest:
>
>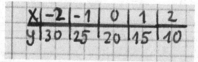

Auftrag: Versetzen Sie sich in die Rolle der Lehrperson und geben Sie den Lernenden eine passende Hilfestellung. Schreiben Sie hierfür das Gespräch weiter.

Literatur

Ainsworth, S. E. (2006). DeFT: a conceptual framework for considering learning with multiple representations. *Learning and Instruction, 16*, 183–198.

Dreher, A., & Kuntze, S. (2012). *The challenge of situatedness in pre-service teacher education – adapting elements of lesson study to the context of a course on 'using multiple representations.* ICME 2012.

Dreher, A., & Kuntze, S. (2014). Teachers facing the dilemma of multiple representations being aid and obstacle for learning: evaluations of tasks and theme-specific noticing. *Journal für Mathematik-Didaktik, 36*(1), 23–44.

Dreher, A., & Kuntze, S. (2015). Teachers' professional knowledge and noticing: the case of multiple representations in the mathematics classroom. *Educational Studies in Mathematics, 88*(1), 89–114.

Duval, R. (2006). A cognitive analysis of problems of comprehension in a learning of mathematics. *Educational Studies in Mathematics, 61*, 103–131.

Friesen, M., Dreher, A., & Kuntze, S. (2015a). Pre-service teachers' growth in analysing classroom videos. In K. Krainer & N. Vondrová (Hrsg.), *CERME 9 Proceedings* (S. 2783–2789). Prague: Charles University in Prague, Faculty of Education and ERME.

Friesen, M., Kuntze, S., & Vogel, M. (2015b). Fachdidaktische Analysekompetenz zum Umgang mit Darstellungen – Vignettenbasierte Erhebung mit Texten, Comics und Videos. In F. Caluori,

H. Linneweber-Lammerskitten & C. Streit (Hrsg.), *Beiträge zum Mathematikunterricht 2015* (S. 292–295). Münster: WTM.

Friesen, M. (im Druck). *Teachers' competence of analysing the use of multiple representations in mathematics classroom situations and its assessment in a vignette-based test.*

Goldin, G., & Shteingold, N. (2001). Systems of representation and the development of mathematical concepts. In A. A. Cuoco & F. R. Curcio (Hrsg.), *The role of representation in school mathematics* (S. 1–23). Boston: NCTM.

Krammer, K. (2009). *Individuelle Lernunterstützung in Schülerarbeitsphasen. Eine videobasierte Analyse des Unterstützungsverhaltens von Lehrpersonen im Mathematikunterricht.* Münster: Waxmann.

Krammer, K. (2014). Fallbasiertes Lernen mit Unterrichtsvideos in der Lehrerinnen- und Lehrerbildung. *Beiträge zur Lehrerinnen- und Lehrerbildung, 32*(2), 164–175.

Krammer, K., Reusser, K., & Pauli, C. (2010). Individuelle Unterstützung der Schülerinnen und Schüler durch die Lehrperson während der Schülerarbeitsphasen. In K. Reusser, C. Pauli & M. Waldis (Hrsg.), *Unterrichtsgestaltung und Unterrichtsqualität. Ergebnisse einer internationalen und schweizerischen Videostudie zum Mathematikunterricht* (S. 107–122). Münster: Waxmann.

Leiss, D., & Tropper, N. (2014). *Umgang mit Heterogenität im Mathematikunterricht: Adaptives Lehrerhandeln beim Modellieren.* Berlin Heidelberg: Springer.

Lesh, R., Post, T., & Behr, M. (1987). Representations and translations among representations in mathematics learning and problem solving. In C. Janvier (Hrsg.), *Problems of representation in the teaching and learning of mathematics* (S. 33–40). Hillsdale: Lawrence Erlbaum.

Schnebel, S. (2013). Lernberatung, Lernbegleitung, Lerncoaching – neue Handlungsformen in der Allgemeinen Didaktik? *Jahrbuch für Allgemeine Didaktik, 3*(2013), 278–296.

Seidel, T., Stürmer, K., Blomberg, G., Kobarg, M., & Schwindt, K. (2011). Teacher learning from analysis of videotaped classroom situations: does it make a difference whether teachers observe their own teaching or that of others? *Teaching and Teacher Education, 27*, 259–267.

Sherin, M., Jacobs, V., & Philipp, R. (2011). *Mathematics teacher noticing: seeing through teachers' eyes.* New York: Routledge.

Syring, M., Bohl, T., Kleinknecht, M., Kuntze, S., Rehm, S., & Schneider, J. (2016). Fallarbeit als Angebot – fallbasiertes Lernen als Nutzung: Empirische Ergebnisse zur kognitiven Belastung, Motivation und Emotionen bei der Arbeit mit Unterrichtsfällen und Konsequenzen für eine Hochschuldidaktik der Fallarbeit. *Zeitschrift für Pädagogik, 62*(1), 86–108.

Studierende in Schulentwicklungsprozesse einbinden

Vorbereitung auf den Mathematikunterricht in stark heterogenen Klassen

Andrea Hoffkamp

Zusammenfassung

Der (Mathematik-)Unterricht in stark heterogenen Klassen stellt hohe Anforderungen an die unterrichtenden Lehrerinnen und Lehrer. Gleichzeitig etablieren sich immer mehr Schulformen, in denen Heterogenität institutionell angelegt ist. Im Folgenden wird ein Konzept einer Lehrveranstaltung für Lehramtsstudierende mit dem Fach Mathematik vorgestellt, das auf die Herausforderungen stark heterogener Klassen im Rahmen der Schulpraktischen Studien vorbereiten soll. Die Konzeption der Lehrveranstaltung ist mit einem partizipativen Handlungsforschungsprojekt an einer Berliner Gemeinschaftsschule verbunden. Die Studierenden werden in den Entwicklungsprozess der Schule eingebunden. Sie erleben die Etablierung eines Konzeptes für den Mathematikunterricht in authentischer Art und Weise und bereiten Unterricht auf der Basis einer im Forschungsprozess entwickelten Praxistheorie vor.

13.1 Einleitung und Kontext

Im Zuge institutioneller Neuorientierung hin zu Gemeinschaftsschulkonzepten werden Lehrerinnen und Lehrer als „zentrale Reformmotoren" auf Unterrichtsebene erachtet (Trautmann und Wischer 2011, S. 106). Deswegen ist die Lehreraus- und -fortbildung von besonderer Bedeutung. Im Rahmen eines partizipativen Handlungsforschungsprojektes arbeitet die Forscherin eng mit dem Mathematikkollegium einer Gemeinschaftsschule im sozialen Brennpunkt in Berlin-Kreuzberg zusammen (Hoffkamp et al. 2015). Dies umfasst insbesondere das wöchentliche gemeinsame Unterrichten der Forscherin mit den Kolleginnen der Schule, so dass eine enge Anbindung an die Lehrerausbildung organisa-

A. Hoffkamp (✉)
Institut für Analyis, Professur für Didaktik der Mathematik, Technische Universität Dresden
Dresden, Deutschland

© Springer Fachmedien Wiesbaden GmbH 2017
J. Leuders et al. (Hrsg.), *Mit Heterogenität im Mathematikunterricht umgehen lernen*,
Konzepte und Studien zur Hochschuldidaktik und Lehrerbildung Mathematik,
DOI 10.1007/978-3-658-16903-9_13

torisch leicht zu bewältigen ist. Die Klassen der Kooperationsschule sind von besonders
starker Heterogenität bezüglich verschiedener Kategorien geprägt. Die Leistungsheterogenität reicht von Förderschul- bis Gymnasialniveau, wobei zudem in jeder Klasse
die Anforderungen inklusiver Arbeit bzgl. verschiedener Förderschwerpunkte („Lernen",
„Verhalten", „geistige Entwicklung") geleistet werden müssen. Aber auch bzgl. des Lern-
und Arbeitsverhaltens und der kulturellen und sozialen Herkunft (90 % der Schülerinnen
und Schüler sind nicht-deutscher Herkunftssprache) ist die Heterogenität besonders stark
ausgeprägt. Ziel des inzwischen fast dreijährigen Projektes ist bzw. war die Entwicklung
einer Gesamtkonzeption für den Mathematikunterricht, deren Implementierung und die
damit einhergehende Überprüfung auf Wirksamkeit.

Im Schuljahr 2014/15 haben erstmalig Studierende im Rahmen eines Seminares im Unterricht der 7. Klassen hospitiert und ihre Erfahrungen reflektiert. Die Reflexionen zeigten,
dass sie mit ihrem bisherigen Wissensstand und Handlungsrepertoire von den Unterrichtssituationen zumeist überfordert waren:

> Zu den Erfahrungen zu mir als Lehrperson zähle ich das Gefühl, das ich hatte, als ich in der
> 7. Klasse stand und wusste, dass ich mit meinem jetzigen Erfahrungsschatz in dieser Klasse
> nicht eine Minute Unterricht hätte durchführen können. Aber auch die Erfahrung, dass eine
> persönliche Bindung zu den Schülern besonders wichtig ist.
> In diesen Klassen gewinnt die Aufgabe der Schule als komplexer Sozialisationsraum an
> Bedeutung, in dem die Vermittlung von Wissen eine, aber vermutlich noch nicht die entschei-
> dende Rolle spielt.

Das Unterrichten in stark heterogenen Klassen wird demnach vordergründig als pädagogisches (und weniger als didaktisch-methodisches) Problem wahrgenommen. Besonders
auffällig war, dass die Studierenden die fachliche Dimension von Unterricht zumeist von
der pädagogischen Dimension trennten, indem sie dem fachlichen Lernen sogar eine un-
tergeordnete Rolle zumaßen.

Da sich im Entwicklungsprozess im Kollegium der Schule ein ähnlicher Befund zeigte, wurde im Rahmen der Schulentwicklung ein Praxiskonzept entwickelt, welches das
fachliche Lernen mit der pädagogischen Arbeit in besonderer Weise zu verbinden sucht.

13.2 Eine Praxistheorie für den Mathematikunterricht in stark heterogenen Klassen als Basis für die Lehrerausbildung

In diesem Abschnitt wird die im Zuge des Entwicklungsprozesses entstandene Praxistheorie für den Mathematikunterricht in verkürzter Form dargestellt. Diese bildet zugleich
einen theoretischen Rahmen für die Seminarkonzeption.

Der spezielle situative Kontext der Schule erforderte die Entwicklung eines *pädagogischen Konzeptes*. Getragen wird das Konzept von einer (reform)pädagogischen Haltung,
die Erziehung in der Auseinandersetzung mit der Sache bzw. den Inhalten verankert.
Damit stellt sich Erziehung als das „Lehren des Verstehens" (Gruschka 2011) dar. Me-

thodische Ansätze stehen im Dienste der Ermöglichung des Verstehens, aber nicht in dessen Zentrum (Hoffkamp 2016). In der Praxistheorie stellt deswegen das aufbauende fachliche Lernen und damit die Sachlogik an sich (Wittmann und Müller 2012) die tragende Säule des Unterrichts dar (Abb. 13.1, Hoffkamp et al. 2015). Der fachliche Aufbau gibt die Struktur des Unterrichts vor und ermöglicht zugleich aus der Struktur heraus flexibles Lehrerhandeln im Hinblick auf heterogene Lerngruppen. Für die Entwicklung des fachlichen Aufbaus werden zwei Prinzipien verfolgt: Die Orientierung des sachlogischen Verlaufes an *mathematischen Kernideen*, die mathematische Themen *vernetzen* und die *Vereinfachung als Zugänglich-Machung bei gleichzeitiger Erweiterbarkeit* (Kirsch 1977) des Stoffes. In Hoffkamp (2016) wird dies konkret am Beispiel der Prozentrechnung erläutert.

Die methodische Säule des Unterrichts ist das Feedback, denn: „Erfährt aber der Schüler ausschließlich, dass er schlecht, faul und unfähig ist, ohne dabei zu erkennen, was ihn sachlich daran hindert, endlich besser zu werden, kann Erziehung nicht erfolgreich werden." (Gruschka 2011, S. 185). Die Wirksamkeit von formativer Evaluation und Feedback ist nicht erst seit der Hattie-Studie belegt (Hattie 2009; Helmke 2012). Deswegen kommen neben diagnostischen Maßnahmen und formativer Evaluation in Form regelmäßiger Tests verschiedene Mikromethoden im Unterrichtsalltag zum Tragen (Hoffkamp 2016). Eng mit Feedback verbunden ist die Schülerorientierung, welche im Sinne Helmkes (2012) darin besteht, ein lernförderliches Klima zu schaffen, welches – gerade in einem pädagogisch fordernden Umfeld – von einer zutrauenden Haltung geprägt ist, indem den Kindern im Sinne des „Verstehen Lehrens" ein Erkenntnisinteresse unterstellt wird und dieses durch lernförderliches Feedback unterstützt wird. Dies bedeutet zugleich, dass die Lehrkraft mit den Schülerinnen und Schülern durch die Auseinandersetzung mit der Sache eine professionelle Beziehung eingeht.

Abb. 13.1 Drei Säulen binnen-
differenzierten Unterrichts

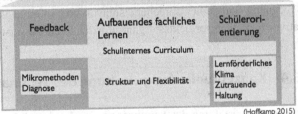

Mit der Entwicklung der Praxistheorie bildete sich folgender theoretischer Begriff von Binnendifferenzierung heraus: *Binnendifferenzierung meint eine Orientierung am Fachlichen als Kern einer pädagogischen Haltung* (im obigen Sinne). Dabei geht es darum, die Gegenstände für das Lernen für möglichst alle Kinder zu öffnen und gleichzeitig den Leistungsstärkeren gerecht zu werden. Hierzu müssen die Inhalte so aufbereitet werden, dass trotz inhaltlicher Beschränkung und exemplarischen Vorgehens die Erweiterbarkeit und das Arbeiten auf verschiedenen Niveaus möglich ist. Letzteres ist umso anspruchsvoller, je heterogener die Lerngruppen sind – erst recht für angehende Mathematiklehrerinnen und -lehrer.

13.3 Ein Seminar zur Vorbereitung auf schulpraktische Studien – Rahmenbedingungen und Ziele

Das Ziel der Veranstaltung war einerseits, die Studierenden das im vorigen Abschnitt beschriebene Konzept für den Unterricht kritisch reflektieren und sie am Entwicklungs- und Umsetzungsprozess aktiv teilhaben zu lassen. Andererseits sollte durch eine auf dem entwickelten Konzept basierende Unterrichtsvorbereitung ein Weg zur Verbindung von fachlichem Lernen und pädagogischem Handeln im Unterrichtsalltag aufgezeigt werden.

Bei der Lehrveranstaltung handelt es sich um ein Seminar mit 2 SWS, welches die Studierenden auf eine 4-wöchige Praxisphase in der Schule vorbereiten soll. Im Zentrum der Lehrveranstaltung stehen die Fragen: *Wie bereite ich Mathematikunterricht vor?*, *Wie führe ich Unterricht (methodisch) durch?* und *Wie reflektiere ich Unterricht?* Das Seminar wurde in dieser Form im Sommersemester 2015 an der Humboldt-Universität zu Berlin von der Autorin durchgeführt. Am Seminar nahmen 14 Studierende im Masterstudiengang Lehramt Mathematik aller Richtungen (Gymnasium, Sekundarstufe, Grundstufe und Sonderpädagogik) teil. Der Schwerpunkt des Seminares lag auf dem Themenkomplex „Umgang mit Heterogenität im Mathematikunterricht". Gerade zukünftige Gymnasiallehrerinnen und -lehrer begegnen im Rahmen dieses Seminars erstmalig Klassen, die durch ihre Anlage pädagogisch besonders fordernd sind und in denen auch das Thema Inklusion eine Rolle spielt. Eine enge Verbindung mit Praxiserfahrungen und eine authentische Begegnung sind dementsprechend sinnvoll und wünschenswert und im Zuge des partizipativen Forschungsprojektes organisatorisch leicht zu verwirklichen.

13.4 Konzeptuelle Ausgestaltung des Seminars

Für die Ausgestaltung des Seminars wurde ein vierschrittiges Vorgehen gewählt, das im Folgenden mit den jeweiligen Zielsetzungen und in seiner methodischen Ausgestaltung ausgeführt wird.

13.4.1 Vorstellung des Schulentwicklungsprojektes und der entwickelten Praxistheorie

Im ersten Schritt wird den Studierenden das Schulentwicklungsprojekt und die entwickelte Praxistheorie vorgestellt (siehe Abschn. 13.2). Methodisch handelt es sich hierbei um einen Vortrag mit Gruppendiskussionsphasen. Schon in dieser Phase wird den Studierenden sichtbar, dass das Unterrichten an einer Gemeinschaftsschule hohe Anforderungen an eine Lehrkraft stellt. Diese Anforderungen sind gerade für Berufsanfänger oft auch angstbehaftet. Die Ziele in dieser Phase der Lehrveranstaltung bestehen deswegen auch darin, diese Ängste explizit anzusprechen und zur Diskussion zu stellen. Das vorgestellte Konzept für den Unterricht soll den Studierenden aber zugleich einen möglichen Weg aufzeigen, in einem derartigen schulischen Umfeld Handlungsmöglichkeiten zu etablieren und sich zu professionalisieren.

13.4.2 Vorstrukturierte Unterrichtsbeobachtung und Reflexion

Um das Hauptlernziel der Veranstaltung – *Wie bereite ich Unterricht vor und wie führe ich ihn durch?* – zu erreichen, wird im Wesentlichen der Ansatz des *Cognitive Apprenticeship* (Collins et al. 1989) verfolgt. In der „Modeling"-Phase ist die Forscherin selbst zugleich Dozentin und Modell. Im Rahmen einer Seminarsitzung stellt die Dozentin einen Modellentwurf für den Unterricht vor, den sie für die 7. Klasse der Kooperationsschule geplant hat. Der Entwurf wird im Hinblick auf die Praxistheorie diskutiert. Die Durchführung der entworfenen Stunde erfolgt durch die Dozentin selbst. Die Studierenden werden als Beobachtende in den Unterricht eingeladen. Hierfür erhalten sie einen vorstrukturierten Beobachtungsbogen, in dem die „tragenden Säulen" des Praxiskonzeptes – *Fachlich aufbauendes Lernen*, *Feedback* und *Schülerorientierung* – als Strukturelemente dienen und durch Leitfragen unterstützt werden.

In dieser Phase soll die Praxistheorie authentisch erlebt und reflektiert werden. Dabei werden die Studierenden als Partnerinnen und Partner im Entwicklungsprozess der Schule ernst genommen, indem die Konzeption des Unterrichts an dem gemessen wird, was für die Beobachtenden tatsächlich sichtbar ist. Kritische Vorschläge der Studierenden bezüglich der Gestaltung des Unterrichts werden aufgegriffen und diskutiert. Zudem gehen Teile der Beobachtungsprotokolle als Feedback für die Kinder wieder in den Unterricht mit ein. Die Studierenden stellen in dieser Hinsicht echte Partnerinnen und Partner im Entwicklungsprozess dar. Dadurch, dass die Dozentin zugleich als Modell wirkt, ist zudem bei der gemeinsamen Auswertung der Unterrichtsbesuche eine authentische und intensive Auseinandersetzung mit der Thematik möglich.

13.4.3 Einzelförderung und Beziehungsarbeit

In dieser Phase des Seminars steht die auf das fachliche Lernen bezogene Beziehungsarbeit, also die Schülerorientierung (siehe Abb. 13.1) im Zentrum. Parallel zum Unterricht fördern die Studierenden Kinder in Eins-zu-Eins-Situationen. Das Material wird den
Studierenden von der Dozentin zur Verfügung gestellt und im Hinblick auf die Lernziele vorbesprochen. Außerdem gibt die Dozentin Informationen zu den Schwierigkeiten
und Besonderheiten des einzelnen Kindes. Es hat sich gezeigt, dass zusätzlich konkrete Hinweise für die Kontaktaufnahme mit den Kindern wichtig sind: Wie kommt man ins
Gespräch? Womit sollte man beginnen? Eins-zu-Eins-Situationen waren für die Studierenden zunächst angstbehaftet, gerade wenn sie ein Kind mit Förderschwerpunkt „Lernen"
oder „Verhalten" fördern sollten. Sie sind aber gerade in pädagogisch fordernden Klassen
wichtig, um in der Gesamtsituation des Unterrichts den Blick auf die einzelnen Kinder
etablieren und bewahren zu können. Dazu gehört die Verbindung der Beziehungsarbeit
mit der Etablierung eines „diagnostischen Blickes". Ihre Erfahrungen halten die Studierenden in vorstrukturierten Protokollen fest. Hierbei werden sie aufgefordert, die Stärken
und Schwächen des Kindes im Umgang mit dem behandelten mathematischen Inhalt zu
reflektieren und zu beschreiben. Außerdem soll ein Statement dazu formuliert werden,
wie zufrieden sie mit ihrer eigenen Performanz waren und welche Hilfen sie zusätzlich
benötigt hätten. Die Rückmeldungen auf den Protokollbögen dienen aber auch als diagnostisches Feedback für die Lehrkräfte der Klassen und gehen als solche wiederum in
den Unterrichtsentwicklungsprozess ein.

13.4.4 Unterrichtsvorbereitung und Durchführung

In der letzten Phase – der „Scaffolding"-Phase – der Lehrveranstaltung bereiten die Studierenden in Kleingruppen aufeinanderfolgende Unterrichtsstunden vor. Diese Phase bildet den Kern des Seminars. Das vorgestellte Konzept (Abb. 13.1) dient in dieser Phase
als Gerüst. Methodisch liegt dieser Phase der Ansatz des *fachspezifischen Unterrichtscoachings* zugrunde. Das heißt sowohl die Planung als auch die Durchführung des Unterrichts
finden in *gemeinsamer Verantwortung* der Studierenden und der Dozentin statt (Staub und
Kreis 2013). Die Dozentin übernimmt in der Unterrichtssituation allerdings die Hauptverantwortung. Fachspezifisches Unterrichtscoaching ermöglicht insbesondere die Nutzung
der Ideen der Studierenden bei gleichzeitiger Einbringung der Expertise der Dozentin.
    Im Zentrum der Unterrichtsvorbereitung steht die Aufbereitung der mathematischen
Inhalte anhand der in Abschn. 13.2 beschriebenen Prinzipien: *Vernetzung durch mathematische Kernideen* und *Vereinfachung bei gleichzeitiger Erweiterbarkeit.* In einem Coa-
chingprozess arbeitet die Dozentin mit den Studierenden Kernideen heraus, die zur Auswahl verschiedener möglicher Zugänge führen, deren Vor- und Nachteile diskutiert werden. Hierbei bringt die Dozentin besonders ihre Expertise bzgl. der Antizipation von
Schülerschwierigkeiten gezielt in den Diskussionsprozess mit ein.

Als Vorgabe für die methodische Umsetzung sollen die Studierenden mindestens zwei bewusste Feedbackmomente einbauen. Hierbei sind sie frei in ihrer Methodenwahl, erhalten aber – auch aus den Unterrichtsbesuchen bei der Dozentin – konkrete Anregungen. Zusätzlich bildet die im Entwicklungsprozess des Mathematikkollegiums etablierte äußere Strukturierung des Unterrichts ein Gerüst für die Phasen der Unterrichtsstunde: Es soll mit einer täglichen Übung begonnen werden, die an die vorherige Stunde anknüpft oder die aktuelle Stunde vorbereitet, indem beispielsweise Lernhürden in der Übung antizipiert werden. Frontalphasen mit Lehrervortrag sind kurz zu halten und mit Übungsphasen mit hohem Feedbackanteil abzuwechseln.

Zu den Unterrichtsdurchführungen der Autorin fertigen die Studierenden Protokolle an. Da im Unterricht auf Basis des Feedbacks häufig flexibel agiert wird, sind die Studierenden angehalten, insbesondere auf die Abweichungen vom geplanten Unterrichtsverlauf zu achten. Die Motive und Gründe für diese Abweichungen werden in einer abschließenden Seminarsitzung diskutiert.

Die Unterrichtsvorbereitungen und die dabei entstandenen (differenzierten) Materialien gehen in die Curriculumsentwicklung der Schule mit ein. Hierbei bringen die Studierenden wichtige Impulse aus den Bezugswissenschaften (Erziehungswissenschaften, Deutsch als Zweitsprache, Sonderpädagogik) ein. Das erworbene Wissen der Studierenden wird damit praktisch umgesetzt und auf seine Wirksamkeit im Gesamtkomplex Unterricht reflektiert.

13.5 Ergebnisse und Diskussion

In einer abschließenden Evaluation sollten die Studierenden zu jeder Phase der Lehrveranstaltung einen Kommentar im Hinblick auf das zugrundeliegende Konzept von Unterricht schreiben. Die Kommentare geben wichtige Hinweise im Hinblick auf erfolgreiche und entwicklungsbedürftige Elemente der Seminarkonzeption.

In der Beobachtungs- und Reflexionsphase (Abschn. 13.4.2) bot das Konzept den Studierenden eine Grundlage, die es ihnen auch in scheinbar unübersichtlichen Unterrichtssituationen ermöglichte, auf den Aspekt des Lernens und Verstehens zu fokussieren.

> Besonders hilfreich war strukturiert nach deinem Modell Binnendifferenzierter Unterricht, deinen Unterricht zu beobachten. [..] Es war wertvoll zu sehen, an welchen Stellen du das Modell wie umsetzt und inwiefern das Früchte trägt. So konnte ich toll beobachten wie engagiert die SuS arbeiten, obwohl der Gesamteindruck etwas anderes widerspiegelt.

Dies konnte in der Einzelförderungsphase (Abschn. 13.4.3) aufgegriffen und im Sinne des Konzeptes fortgeführt werden, indem die Studierenden Gelegenheit bekamen, sich intensiv mit einem Kind auseinanderzusetzen, Berührungsängste abzubauen und ein Gespür für die Schwierigkeiten im Prozess des Verstehens zu bekommen.

Vor allem für den Aufbau einer persönlichen Beziehungsebene erachte ich [die Einzelförde-
rung] als großen Vorteil. Durch diese exemplarische Beziehung zu einzelnen Schülern [war]
ein besseres „Einfühlen" für fachliche Ausgestaltungsmöglichkeiten möglich.

Die Eins-zu-Eins-Situationen bildeten für die Studierenden ein wertvolles Element. In
der Einzelbetreuung war es durch intensive Arbeit an mathematischen Inhalten leichter
möglich Erfolge zu erzielen und fokussierter zu arbeiten. Das führte auf beiden Seiten
(Studierenden wie Schülerinnen und Schüler) zu einem hohen Grad an Zufriedenheit
durch fachliche Erfolge:

Ich war sehr zufrieden mit dem, was ich mit S. erreicht habe. Dadurch dass wir uns das letzte
Mal schon gut kennengelernt haben, war sie sofort motiviert und arbeitete super konzentriert
mit. Sie konnte Gedankengänge von mir nachvollziehen und ihre sehr gut verbalisieren. Sie
ist sehr kompetent, sobald die Sinnhaftigkeit hinter einem Phänomen verinnerlicht wurde.
[...] Diese Stunde hat mich dabei bestätigt jederzeit die Zeit einzuräumen das Verstehen zu
lehren und sich von der Zeit und dem „was will ich alles schaffen" nicht allzu sehr unter
Druck setzen zu lassen.

Trotz der intensiven Vorbereitung auf die situativen Bedingungen der Klasse gestaltete
sich die Unterrichtsvorbereitung als schwierig. Zwar wurde das Konzept für Unterricht
und das Gerüst als hilfreich empfunden, aber durch die mangelnde Praxis waren die Studierenden von der Komplexität des Unterrichts teilweise überfordert. Der kritischste Punkt
betraf allerdings den sachlogischen Aufbau. Hierfür hätte die Coachingsituation noch intensiver ausgebaut werden müssen, was allerdings mit den vorhandenen Ressourcen kaum
möglich war. Die Hauptschwierigkeiten gründeten sich auf die mathematischen Inhalte an
sich und die Identifizierung der mathematischen Kernideen. Dies betrifft die zentrale Säule des hier vorgestellten Konzeptes von Unterricht – das aufbauende fachliche Lernen. Die
hier beschriebenen Schwierigkeiten haben ihre Ursache vermutlich auch in der fachmathematischen Ausbildungssituation an der Hochschule, da diese für Studierende oft losgelöst
von der späteren Profession erscheinen (Hoffkamp und Warmuth 2015).
    Dennoch bestätigen die Rückmeldungen der Studierenden die Notwendigkeit eines klar
umrissenen Konzeptes für innere Differenzierung, das sich auf das praktische und pädagogische Handeln bezieht. Es zeigt sich, dass eine *authentisch erlebte* Theorie-Praxis-
Beziehung eine fruchtbare Basis für die Lehrerbildung bildet, indem erlebt wird, welche
Handlungsmöglichkeiten aus der theoretischen Konzeption resultieren und wie dies auf
die Konzeption zurück wirkt. Dies wird umso mehr dadurch verstärkt, dass die Studierenden einen echten Beitrag zur Entwicklung durch entwickelte Unterrichtsmaterialien in
der Planung, durch Reflexionsfläche für die Unterrichtsentwicklung und durch Erfolge bei
der Einzelförderung leisten und diesen Beitrag im Hinblick auf seine Wirksamkeit erleben
und reflektieren.

13.6 Fazit

Zum Abschluss soll auf die Frage der Übertragbarkeit eingegangen werden. Es lassen sich folgende wirksame Elemente isolieren:

Der Unterricht in (stark) heterogenen Klassen stellt bezüglich verschiedener Dimensionen (fachlich, pädagogisch, methodisch) hohe Anforderungen. Ein Seminar zur Vorbereitung der Praxisphase muss die Studierenden hierauf vorbereiten. Um die Studierenden an diese Komplexität heranzuführen stellt ein *„Meister-Lehrling-Ansatz" (cognitive apprenticeship)* eine geeignete Konzeption dar. Dazu passt die Arbeitsweise des *fachspezifischen Unterrichtscoachings*, welches sich in exemplarischen Phasen auch in andere Seminarkontexte integrieren ließe. Ein weiteres wichtiges Element ist die *Authentizität der Erfahrungen*. Hier kann man sich durchaus vorstellen z. B. Einzelförderungsphasen in Zusammenarbeit mit Schulen durchzuführen und geeignet anzuleiten. Wichtig in diesem Zusammenhang ist ein bewusster *Wechsel zwischen strukturierter Reflexion und praktischer Tätigkeit*. Das wesentliche Element stellt meines Erachtens ein *theoretisch abgeschlossenes Konzept* für den Unterricht dar. Dieses bildet die Grundlage für die Planung und für das Lehrerhandeln im Unterricht. Hier ist die didaktische Forschungs- und Entwicklungslandschaft gefragt, solche Konzepte weiter zu entwickeln und deren Entwicklung in Seminaren zum Gegenstand der Auseinandersetzung zu machen.

Literatur

Collins, A., Brown, J. S., & Newman, S. E. (1989). Cognitive apprenticeship: Teaching the craft of reading, writing and mathematics. In L. B. Resnick (Hrsg.), *Knowing, learning and instruction: Essays in honor of Robert Glaser* (S. 453–494). Hillsdale, NJ: Erlbaum.

Gruschka, A. (2011). *Verstehen lehren – Ein Plädoyer für guten Unterricht.* Stuttgart: Reclam Universal-Bibliothek.

Hattie, J. (2009). *Visible learning: A synthesis of meta-analyses relating to achievement.* New York: Routledge.

Helmke, A. (2012). *Unterrichtsqualität und Lehrerprofessionalität. Diagnose, Evaluation und Verbesserung des Unterrichts* (4. Aufl.). Seelze: Klett-Kallmeyer.

Hoffkamp, A. (2016). Mathematik lehren an einer Brennpunktschule – Fach und Pädagogik im Blick. In A. Feindt et al. (Hrsg.), *Lehren, Friedrich Jahresheft 2016* (S. 32–33). Seelze: Friedrich Verlag.

Hoffkamp, A., & Warmuth, E. (2015). Dimensions of mathematics teaching and their implications for mathematics teacher education. In K. Krainer & N. Vondrová (Hrsg.), *Proceedings of the Ninth Conference of the European Society for Research in Mathematics Education* (S. 2804–2810). Prague: CERME.

Hoffkamp, A., Löhr, S., & Rösken-Winter, B. (2015). Binnendifferenzierung und pädagogisches Handeln – Entwicklungsforschung an einer Brennpunktschule. In F. Caluori et al. (Hrsg.), *Beiträge zum Mathematikunterricht* (S. 392–395). Münster: WTM Verlag.

Kirsch, A. (1977). Aspekte des Vereinfachens im Mathematikunterricht. *Didaktik der Mathematik,* *5*(2), 87–101.

Staub, F. C., & Kreis, A. (2013). Fachspezifisches Unterrichtscoaching in der Aus- und Weiterbildung von Lehrpersonen. *Journal für LehrerInnenbildung, 13*(2), 8–13.

Trautmann, M., & Wischer, B. (2011). *Heterogenität in der Schule. Eine kritische Einführung.* Wiesbaden: VS Verlag.

Wittmann, E. C., & Mueller, G. N. (2012). Die Konzeption des Zahlenbuches. In E. C. Mueller & G. N. Mueller (Hrsg.), *Das Zahlenbuch 1. Begleitband* (S. 158–173). Stuttgart: Klett.

Mathematik mit allen Sinnen

Offen differenzierende Experimente als Konzept in der Lehrerbildung

Jenny Kurow und Karin Richter

Zusammenfassung

Der Beitrag berichtet über Erfahrungen bei der Auseinandersetzung mit dem Konzept „selbstgesteuertes, entdeckendes Lernen in enaktiven Experimentiersituationen im und begleitend zum Mathematikunterricht" in der mathematikdidaktischen Lehramtsaus- und -fortbildung (Lehramt Grundschule, Lehramt Förderschule, Lehramt Sekundarstufen I und II). Im Zentrum steht dabei, für die Studierenden und Lehrenden die Vernetzung von fachdidaktischen Problemstellungen mit praktisch konkreten Lehr-Lern-Situationen in heterogenen Schülergruppen erlebbar zu machen. Es werden Erfahrungen für die Lehrerbildung vorgestellt, die in der Realisierung inklusiven Lernens an und mit handgreiflichen mathematischen Experimenten am außerschulischen Lernort „Experimente-Werkstatt Mathematik" der Universität Halle-Wittenberg gesammelt werden konnten.

14.1 Theoretischer Hintergrund

Diversität und Vielfalt mit ganz unterschiedlichen kognitiven, physischen und emotionalen Ausprägungen bestimmen zunehmend in allen Schulformen den Schulalltag. Lernen in und mit Vielfalt ist zur Selbstverständlichkeit auch für den Mathematikunterricht geworden (vgl. Leuders und Prediger 2016). Mit dem wachsenden Bewusstsein für Heterogenität steigt die Sensibilisierung für differenzierenden Mathematikunterricht. Zur Differenzierung im Mathematikunterricht sind zahlreiche Empfehlungen entwickelt worden. Der vorliegende Beitrag greift den Ansatz der Selbstdifferenzierung im sozialen Kontext von Freudenthal und Wittmann auf: Freudenthal forderte bereits 1974, „daß die Schüler nicht

J. Kurow (✉) · K. Richter
Institut für Mathematik, Martin-Luther-Universität Halle-Wittenberg
Halle (Saale), Deutschland

© Springer Fachmedien Wiesbaden GmbH 2017
J. Leuders et al. (Hrsg.), *Mit Heterogenität im Mathematikunterricht umgehen lernen*,
Konzepte und Studien zur Hochschuldidaktik und Lehrerbildung Mathematik,
DOI 10.1007/978-3-658-16903-9_14

neben- sondern miteinander am gleichen Gegenstand auf verschiedenen Stufen tätig sind" (Freudenthal 1974, S. 166). In den 1990er-Jahren wird die zentrale Idee der Selbstdifferenzierung im sozialen Kontext in Wittmanns Konzept der natürlichen Differenzierung (Wittmann 1995) weitergeführt (vgl. Leuders und Prediger 2016, S. 15). Zentrales Merkmal dieses Konzepts ist die Differenzierung vom Kind und vom Fach aus. „Der Schlüssel dafür liegt in Lernangeboten, die eine niedrige Eingangsschwelle haben, einen bestimmten Grundbestand von Kenntnissen und Fertigkeiten sichern und [...] Kindern Optionen ermöglichen, die sie nach ihren individuellen Möglichkeiten wahrnehmen können." (Wittmann 2010, S. 63). Ausgehend von dieser Sichtweise, stellt der vorliegende Beitrag einen Lernansatz vor, der die Unterschiedlichkeit der Lernenden mit dem Differenzierungspotential des aktiv-entdeckenden Lernens am außerschulischen Lernort im sozialen Kontext in Verbindung setzt. Im Zentrum stehen hierbei insbesondere selbstdifferenzierende Experimentier-Situationen, an denen die Lernenden Mathematik enaktiv für sich erkunden, ihren jeweiligen Interessen, Möglichkeiten und ihrem Leistungsstand entsprechend. Der folgende Beitrag exemplifiziert diesen Ansatz des Lernens und Lehrens von Mathematik durch selbstgesteuerte aktiv-entdeckende Beschäftigung von Schülerinnen und Schülern mit Mathematik an einem konkreten, hierfür konzipierten außerschulischen Lernort: der Experimente-Werkstatt Mathematik der Universität Halle.

14.1.1 Mathematik mit allen Sinnen

Die Gestaltung von Lernumgebungen für selbstentdeckendes Lernen und Vertiefen von mathematischem Wissen, die die Diversität in Lernvoraussetzungen, Lernmöglichkeiten, Lerninteressen berücksichtigen und sich ihnen bewusst öffnen, lässt sich von folgenden Zielen leiten (vgl. Klafki und Stöcker 1985; Bönsch 2000):

- Der *Unterschiedlichkeit* der Lernenden ganz bewusst *Raum geben* und sie berücksichtigen.
- Die Vielfalt der individuellen Lern*möglichkeiten* gezielt *nutzen*.
- Unterschiedliche Lernformen fördern und *in den Lernangeboten* methodisch *berücksichtigen*.

Angebote zur experimentellen Auseinandersetzung mit mathematischen Fragen, die bewusst (hinsichtlich der Ausgestaltung, nicht aber in der mathematischen Reichhaltigkeit) einfach und offen gehalten sind und so der Freude an der entdeckenden Beschäftigung, dem Ideenreichtum und der Kreativität bewusst Spielraum und Anregung geben, können hier einen Ansatzpunkt liefern, Schülerinnen und Schülern mit ganz unterschiedlichen Lern- und Wissensvoraussetzungen zur eigenen mathematischen Beschäftigung anzuregen. Zu untersuchen, wie dies exemplarisch konkret umgesetzt werden kann, welche methodisch-didaktischen Schwerpunkte hierbei zum Tragen kommen, ist didaktisches Anliegen der Experimente-Werkstatt Mathematik. Das Konzept der Werkstatt beruht darauf, den Unterricht begleitend und/oder ergänzend, durch enaktive Experimentier-Angebote zur eigenständigen, selbstgesteuerten Beschäftigung mit mathematischen Fragestellungen anzuregen, den Blick für Schönheit und Bedeutsamkeit von Mathematik zu wecken und zu vertiefen. Ziel ist es, *alle* Lernenden optimal zu fördern und dabei unterschiedliche Lernstände, inhaltliche wie emotionale Interessenslagen und Arbeitsweisen, differierende Lernbereitschaft und -möglichkeit zu berücksichtigen. Konkrete und zugleich sehr unterschiedliche Angebote aus allen Kernbereichen der Mathematik mit experimentell händischem, symbolhaft und graphisch veranschaulichtem sowie audiovisuell aufbereitetem Zugang tragen dem Rechnung. Selbstdifferenzierende Erkundungsaufgaben, die für eine Bearbeitung auf unterschiedlichem Vorwissen, mit unterschiedlichen und selbst festlegbaren Teilfragen und für unterschiedliche Untersuchungsmöglichkeiten aufbereitet sind, gestatten individuell geprägte Zugänge. Kognitive Aktivitäten, wie die aktiv-kreative Suche nach Ideen zu Problemfindung, -verständnis, -formulierung und -lösung, zu Reflexion der eigenen Ideen und des eigenen Vorgehens, stehen gezielt im Mittelpunkt. Das unmittelbare Anknüpfen an aktuelles Mathematikwissen aus dem Unterricht ist möglich, aber nicht notwendig. Geistige Beweglichkeit und Bewusstwerden von Vernetzung mathematischen Grundwissens im konkreten Beispiel sind zentrales Anliegen.

14.1.2 Die Einheit von Lehren und Lernen im Kontext entdeckenden Lernens: Einbettung in Lehramtsaus- und -fortbildung

Aktiv-entdeckendes Lernen durch Schülerinnen und Schüler verlangt eine intensive Vorbereitung und sorgsame Begleitung seitens der Lehrenden (vgl. Krauthausen und Scherer 2010, S. 7 f.). Lehramtsstudierende sollen hierzu anschlussfähiges fachdidaktisches Wissen im Rahmen ihres Studiums erwerben (vgl. KMK 2015), ebenso im Berufsleben stehende Lehrkräfte. Denkansätze, um diesen breiten Anforderungen zunehmend entsprechen zu können, sollen im Folgenden angesprochen werden.

Alle Beteiligten aus Schule und Hochschule sollten und können in den Prozess der Gestaltung heterogenen Lernens eingebunden werden. Auch ihre eigene Heterogenität ist eine Chance für Synergieeffekte. In der gemeinsamen Arbeit können sie Erfahrungen einbringen, sie durch neue Erlebnisse bereichern. Vielfalt entsteht aus der Unterschiedlichkeit der eingebrachten Voraussetzungen, Kenntnisse, Erfahrungen und Sichtweisen, die allen Beteiligten zu Gute kommt – den Lernenden, den Lehrenden und den Studierenden.

Offene Aufgaben, die von Studierenden und Lehrpersonen selbst entwickelt, erprobt und verbessert werden, können einen tragfähigen Ausgangspunkt für selbstdifferenzierende Experimentier- bzw. Erkundungssituationen bilden, die dann innerhalb eines geschützten Lernkontextes, z. B. der Experimente-Werkstatt, gemeinsam diskutiert, erprobt, reflektiert werden. Das Beobachten und Begleiten von Schüleraktivitäten zu den neuen Lernsituationen ermöglicht das Gewinnen von Sicherheit, Vertrauen und Erfahrungen im Initiieren und Begleiten von Lernprozessen im Kontext von Heterogenität.

Der Lernort Experimente-Werkstatt Mathematik stellt einen solchen geschützten Lern-kontext für alle Beteiligten dar. Selbsttätiges und selbstdifferenzierendes Lernen von Schülerinnen und Schülern soll hier initiiert werden, zugleich aber auch für Lehramts-studierende, Lehrerinnen und Lehrer sowie Dozentinnen und Dozenten die Möglichkeit geschaffen werden, im lebendigen Kontext dieses vielgestaltigen aktiven Beschäftigens mit Mathematik Erfahrungen und Anregungen zu bekommen, in Austausch zu treten. Die Vernetzung von Lernenden-Gruppen kann und will Heterogenität berücksichtigen, als Chance verstehen und annehmen (vgl. Prediger 2004).

Die Erarbeitung von Aufgaben- und Problemvorschlägen durch Lehramtsstudierende, die durch die unmittelbare Umsetzung und Erprobung ihrer Ideen einer direkten und direkt miterlebbaren Evaluierung durch Schülerinnen und Schüler zugeführt werden, lebt von der unterschiedlichen Sicht der teilnehmenden Studierenden. Erfahrungen in verschiede-nen Schulformen, die Fokussierung auf unterschiedliche Jahrgangsstufen und ihre Spe-zifika, die Anforderungen des Förderunterrichts oder die Anwendungsorientierung durch unterschiedliche Zweitfächer bereichern die gemeinsame Erarbeitung eines Fundus offe-ner, selbstdifferenzierender Aufgaben, die zu aktiv-entdeckendem Lernen einladen sollen. Erprobungserfahrungen für erarbeitete offene Problemstellungen ermöglichen nicht nur für die entwickelnden und betreuenden Studierenden selbsttätiges entdeckendes Lernen im Bereich konkreter Didaktik. Sie zeigen zugleich auch das innewohnende Potential für kritisch-konstruktive Reflexion und Weiterentwicklung durch erfahrene Lehrerinnen und Lehrer, sei es in der Begleitung von Schülerinnen und Schülern und Lehramtsstudieren-den am Lernort, sei es in Lehrerfort- und -weiterbildungen, in denen diese Gedanken aufgegriffen, diskutiert und weiterentwickelt werden. Insbesondere die damit verbunde-nen breiten Differenzierungsmöglichkeiten für die Beschäftigung mit Mathematik bieten Stoff zu intensiver Auseinandersetzung. Im Folgenden soll der vorgestellte Ansatz exem-plarisch erläutert werden.

14.2 Lerngelegenheit für Lehramtsstudierende: Entwicklung und Erprobung der Lerneinheit „Verflixter Würfel"

14.2.1 Der Ansatz: Entwicklung einer offenen Problemlöse-Aufgabe mit Differenzierungspotential

Die im Folgenden vorgestellte offene Lernsituation ist im Rahmen eines Didaktikseminars der obligatorischen Lehramtsausbildung Grundschule (1. Fach Mathematik), Sekundar- und Förderschule sowie Gymnasium entwickelt, vertieft, erweitert und erprobt worden. Dies geschah gestuft über zwei aufeinander folgende Semester mit Studierenden des 5. bzw. 6. Fachsemesters, so dass auf grundlegendem fachdidaktischen Wissen der beteilig-ten Studierenden aufgebaut werden konnte. Durch den zweisemestrigen Aufbau wurde es möglich, die Ideen des ersten dieser zwei Semester mit Schülerinnen und Schülern zu erproben und im nachfolgenden zweiten Semester zu überarbeiten und zu erweitern, auch hier durch Erprobungen gestützt. Die zunächst als möglicherweise hinderlich empfundene resp. vermutete Situation, dass nach dem ersten Semester dieser Erarbeitung ein Wechsel der Mehrzahl der beteiligten Studierenden erfolgte (im ersten Semester Beteiligung von Studierenden LA Sekundarschule und Gymnasium, im zweiten Semester vorrangig Beteiligung von Studierenden LA Grund- und Förderschule, ergänzt durch freiwillig beteiligte LA-Studierende, die bereits im ersten Semester dabei waren), erwies sich inhaltlich wie auch hinsichtlich des Lernerfolges der beteiligten Studentinnen und Studenten als ausgesprochen gewinnbringend, konnte doch so, aufbauend auf dem mathematisch und mathematikdidaktisch gewählten Schwerpunkt, im zweiten Semester mit neuen Sichtweisen und neuen Erkenntnissen, insbesondere hinsichtlich der Kenntnisse zur Rehabilitationspädagogik, eine kritisch-konstruktive Erweiterung und Vertiefung der Lerneinheit erreicht werden.

Die den Studierenden gestellte Aufgabe lautete wie folgt: Entwickeln Sie eine Lernstation zum Thema *Den Wahrscheinlichkeitsbegriff experimentell mit Hilfe von interessanten Zufallsgeräten erfahren und reflektieren*, die eine (erste) Auseinandersetzung mit offenen Problemlöseaufgaben für Schülerinnen und Schüler ermöglicht. Berücksichtigen Sie dabei insbesondere Ansätze zu differenziertem Lernen. Die Entwicklung beinhaltet neben der Ausarbeitung der Lernstation auch Erprobungen mit Schülerinnen und Schülern unterschiedlicher Lernvoraussetzungen und unterschiedlichen Leistungsvermögens sowie eine Ausarbeitung zum methodisch-didaktischen Ansatz, zur möglichen Verankerung im Stochastik-Curriculum und methodisch-didaktische Überlegungen zur unterrichtlichen und unterrichtsergänzenden Nutzung.

Diese Aufgabe war eine von mehreren ähnlich gestalteten Möglichkeiten von Arbeitsaufträgen für die Betätigung in diesem Seminar. Gruppen von jeweils etwa 5 bis 6 Studierenden in jedem der beiden Semester wählten gemeinsam eine dieser Aufgaben. Die im Folgenden näher betrachtete Aufgabenstellung wurde von zweimal 6 Studierenden bearbeitet, im ersten Semester waren dies Studierende des LA Gymnasium und des LA Sekundarschule, im zweiten Semester beteiligten sich Studierende des LA Grundschule und des LA Förderschule.

Die Beschäftigung mit dieser komplexen, anspruchsvollen Aufgabenstellung wurde durch die Studierenden von Beginn an als Herausforderung verstanden und angenommen. Insbesondere die eigenständige Erarbeitung eines Lernkontextes zum Problemlösen, der Überlegungen zum Differenzierungspotential berücksichtigen und bis zur konkreten Umsetzung und Erprobung führen sollte, war ungewohnt und stellte eine neue Herausforderung und Lernerfahrung dar. Die Studierenden stellten sich dieser Aufgabe, unterstützt durch Lehrende der Ausbildung in Didaktik der Mathematik, mit fachlichem wie methodisch-didaktischem Ideenreichtum. Auf ganz natürlichem Weg entwickelte sich – bedingt durch die Komplexität der Aufgabe – Teamarbeit, wobei die regelmäßigen gemeinsamen Beratungen zum Arbeitsstand von Anfang an die Basis der ganz selbstverständlich durch die Studierenden demokratisch gestalteten, dichten und ergebnisorientierten Arbeitsatmosphäre bildeten. Die Gestaltung dieser Form des Arbeitens erstreckte sich über beide Semester und bewährte sich, so die Einschätzung der beteiligten Studierenden. Die entstandenen Ergebnisse und Materialien belegen, dass diese Einschätzung durchaus den tatsächlichen Verlauf und die damit verbundene erfolgreiche Arbeitssituation beschrieb.

14.2.2 Schritte zur Entwicklung der Lerneinheit

Am Beginn der Auseinandersetzung mit dieser Aufgabenstellung stand ein gemeinsames Brainstorming, welches zur Entscheidung führte, ein Zufallsgerät in den Mittelpunkt der zu entwickelnden Lerneinheit zu stellen, das vertraut und zugleich motivierend unbekannt sein sollte: einen Zufallswürfel, dessen „Seitenbeschriftungen" in Form von kleinen aufgeklebten Würfelchen, die Augenzahlen wiedergebend, realisiert wurden. Die Größe des Grundwürfels (8 cm × 8 cm × 8 cm) sowie die aufgeklebten Augenzahl-Würfelchen (8 mm × 8 mm × 8 mm) berücksichtigten den Ansatz, ein Zufallsgerät zu Grunde zu legen, das einen taktilen Zugang ermöglichte.

Das Gerät ist, so zeigten insbesondere die durchgeführten Erprobungen mit Schülerinnen und Schülern, die in ihrer optischen und/oder ihrer feinmotorischen Wahrnehmung beeinträchtigt waren, gut geeignet, um auch bei körperlichen Einschränkungen erfolgreich untersucht zu werden.

Die Formgebung des Gerätes regt aber auch Schülerinnen und Schüler ohne Einschränkungen, nur durch die ungewohnte Gestalt, und damit verbunden, das nicht per se voraussagbare Verhalten des Zufallsgeräts, zum entdeckenden Experimentieren an. Um (erste) Erfahrungen mit Nicht-Laplace-Zufallsgeräten selbstständig entdeckend zu ermöglichen, lädt die Station ein, zu experimentieren, die Ergebnisse durch unterschiedliche Hilfsmittel zum Notieren festzuhalten, zu reflektieren, zu diskutieren, zu Vermutungen über das Verhalten des Würfels zu gelangen und sie zu fixieren.

Im Lauf der beiden Seminare hat sich so, lernend aus dem beobachteten Umgang von Schülerinnen und Schülern in der Experimente-Werkstatt Mathematik mit diesem besonderen Zufallsgerät sowie aus Gesprächen der Studierenden mit ihnen, ein relativ breites Instrumentarium für Möglichkeiten des Notierens von gesammelten Einsichten zum Würfel als geeignet herauskristallisiert.

Neben dem „klassischen" Instrument der Strichliste für die Realisierungen der einzelnen Augenzahlen und dem daraus berechneten Säulendiagramm der relativen Häufigkeiten (einschließlich der Nutzung von entsprechender einfacher Statistik-Software) sind es insbesondere die Angebote zum Veranschaulichen der (absoluten) Eintrittshäufigkeiten mit Hilfe von Maiskorn-Häufchen und Ringstangen, auf denen die gewürfelten Augenzahlen durch entsprechend platzierte farbige Ringe im wahrsten Sinne des Wortes festgehalten werden, die für alle Schülerinnen und Schüler Einsichten in die Verhaltensweise dieses besonderen Würfels ermöglichen (s. Abb. 14.1). Wie instruktiv, aussagekräftig und einprägsam diese Formen des „Notierens" der eigenen Wurfergebnisse für **alle** Schülerinnen und Schüler sind, wird insbesondere dadurch belegt, dass sehr oft das Instrument der Strichliste und des Säulendiagramms auf dem bereitgelegten Papier nicht benutzt wird und stattdessen die handgreiflicheren Möglichkeiten favorisiert werden.

Abb. 14.1 Mit Maiskörnern
werden Häufigkeiten ertastbar.
(Foto: Jenny Kurow)

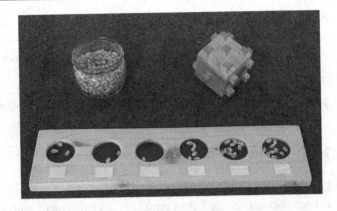

Die eigentliche „Lösung" des gestellten Problems *Wie reagiert der verflixte Würfel?*
Welche Augenzahlen fallen besonders oft? Würdest du ihn als Spielgerät beim Mensch-
ärgere-dich-nicht nutzen? wird dann als begründeter Tipp abgegeben: auf Papier notiert
oder auf ein Audiogerät aufgesprochen. Die so gesammelten Einsichten können als berei-
cherndes Ankerbeispiel eingebracht werden in den Stochastikunterricht zum Wahrscheinlichkeitsbegriff – nachdrücklich erweitert um ein ungewöhnliches Nicht-Laplace-Gerät.

14.2.3   Bisherige Erfahrungen und Ergebnisse

Die Entwicklung dieses Lernangebots durch die beteiligten Studierenden erfolgte kontinuierlich über beide Semester, ebenso stetig begleitet durch Erprobungen mit Kleingruppen
von im Regelfall bis zu vier Schülerinnen und Schülern unterschiedlichster Lernformen
und Lernvoraussetzungen. Bemerkenswert war hierbei insbesondere, dass sich herauskristallisiert hat, dass das Lernangebot sowohl von jüngeren Kindern (ab Klasse 4) als auch
von höheren und hohen Jahrgangsstufen gerne und mit Interesse genutzt wurde. Die Tatsache, dass eben *nicht* durch ein einfaches Modell „im Vorhinein und ohne Weiteres" gesagt
werden kann, wie dieser verflixte Würfel reagieren wird (daher auch der Name dieses Ex-
periments), begründet die Faszination und die Motivation, sich mit diesem Experiment zu
beschäftigen, für alle Schülerinnen und Schüler.

Der konkrete Umgang mit der Lernstation zum Zufallsverhalten des Würfels durch un-
terschiedlichste Schülerinnen und Schüler ermöglichte es den beteiligten Studierenden,
ihre Überlegungen zu Aufgabenstellung, Begleitmaterialien und methodisch-didaktischer
Aufbereitung immer wieder auf den Prüfstand zu stellen, zu überarbeiten, den Bedürfnissen und Interessen unterschiedlichster Schülerinnen und Schüler immer adäquater anzupassen, ohne dabei die eigentliche fachliche Intention der Problemstellung aus dem Auge
zu verlieren. So empfanden alle beteiligten Studierenden ihren eigenen Beitrag als wichtigen, unverzichtbaren Schritt bei der Entwicklung der Lernstation – gleich, in wie weit eine
spätere Überarbeitung sich ggf. erforderlich machte. Das konkrete Erleben der Auseinan-

dersetzung sehr heterogener Gruppen in der Beschäftigung mit dem verflixten Würfel wurde von ihnen als wichtige Bereicherung ihrer Didaktikausbildung eingeschätzt, die sie trotz des hohen damit verbundenen Arbeitsaufwandes in keiner Weise missen wollten.

14.3 Lerngelegenheit für Lehrende: Lehr-Lern-Gemeinschaft bei der Ideensuche zur Lerneinheit Terme

14.3.1 Rahmenbedingungen und Konzeption

Lernen von- und miteinander! Dies (vgl. Czerwanski 2003) ist der Grundsatz des Konzepts der nun vorzustellenden Lehr-Lern-Gemeinschaft, einer Lerngelegenheit für Lehrende aus Schule und Hochschule im Kontext des Umgangs mit Vielfalt im Mathematikunterricht. Im Rahmen von langfristig und regelmäßig stattfindenden Arbeitstreffen von Lehrenden aus Schule und Hochschule wurde auf der Basis von vorliegenden und begleitend entstehenden Praxiserfahrungen gemeinsam an der Entwicklung, Erprobung und Reflexion von prototypischen, offenen, selbstdifferenzierenden Lernsituationen für den Mathematikunterricht gearbeitet. Dieses gemeinsame Ziel stellte zusammen mit dem Prinzip der Gleichberechtigung und Freiwilligkeit die Basis der Zusammenarbeit dar. Während der gemeinsamen Arbeit nahmen die Lehrenden vielfältige Perspektiven ein: Im eigenen Unterricht, in der Erprobungsphase, sind sie Lehrer und Lernbegleiter der Schülerinnen und Schüler. Während der Arbeit in der Lehr-Lern-Gemeinschaft sind sie Lernende und zugleich Lernbegleiter der Anderen. Diese Vielschichtigkeit kann den eigenen Lernprozess unterstützen.

14.3.2 Realisierung der Lehr-Lern-Gemeinschaft

Die konkrete Realisierung erfolgte über ein ganzes Schuljahr. In regelmäßigen Treffen (ca. alle 3–4 Wochen) arbeiteten Lehrerinnen und Lehrer verschiedener Schulformen zusammen mit einer Mitarbeiterin aus dem Lehrbereich Didaktik der Mathematik der Universität Halle-Wittenberg an der Entwicklung von Lernkontexten für selbstgesteuertes, aktiv-endeckendes Lernen zum Themenschwerpunkt Terme für die Jahrgangsstufen 7 und 9. Zunächst wurden auf der Grundlage von eigenen Materialien der Beteiligten gemeinsam Ideen und Materialien für offenes, selbstgesteuertes Lernen im Bereich Terme entwickelt. Dabei entstanden in gemeinsamer Arbeit Lernsituationen, die Terme selbstgesteuert visuell und haptisch erfahrbar machen (s. Abb. 14.2).

Anschließend wurden die Materialien bzw. Lernkontexte im eigenen Unterricht erprobt und auf der Grundlage der individuellen Erfahrungen und von konkreten Schülerprodukten gemeinsam reflektiert, diskutiert und weiterentwickelt.

Abb. 14.2 Anregung zum Ansatz „von der Hand zur Idee":
Terme-Erstellen mit Schnüren.
(Foto: Jenny Kurow)

14.3.3 Bisherige Erfahrungen und Ergebnisse

In der gemeinsamen Arbeit konnten leistungsstarke Lernkontexte zur materiell handelnden und aktiv-entdeckenden Auseinandersetzung mit der Thematik Terme entwickelt und erprobt werden. Der Ansatz des eigenen Experimentierens wurde als wichtiges didaktisches Werkzeug identifiziert, um unterschiedlichsten Lerntypen die Auseinandersetzung mit diesem Thema zu erleichtern. Eine entsprechende Übertragung auf andere Themenbereiche wird angebahnt. Die gesammelten Erfahrungen zeigen, dass die Zusammenarbeit insbesondere auch durch die vielgestaltige Zusammensetzung der Lehr-Lern-Gemeinschaft bereichert wird. Unterschiede in der Schulform, der Berufserfahrung (Art und Dauer), der Fachkombination und der zu unterrichtenden Schülerschaft sowie ihrer Heterogenität machen ein Erleben und Reflektieren der entwickelten offenen Lernsituation in sehr verschiedenen Kontexten und aus sehr verschiedenen Perspektiven möglich. Die Zusammenarbeit „auf Augenhöhe" stellt zudem ein entscheidendes Arbeitskriterium dar, das wesentlichen Anteil am Gelingen des Projektes hat.

14.4 Ein erstes Fazit

Die exemplarisch vorgestellten Lerngelegenheiten für Lehramtsstudierende und Lehrende aus Schule und Hochschule können als leistungsfähige Ansätze zum Erlernen des Umgangs mit Diversität und Vielfalt im Mathematikunterricht angesehen werden. Außerunterrichtliche Standorte stellen hierbei ein tragfähiges Lernangebot in der Lehramtsaus- und -fortbildung dar. Die methodisch-didaktische Öffnung ist eine leistungsstarke Ergänzung und Bereicherung zur grundlegenden Didaktikausbildung und kann so auch für Dozentinnen und Dozenten zu einem neuartigen Bereich der Reflexion und Erweiterung der eigenen Lehrtätigkeit werden.

Literatur

Bönsch, M. (2000). *Intelligente Unterrichtsstrukturen: Eine Einführung in die Differenzierung.* Baltmannsweiler: Schneider Verlage Hohengehren.

Czerwanski, A. (2003). Netzwerke als Praxisgemeinschaften. In A. Czerwanski (Hrsg.), *Schulentwicklung durch Netzwerkarbeit* (S. 9–18). Gütersloh: Verlag Bertelsmann Stiftung.

Freudenthal, H. (1974). Die Stufen im Lernprozess und die heterogene Lerngruppe im Hinblick auf die Middenschool. *Neue Sammlung, 14,* 161–172.

Klafki, W., & Stöcker, H. (1985). Innere Differenzierung des Unterrichts. In W. Klafki (Hrsg.), *Neue Studien zur Bildungstheorie und Didaktik* (S. 119–154). Weinheim: Beltz.

KMK (2015). Ländergemeinsame inhaltliche Anforderungen für die Fachwissenschaften und Fachdidaktiken in der Lehrerbildung. http://www.kmk.org/fileadmin/Dateien/veroeffentlichungen_beschluesse/2008/2008_10_16-Fachprofile-Lehrerbildung.pdf. Zugegriffen: 26. Mai 2017.

Krauthausen, G., & Scherer, P. (2010). *Umgang mit Heterogenität. Natürliche Differenzierung im Mathematikunterricht der Grundschule. Handreichung des Programms SINUS an Grundschulen.* Kiel: IPN.

Leuders, T., & Prediger, S. (2016). *Flexibel differenzieren und fokussiert fördern im Mathematikunterricht.* Berlin: Cornelsen Scriptor.

Prediger, S. (2004). „Darf man das denn so rechnen?" *Vielfalt im Mathematikunterricht.* Friedrich Jahreshefte XXII: Heterogenität. Unterschiede nutzen – Gemeinsamkeiten stärken. (S. 86–89).

Wittmann, E. Ch. (1995). Aktiv-entdeckendes und soziales Lernen im Rechenunterricht – vom Kind und vom Fach aus. In G. N. Müller & E. Ch. Wittmann (Hrsg.), *Mit Kindern rechnen* (S. 10–41). Frankfurt: Arbeitskreis Grundschule.

Wittmann, E. Ch. (2010). Natürliche Differenzierung im Mathematikunterricht der Grundschule – vom Fach aus. In P. Hanke et al. (Hrsg.), *Anspruchsvolles Fördern in der Grundschule* (S. 63–78). Münster: Zentrum für Lehrerbildung.

Eine Kooperation zwischen Fachdidaktik und Sonderpädagogik

Judith Riegert, Roland Rink und Grit Wachtel

Zusammenfassung

Die Zielperspektive schulischer Inklusion ist nicht zuletzt mit grundlegenden didaktischen bzw. fachdidaktischen Fragen verknüpft, die die Planung und Gestaltung von Lernumgebungen in inklusiven Settings betreffen. Gerade in inklusiven Klassen, in denen auch Kinder mit Lernschwierigkeiten oder geistiger Behinderung zieldifferent lernen, berühren diese didaktischen Fragen ganz wesentlich auch Gegenstand und fachliche Zielsetzung des Unterrichts: Wie kann eine Lernumgebung so gestaltet werden, dass auch Schülerinnen und Schüler mit den Förderschwerpunkten Lernen oder geistige Entwicklung fachdidaktisch fundierte und subjektiv sinnvolle Lernangebote erhalten? Diesen fachdidaktischen Fragestellungen einer inklusiven Schul- und Unterrichtspraxis widmet sich das beschriebene didaktische Kooperationsprojekt.

Wie viele Blüten muss eine Biene anfliegen, um einen Teelöffel Honig zu produzieren? Wie schwer ist ein Känguru-Baby bei seiner Geburt? Wie viel Wasser kann ein Kamel in einem Zug leertrinken und wie weit kommt es damit durch die Wüste? Und ist man eigentlich so stark wie eine Ameise?

Zu diesen und vielen weiteren Fragen sind inklusive Grundschulklassen im Rahmen einer interaktiven Mathematikausstellung „Tiere in Zahlen" auf Entdeckungsreise gegangen. An über 20 verschiedenen Stationen konnten sie die Eigenschaften, Fähigkeiten, Körper- und Organfunktionen von Tieren auf anschauliche und aktiv-entdeckende Art und Weise kennenlernen, Vergleiche zur eigenen Person anstellen, Schätzungen vornehmen und

J. Riegert (✉) · G. Wachtel
Humboldt Universität zu Berlin
Berlin, Deutschland

R. Rink
Technische Universität Braunschweig
Braunschweig, Deutschland

© Springer Fachmedien Wiesbaden GmbH 2017
J. Leuders et al. (Hrsg.), *Mit Heterogenität im Mathematikunterricht umgehen lernen*,
Konzepte und Studien zur Hochschuldidaktik und Lehrerbildung Mathematik,
DOI 10.1007/978-3-658-16903-9_15

handlungsorientiert überprüfen. Die Mathematikausstellung, die 2015 bereits zum dritten Mal an der Humboldt-Universität zu Berlin stattgefunden hat, wird gemeinsam von Studierenden des Fachbereichs *Didaktik der Mathematik* des *Instituts für Grundschulpädagogik* und Sonderpädagogik-Studierenden des *Instituts für Rehabilitationswissenschaften* gestaltet. Ziel des Projekts ist es, die angehenden Lehrerinnen und Lehrer auf ihre gemeinsame Arbeit mit heterogenen Lerngruppen vorzubereiten und damit einen Beitrag zur Etablierung einer inklusiven Schul- und Unterrichtspraxis zu leisten.

15.1 Theoretischer Hintergrund

15.1.1 Inklusive Schul- und Unterrichtspraxis

Die Entwicklung eines inklusiven Bildungssystems wurde mit der Ratifizierung der UN-Konvention über die Rechte von Menschen mit Behinderungen 2009 in Deutschland rechtsverbindlich und stellt eines der zentralen bildungspolitischen Reformprojekte dar. Die Zielperspektive schulischer Inklusion ist mit grundlegenden (fach-)didaktischen Fragen verknüpft, die die Planung und Gestaltung von Lernumgebungen in inklusiven Settings betreffen. Gerade in inklusiven Klassen, in denen auch Kinder mit Lernschwierigkeiten oder geistiger Behinderung zieldifferent lernen, berühren diese Fragen ganz wesentlich auch Gegenstand und fachliche Zielsetzung des Unterrichts (vgl. Sturm 2013, S. 147; Riegert et al. 2015, S. 10): Wie kann eine Lernumgebung so gestaltet werden, dass auch Lernende mit den Förderschwerpunkten Lernen oder geistige Entwicklung fachdidaktisch fundierte und subjektiv sinnvolle Lernangebote erhalten? Was bedeutet beispielsweise Mathematik für Kinder mit schwerer und mehrfacher Behinderung, die über basale kognitive, kommunikative und motorische Kompetenzen verfügen? Wie können auch sie sich gemeinsam mit ihren Mitschülerinnen und Mitschülern mit mathematischen Fragestellungen auseinandersetzen? Und wie können Lernangebote – didaktisch, methodisch, medial – so differenziert gestaltet werden, dass sie einerseits den individuellen Lernvoraussetzungen gerecht werden, andererseits aber auch kooperative und kommunikative Lernsituationen schaffen sowie Gemeinsamkeit in heterogenen Lerngruppen stiften? Diesen Fragestellungen widmet sich das beschriebene Kooperationsprojekt. Im Mittelpunkt steht dabei die mathematische Leitidee „Größen und Messen".

Heinrich et al. (2013, S. 77) fordern im Hinblick auf die Gestaltung eines inklusiven Fachunterrichts eine Verbreiterung der sonderpädagogischen Ausbildung im Hinblick auf die didaktischen Anforderungen verschiedener Unterrichtsfächer. Dabei ist die Frage, wie fachdidaktische und sonderpädagogische Expertise bei der Gestaltung differenzierter Lernangebote miteinander verknüpft werden können, bislang sowohl empirisch wenig untersucht als auch hochschuldidaktisch erst in Ansätzen diskutiert. Dem im Folgenden beschriebenen Seminarkonzept liegt die Annahme zugrunde, dass adaptive Lehrkompetenz keine Leistung einzelner Lehrkräfte oder Professionen darstellt, sondern als Ergebnis eines kooperativen Zusammenspiels zwischen Fachlehrerinnen bzw. -lehrern und Sonderpädagoginnen bzw. -pädagogen zu verstehen ist, die ihre jeweilige fachliche Perspektive mit in didaktisch-methodische Überlegungen für inklusive Unterrichtssettings einbringen. Das beschriebene Seminarformat stellt dabei eine Möglichkeit dar, wie entsprechende Kompetenzen für eine Kooperation zwischen verschiedenen Berufsgruppen auch hinsichtlich didaktisch-methodischer Aufgaben bereits im Studium angebahnt werden können.

Mit Hilfe der Leitidee „Größen und Messen" (KMK 2005) gelingt es, Lebenswelt und Mathematik miteinander zu verknüpfen und das Vorwissen der Kinder zu aktivieren (Winter 1992). Um bei der Gestaltung von Lernangeboten auch Schülerinnen und Schüler zu berücksichtigen, die (noch) nicht über einen grundlegenden Zahlen- oder Größenbegriff verfügen, orientiert sich der didaktische Ansatz, der gemeinsam mit den Studierenden im Rahmen der Projektseminare zugrunde gelegt wird, an einem erweiterten Mathematikbegriff: Für Kinder mit schwerer und mehrfacher Behinderung bedeutet mathematisches Lernen dann beispielsweise, durch körpernahe Erfahrungen (z. B. unterschiedliche Gewichte auf oder mit dem Körper zu spüren, Längen zu ‚er-fahren‘, Volumina als Raum zu erkunden etc.) ein basales Konzept von Gleichheit und Verschiedenheit als Grundidee der Mathematik (vgl. Kornmann 2010, 2014) zu entwickeln. Für leistungsstarke Lernende bedeutet es, sich (auch) auf einer abstrakt-symbolischen Ebene mit der Leitidee „Größen und Messen" auseinanderzusetzen. Für alle Lernenden wird dabei der Aufbau von Stützpunktwissen in den unterschiedlichen Größenbereichen als gemeinsame Zielperspektive verfolgt und durch vielfältige konkrete Erfahrungen und eigenes Experimentieren im Rahmen einer interaktiven Mathematikausstellung gefördert.

15.2 Konzeptioneller Rahmen der Seminarkooperation

Aufgabe der Studierenden im Seminar ist die Entwicklung und Erprobung substantieller Lernumgebungen für inklusive Klassen unter dem Motto „Tiere in Zahlen".

Das Ausstellungskonzept knüpft an das Prinzip der „Natürlichen Differenzierung" an, welches darauf zielt, „die Verantwortung für ein angemessenes Niveau mit den Lernenden zu teilen, indem selbstdifferenzierende Aufgaben(-felder) die Bearbeitung auf unterschiedlichen Niveaus und mit unterschiedlichen Zugangsweisen ermöglichen" (Hußmann und Prediger 2007, S. 3). Dieser Ansatz ist gerade in inklusiven Klassen von besonderer Bedeutung, weil sich auf diese Art und Weise alle Kinder ihren individuellen Lernvoraussetzungen entsprechend mit Aufgabenstellungen in einem gemeinsamen Setting – Lernen am gemeinsamen Gegenstand (u. a. Feuser 2011) – auseinandersetzen können, ohne von vornherein durch eine curriculare Vorauswahl und die Einschränkung auf bestimmte Aufgabenformate und Lösungswege in ihren Lernmöglichkeiten ‚nach oben hin‘ begrenzt zu werden (u. a. Hengartner 2006; Krauthausen und Scherer 2010).

Im Hinblick auf die Zielgruppe der Ausstellung erfordert die Umsetzung dieses Prinzips die Konstruktion von substantiellen Aufgaben, die mathematisches Handeln auf unterschiedlichen Ebenen eröffnet (Selter 2007). Dabei erfahren in Anlehnung an Bruner (1971) die Handlungsebenen enaktiv, ikonisch, symbolisch besondere Beachtung.

Das kooperative Projektseminar ist in der Masterphase der Studiengänge Lehramt Grundschule und Lehramt Sonderpädagogik im Rahmen fachdidaktischer Module angesiedelt, sodass die Studierenden über grundlegende theoretische Kenntnisse in den oben genannten Bereichen verfügen.

15.3　Durchführung und Ablauf der Seminarkooperation

Das Seminar gliedert sich in vier Phasen (vgl. Abb. 15.1).

15.3.1　Erste Phase

In dieser ersten, ca. sechswöchigen Phase des Seminars beschäftigen sich die Studierenden in getrennten Gruppen entsprechend ihrem jeweiligen fachlichen Fokus mit den Themenfeldern ‚Größen und Messen' bzw. ‚Differenzierung in inklusiven Lerngruppen, unter besonderer Berücksichtigung mathematischer Inhalte'. Für den Bereich Größen und Messen stehen dabei folgende Aspekte im Vordergrund:

- Was ist eine Größe? (Begriffsklärung und Beleuchten des fachmathematischen Hintergrundes, Herausarbeiten der Isomorphie zum Zahlbegriff)
- Was bedeutet Messen? (Analyse des Messbegriffes, Entwicklung des Messverständnisses und der Messkompetenz bei Kindern. Messen in den verschiedenen Größenbereichen)
- Die verschiedenen Größenbereiche in der Grundschulmathematik und ihre Besonderheiten.
- Schätzen und die Bedeutung von Stützpunktvorstellungen (vgl. Rink 2014).

Die Studierenden der Sonderpädagogik fokussieren parallel Möglichkeiten der Differenzierung im Hinblick auf Ziele, Lernaufgaben, Methoden und Medien im Mathematikunterricht, insbesondere im Kontext eines zieldifferenten Unterrichts.

Abb. 15.1 Seminarstruktur

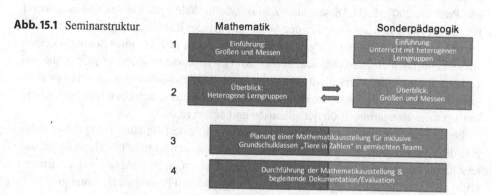

Die jeweiligen fachlichen und fachdidaktischen Inhalte werden von den Studierenden in Kleingruppen, z. B. in einem Portfolio, aufgearbeitet. Dabei greifen wir auf Möglichkeiten des E-Learnings zurück. Sämtliche Materialien werden auf Lernplattformen, wie z. B. Moodle, zur Verfügung gestellt. Eine Besonderheit stellen dabei eigens für das Seminar angefertigte Micro-Teaching-Clips[1] dar. Wichtige Inhalte können so von den Studierenden vorbereitend auf die Sitzung bearbeitet werden. Im Seminar selbst bleibt mehr Zeit für Austausch, Diskussionen und Fragen. Darüber hinaus werden Inhalte mit Videovignetten vertieft. Auf diese Weise erfahren die Studierenden, welche Relevanz die Theorie für ihre spätere Schulpraxis hat.

15.3.2 Zweite Phase

Um den Studierenden einen Einblick in die fachlichen Schwerpunkte des jeweils anderen Fachbereichs zu ermöglichen und durch die Klärung zentraler Begriffe und Konzepte den fachübergreifenden Austausch zwischen den verschiedenen Studierendengruppen zu erleichtern, erfolgt in der zweiten Seminarphase ein punktueller ‚Dozent_innentausch' zwischen den zwei Seminargruppen: Die Dozentinnen des Fachbereiches Grundschulmathematik vermitteln den Studierenden der Sonderpädagogik einen Überblick über das Themenfeld ‚Größen und Größenvorstellungen'. Die Dozentinnen der Sonderpädagogik geben den Studierenden der Grundschulpädagogik grundlegende Informationen zu Lernenden mit Förderbedarf in inklusiven Unterrichtssettings.

15.3.3 Dritte Phase

In der dritten Phase finden sich die Studierenden beider Fachbereiche in gemischten Kleingruppen von vier bis sechs Personen zusammen. Als förderlich für die Zusammenarbeit hat sich erwiesen, wenn Studierende aus beiden Fachbereichen in gleicher Anzahl vertreten sind. Ziel der Arbeit in jeder Kleingruppe ist es, eine substantielle Lernumgebung (vgl. Selter 2007) für inklusive Lerngruppen zum übergreifenden Ausstellungsthema „Tiere in Zahlen" zu entwickeln, die anschließend in konkreten Arbeitsmaterialien umgesetzt wird. Dabei wurden bereits unterschiedliche Organisationsformen erprobt: Gehören die kooperierenden Institute einer Universität an, findet die Gruppenarbeitsphase kontinuierlich im persönlichen Austausch der Studierenden statt. Im Rahmen von universitätsübergreifenden Kooperationsprojekten splittet sich dieser Abschnitt des Seminars in eine gemeinsame Präsenzphase im Rahmen eines Blocktermins und eine Online-Beratungsphase, in der sich die Studierenden über eine internetbasierte Videokonferenzplattform und per E-Mail austauschen. Im zweiten Setting werden zwei getrennte Ausstellungen entwickelt und umgesetzt.

---

[1] Beispiel für einen Clip zum Größenbegriff: https://www.youtube.com/watch?v=A8U2nJEY03s.

Als zentrale Gelingensbedingung in dieser Phase hat sich neben dem Austausch der Studierenden in der Kleingruppe die individuelle fachliche Begleitung der Gruppen gemeinsam durch alle am Projekt beteiligten Dozentinnen bzw. Dozenten erwiesen.

15.3.4 Vierte Phase

In der vierten Phase findet die einwöchige interaktive Mathematikausstellung statt. Inklusive Grundschulklassen haben die Möglichkeit, die Lernumgebungen zu erproben. Erfahrungsgemäß sollten, je nach verfügbarem Raum und Anzahl der Lernumgebungen, nur maximal zwei Klassen zeitgleich die Ausstellung besuchen.

Nach einer kurzen Begrüßung und Einführung in die Ausstellung können die Schülerinnen und Schüler im Verlauf von zwei Besuchsstunden aus 15 bis 20 Mitmachstationen wählen, die sie in unterschiedlicher Komplexität und Dauer bearbeiten. Sie werden in kleinen Gruppen individuell von den Studierenden begleitet. Die Erfahrungen dieser Begleitung führen u. U. bereits in der Ausstellungswoche selbst zu Veränderungen und Weiterentwicklungen der Lernumgebungen durch die Studierenden.

An die Ausstellungswoche schließt sich eine umfassende Reflexion an, in der die Erfahrungen der Studierenden im Umgang mit den verschiedenen Lerngruppen aufgearbeitet und gemeinsam didaktische Überlegungen zur Weiterentwicklung der Lernumgebungen angestellt werden. Besondere Beachtung erfahren dabei auch die professionellen Fähigkeiten der Studierenden, sich flexibel auf die differenzierten Lernausgangslagen der Schülerinnen und Schüler, die im Vorfeld nicht bekannt sind, einzustellen.

Im Anschluss werden die entwickelten Lernumgebungen mit den hergestellten Materialien in Kisten verpackt, mit einer didaktischen Handreichung versehen und sind als „Exponate auf Reisen" für Schulen über die entsprechenden Institute kostenlos ausleihbar.

15.4 Potenziale des Seminarkonzepts

Empirische Forschungsergebnisse zu Fragen der Kooperation in der Schulpraxis zeigen, dass viele Lehrerinnen und Lehrer Ängste haben, ihren Unterricht zu öffnen. Beschrieben werden verschiedentlich Ängste vor Kontroll- bzw. Autonomieverlust, Angst vor ‚Gesichtsverlust' sowie Angst vor Bewertung bzw. Beurteilung (vgl. u. a. Ahlgrimm 2012, S. 169). In unseren Seminaren konnten wir im Rahmen einer schriftlichen Befragung der Studierenden zu ihren Erwartungen vergleichbare Berührungsängste hinsichtlich der geplanten Kooperation feststellen, auch wenn die Ergebnisse aufgrund der kleinen Stichprobe nicht ohne weiteres generalisierbar sind. In den Freitextantworten der Studierenden dokumentierten sich zum einen Unsicherheiten hinsichtlich der Anerkennung des eigenen Fachwissens in der Kooperation mit Studierenden des jeweils anderen Fachbereichs, zum anderen auch Befürchtungen, die eigene Fachperspektive nicht gleichberechtigt in die gemeinsame Arbeit einbringen zu können. Vor diesem Hintergrund bieten fachübergreifende, durch die beteiligten Lehrenden in enger Kooperation begleitete Seminare die Chance, solche Befürchtungen und wechselseitigen Erwartungshaltungen bereits in der Ausbildung gemeinsam mit den Studierenden zu thematisieren und durch die Eröffnung von konkreten Erfahrungsräumen für kooperatives interprofessionelles Arbeiten zu relativieren bzw. unter Umständen auch zu entkräften. Darüber hinaus haben die Studierenden die Gelegenheit, unterschiedliche Strategien der Zusammenarbeit und damit verbundene Rollen- und Aufgabenverteilungen praxisorientiert zu erproben und zu reflektieren.

Ein weiteres Ziel des Projekts besteht darin, gemeinsam mit angehenden Lehrerinnen und Lehrern mathematische Lernangebote für inklusive Lerngruppen in der Grundschule unter besonderer Berücksichtigung von Kindern mit Beeinträchtigungen im Lernen, mit geistiger Behinderung und körperlich-motorischen Beeinträchtigungen weiterzuentwickeln. Das Projekt ist dabei mehrdimensional verortet und gewinnt sein didaktisches Innovationspotenzial durch die Zusammenarbeit unterschiedlicher Akteure und die Verknüpfung verschiedener Handlungs- und Aufgabenfelder:

1) ... durch die Verknüpfung von fachdidaktischer und sonderpädagogischer Expertise im Rahmen einer institutsübergreifenden Kooperation zwischen der Grundschulpädagogik, Didaktik der Mathematik und verschiedenen sonderpädagogischen Fachrichtungen des Instituts für Rehabilitationswissenschaften (Pädagogik bei Beeinträchtigungen des Lernens, Geistigbehinderten- und Körperbehindertenpädagogik);

2) ... durch eine Zusammenarbeit zwischen Wissenschaft und Praxis: In Verbindung mit der Gestaltung interaktiver Mathematikausstellungen entsteht Raum für einen regelmäßigen fachlichen Austausch zwischen Universität und Schulpraxis. In begleitenden Gesprächen unterbreiteten die Lehrerinnen und Lehrer darüber hinaus vor dem Hintergrund ihrer eigenen Praxiserfahrungen Anregungen zur Weiterentwicklung der Lernangebote und Einsatzmöglichkeiten im Unterricht, können aber auch selbst von den Anregungen der Studierenden für ihre eigene Unterrichtspraxis profitieren.

3) ... durch die Verknüpfung von Forschung und Lehre, indem die Mathematikausstellungen von Lehramtsstudierenden mit und ohne sonderpädagogischem Schwerpunkt im Rahmen von Seminarkooperationen gemeinsam geplant und durchgeführt werden. Damit leistet das Projekt auch einen wesentlichen Beitrag zur Professionalisierung angehender Lehrerinnen und Lehrer für eine inklusive Schul- und Unterrichtspraxis. Die Ausstellungsphasen werden mit Hilfe von Videoaufnahmen dokumentiert und – auch gemeinsam mit den Studierenden – didaktisch reflektiert. Darüber hinaus werden schriftliche Befragungen der beteiligten Lehrkräfte sowie Interviews mit Schülerinnen und Schülern durchgeführt. Die Ergebnisse dieser empirischen Begleitung des Projekts fließen in die Weiterentwicklung des didaktischen Konzepts ein.

Eine besondere didaktische Herausforderung besteht in der fachdidaktisch fundierten Gestaltung von basal-perzeptiven Zugängen für Kinder mit schwerer und mehrfacher Behinderung zu mathematischen Lerngegenständen. Darüber hinaus ist perspektivisch genauer zu beleuchten, ob und wie sich die beschriebenen konzeptionellen Überlegungen zur

Differenzierung auch auf andere mathematische Leitideen und Themenbereiche übertragen lassen. An diesen exemplarisch formulierten Forschungsperspektiven zeigt sich, wie wichtig eine zukünftig stärkere Vernetzung zwischen Fachdidaktik und Sonderpädagogik in Forschung und Lehre ist.

Literatur

Ahlgrimm, F. (2012). Wirkungen von Zusammenarbeit auf das Selbstbild und die professionelle Entwicklung von Lehrkräften. In F. Ahlgrimm & S. Huber (Hrsg.), *Kooperation Aktuelle Forschung zur Kooperation in und zwischen Schulen sowie mit anderen Partnern* (S. 159–183). Münster: Waxmann.

Bruner, J. S. (1971). *Entwurf einer Unterrichtstheorie*. Düsseldorf: Schwann. (Original erschienen 1966: Towart a theory of instruction)

Feuser, G. (2011). Entwicklungslogische Didaktik. In A. Kaiser, D. Schmetz, P. Wachtel & B. Werner (Hrsg.), *Didaktik und Unterricht* Enzyklopädischen Handbuchs der Behindertenpädagogik, (Bd. 4, S. 86–100). Stuttgart: Kohlhammer.

Heinrich, M., Urban, M., & Werning, R. (2013). Grundlagen, Handlungsstrategien und Forschungsperspektiven für die Ausbildung und Professionalisierung von Fachkräften für inklusive Schule. In H. Döbert & H. Weishaupt (Hrsg.), *Inklusive Bildung professionell gestalten* (S. 69–133). Münster: Waxmann.

Hengartner, E. (2006). Lernumgebungen für das ganze Begabungsspektrum: Alle Kinder sind gefordert. In E. Hengartner, U. Hirt & B. Wälti (Hrsg.), *Lernumgebungen für Rechenschwache bis Hochbegabte. Natürliche Differenzierung im Mathematikunterricht* (S. 9–15). Zug: Klett & Balmer.

Hußmann, S., & Prediger, S. (2007). Mit Unterschieden rechnen. *Praxis der Mathematik in der Schule, 49*(17), 1–8.

KMK (2005). *Bildungsstandards im Fach Mathematik für den Primarbereich (Jahrgangsstufe 4). Beschluss der Kultusministerkonferenz vom 15.10.2004*. Neuwied: Luchterhand.

Kornmann, R. (2010). *Mathematik: für Alle von Anfang an!* Bad Heilbrunn: Julius Klinkhardt.

Kornmann, R. (2014). Zum Erwerb grundlegender mathematischer Erfahrungen auf elementaren Etappen der Tätigkeitsentwicklung. *Teilhabe, 1*, 11–18.

Krauthausen, G., & Scherer, P. (2010). *Umgang mit Heterogenität. Natürliche Differenzierung im Mathematikunterricht der Grundschule. Handreichung des Programms "SINUS an Grundschulen*. Kiel: IPN-Materialien.

Riegert, J., Sansour, T., & Musenberg, O. (2015). "Gemeinsame Sache machen". Didaktische Theoriebildung und die Modellierung der Gegenstände im inklusiven Unterricht. *Sonderpädagogische Förderung heute, 1*, 9–23.

Rink, R. (2014). Was brauchen die Kinder zum Schätzen? Über die Bedeutung von Größen- und Stützpunktwissen. *Grundschule Mathematik, 42*, 6–10.

Selter, C. (2007). Sinus-Transfer Grundschule Mathematik. Modul G 7: Interessen aufgreifen und weiterentwickeln. http://www.sinus-transfer.de/fileadmin/MaterialienIPN/G7_fuer_Download.pdf. Zugegriffen: 22. Jan 2016.

Sturm, T. (2013). *Lehrbuch Heterogenität in der Schule*. München, Basel: Ernst Reinhardt.

Winter, H. (1992). *Sachrechnen in der Grundschule*. Berlin: Cornelsen.

Heterogenität im Mathematikunterricht in der Weiterbildung von Lehrpersonen

16

Angebote zur Förderung professionellen Wissens

Heike Schäferling, Alexandra Scherrmann und Sebastian Kuntze

Zusammenfassung

Heterogene Lernvoraussetzungen von Schülerinnen und Schülern stellen an Lehrpersonen differenzierte Anforderungen. Diese betreffen vor allem Aspekte der Aufgabenkultur, der Sozialformen und Unterrichtsmethoden sowie die Rolle von Sprache im Mathematikunterricht. Zur Förderung des professionellen Wissens in diesen Bereichen wurde an der Pädagogischen Hochschule Ludwigsburg ein Weiterbildungsbaustein im Rahmen der Ludwigsburger Weiterbildungen (LuWe) implementiert. Die Weiterbildungsbausteine von LuWe werden von Lehrpersonen der Primar- und Sekundarstufe besucht und zeichnen sich durch enge Theorie-Praxis-Verzahnung aus. Nachfolgend wird schwerpunktmäßig über die Konzeption der Veranstaltung berichtet und einen Einblick in Ergebnisse der Evaluation der Fortbildungsreihe gegeben. Die Evaluation untersuchte vor allem auch, inwieweit professionelles Wissen der teilnehmenden Lehrkräfte bezüglich des Umgangs mit Heterogenität im Mathematikunterricht durch die Fortbildung weiterentwickelt werden konnte.

Alle Tiere sollten ihre Kräfte und Fähigkeiten stärken um den Widrigkeiten des Lebens bestmöglich entgegentreten zu können[1]. Deshalb wurden vier wichtige Disziplinen bestimmt: das Laufen, Klettern, Schwimmen und Fliegen. Jedes Tier sollte in allen Disziplinen einen bestimmten Lernplan absolvieren. Im Laufe des Schuljahres bekamen die Tiere ihre Leistungsgrenze zu spüren: Die Ente beispielsweise scheiterte am Laufen. Im Fliegen war sie nicht so erfolgreich wie der Adler. Dieser aber wollte immerzu fliegen und weigerte sich, zu klettern und zu laufen. Am Ende gab es einen gefeierten Sieger – den Aal – der

---

[1] Kompakte Nacherzählung der Schule der Tiere, Reavis (1996).

H. Schäferling (✉) · A. Scherrmann · S. Kuntze
Institut für Mathematik und Informatik, Pädagogische Hochschule Ludwigsburg
Ludwigsburg, Deutschland

© Springer Fachmedien Wiesbaden GmbH 2017
J. Leuders et al. (Hrsg.), *Mit Heterogenität im Mathematikunterricht umgehen lernen*,
Konzepte und Studien zur Hochschuldidaktik und Lehrerbildung Mathematik,
DOI 10.1007/978-3-658-16903-9_16

mit einem Durchschnittswert über alle Disziplinen ermittelt wurde. Nachdem der tosende Beifall für den Sieger verstummt war, blieb ein „traurige[r] Ort der Niederlagen"[2] zurück.

Für Schülerinnen und Schüler an Grund- und Sekundarschulen erscheint es gewiss sinnvoller, gemeinsame Lernziele zu identifizieren, als für Tiere verschiedener Gattungen. Die Botschaft der Parabel ist jedoch übertragbar: Sie möchte motivieren, über unser schulisches Leistungsverständnis und vor allem auch über den Umgang mit heterogenen Ausgangsbedingungen unserer Schülerinnen und Schüler sowie über mögliche Implikationen für den Unterricht zu reflektieren. Derartiges Reflektieren über den Mathematikunterricht aus einer fachdidaktischen Perspektive heraus ist das Ziel eines Weiterbildungsbausteins, der sich an Primar- und Sekundarlehrkräfte richtet und bei dem die Verknüpfung professioneller Wissenselemente mit konkreten Aufgaben und Unterrichtssituationen im Mittelpunkt stand. Die Konzeption dieses Kurses und ausgewählte Ergebnisse der Evaluationsforschung werden im Folgenden vorgestellt.

16.1 Theoretischer Hintergrund des Weiterbildungsangebots

Im Schulgesetz heißt es, dass „jeder junge Mensch [...] das Recht auf eine seiner Begabung entsprechende[n] Erziehung und Ausbildung hat [...]"[3]. In Bezug auf das Lernen im Klassenzimmer bedeutet dies, dass Lehrpersonen sowohl mit Unterschieden im Leistungsvermögen bzw. -niveau (sog. vertikale Heterogenität, vgl. Scholz 2012, S. 9 f.) als auch mit unterschiedlichen Interessen, Lernwegen usw. (sog. horizontale Heterogenität, vgl. Scholz 2012, S. 9 f.) konfrontiert sind und mit diesen Formen von Heterogenität umgehen müssen. Soziale, kulturelle und religiöse Umwelten, in der Kinder aufwachsen, tragen wesentlich zur Vielfalt unter den Lernenden bei. Auch für den Mathematikunterricht wäre es illusorisch, Homogenität durch eine organisatorische Differenzierung von Gruppen in Untergruppen herstellen zu wollen, denn scheinbar homogenisierte Gruppen differenzieren sich meist neu, indem sich z. B. in kurzer Zeit fachliche und soziale Hierarchien ausbilden (vgl. Brügelmann 2003, S. 66). Für Lehrkräfte ist es daher erforderlich, mit Heterogenität in den ihnen anvertrauten Lerngruppen umgehen zu können, was einschlägiges professionelles Wissen erfordert. Mathematiklehrkräfte müssen dabei nicht nur über allgemeines pädagogisches Wissen (Shulman 1986; vgl. Kuntze 2012) etwa zu Unterrichtsmethoden (vgl. z. B. Brügelmann 2003; Wellenreuther 2013) oder Unterrichtsqualitätsmerkmalen (vgl. z. B. Helmke 2009) verfügen, sondern auch auf einschlägiges fachbezogenes fachdidaktisches Wissen (sog. Pedagogical Content Knowledge, Shulman 1986) zugreifen können.

---

[2] http//www.stolzverlag.de/dbdocs/doc425-schule-der-tiere.pdf [26.01.2016].
[3] Schulgesetz von Baden-Württemberg 1. Teil A. §1 „Erziehungs- und Bildungsauftrag der Schule", unter: http://www.landesrecht-bw.de/jportal/?quelle=jlink&query=SchulG+BW&max=true& aiz=true#jlr-SchulGBW1983pP1 [29.01.2016]

Dies schließt Wissen zum Unterrichtsprinzip des Differenzierens im Mathematikunterricht (Heymann 1991) und Fähigkeiten, dieses mit mathematischen Inhalten und Unterrichtssituationen zu verbinden, ein. Besonders gut lässt sich dies an Aufgaben und dem Umgang mit ihnen, der sog. „Aufgabenkultur" verdeutlichen. Aufgaben sind entscheidend etwa für die kognitive Aktivierung (Clausen et al. 2003) im Mathematikunterricht (z. B. Neubrand 2002; Jordan et al. 2006). Insbesondere können Aufgaben Differenzierung unterstützen, beispielsweise bieten sogenannte „selbstdifferenzierende Aufgaben" (Wittmann 1995; Büchter und Leuders 2005) den Lernenden die Möglichkeit, auf verschiedenen Lösungswegen mit unterschiedlichem Anforderungsgrad zu arbeiten und angepasst an ihre Lernvoraussetzungen entsprechende Herausforderungen der Aufgabenstellung zu meistern. Damit dies gelingen kann, ist eine geeignete unterrichtsmethodische Einbindung der Arbeit an Aufgaben von großer Bedeutung. Hierbei geht es nicht nur um die Ermöglichung eines individuellen Arbeitstempos, sondern auch um adaptive Lernbegleitung (z. B. Krammer 2009) oder etwa eine optimale Nutzung kooperativer Lernformen und Anregungen zum inhaltsbezogenen Diskurs zwischen den Lernenden. Es geht zusätzlich auch darum, unnötige Hürden zu vermeiden, die möglicherweise selektiv das Lernen erschweren. Dies betrifft beispielsweise die Rolle von Sprache für mathematischen Kompetenzaufbau (z. B. Heinze et al. 2011; Ufer et al. 2013; Prediger et al. 2015) – hier können sich angesichts heterogener Lernvoraussetzungen durch bestimmte Formulierungen unerwartete Hürden ergeben. Bewusstes gemeinsames Arbeiten an Formulierungen im Mathematikunterricht kann aber umgekehrt auch spezifische Lernchancen für Lernende mit unterschiedlichen Lernvoraussetzungen, sowohl bezogen auf die Sprache als auch auf die Mathematik, ermöglichen.

Aufgaben haben schließlich auch für die Leistungsmessung eine entscheidende Bedeutung: Über die allgemein-pädagogische Frage nach der Bezugsnorm hinaus stellt sich hier die praxisnahe fachdidaktische Frage, wie Aufgaben es ermöglichen können, Lernergebnisse und Kompetenzen valide zu diagnostizieren und gleichzeitig für heterogene Lernvoraussetzungen ausreichend offen und informativ zu sein (vgl. Bruder und Büchter 2012).

Solche professionelle Wissensaspekte und die Förderung diesbezüglicher Analysekompetenz (vgl. Kuntze et al. 2015) standen im Fokus eines Weiterbildungsprojekts, das vor allem auch die Verknüpfung mit konkreten Lernsituationen und der persönlichen Unterrichtspraxis der teilnehmenden Lehrkräfte zum Ziel hatte. Wir stellen im Folgenden den Weiterbildungsbaustein „Differenziert differenzieren" vor, dessen Titel sich an den eines Artikels von Leuders und Prediger (2012) anlehnt und einige darin zusammengefasste Anregungen aufgreift, aber auch weitere Ansätze thematisiert. Sie fokussierte insbesondere auf die Situierung professionellen Wissens in der eigenen Unterrichtspraxis.

Da der Weiterbildungsbaustein im Rahmen eines speziellen Formats angeboten wurde, geben wir im Folgenden zunächst Informationen zu diesem Rahmenkonzept (Abschn. 16.2), bevor wir die Weiterbildung näher beschreiben (Abschn. 16.3). Abschließend geben wir Einblick in ausgewählte Ergebnisse der Evaluationsforschung zu diesem Weiterbildungsbaustein (Abschn. 16.4).

16.2 Rahmenbedingungen der Ludwigsburger Weiterbildung für Lehrpersonen (LuWe)

16.2.1 Organisation und Gestaltung

Seit dem Schuljahr 2013/2014 bietet die Pädagogische Hochschule Ludwigsburg Weiterbildungen für Lehrkräfte im Schuldienst in den Fächern Deutsch und Mathematik an (Primarstufe und Sekundarstufe I). Gefördert wird dieses Pilotprojekt bis 2017 vom Innovations- und Qualitätsfond·(IQF) des Ministeriums für Wissenschaft, Forschung und Kunst Baden-Württemberg (Antragsteller(innen): Stefan Jeuk, Sebastian Kuntze, Joachim Schäfer, Silvia Wessolowski). Durchgeführt werden die Weiterbildungsveranstaltungen von Dozentinnen und Dozenten der Fächer Deutsch und Mathematik.

Die Ludwigsburger Weiterbildungen werden als Bausteine angeboten, von denen jeder drei Präsenztage und zwei jeweils ca. vierwöchige Zwischenphasen umfasst (vgl. Abb. 16.1).

Ein Blended-Learning-Konzept begleitet die Zwischenphasen. Hierfür wird die Lernplattform „moodle" genutzt. Über diese werden beispielsweise von den Dozentinnen und Dozenten nach einem Präsenztag ergänzende Materialien zur Verfügung gestellt, von den Teilnehmenden Unterrichtsmaterialien hochgeladen oder Fragen und Erfahrungsberichte ins Forum eingebracht.

Die konzeptionelle Kernidee der Weiterbildungen in Mathematik liegt in der Verknüpfung von unterrichtspraktischen Erfahrungen mit fachdidaktischem Wissen. Deshalb wird in den Weiterbildungen, insbesondere auch in den Zwischenphasen, ein besonderes Augenmerk auf die Verzahnung zwischen Wissenschaft/Theorie und Praxis gelegt.

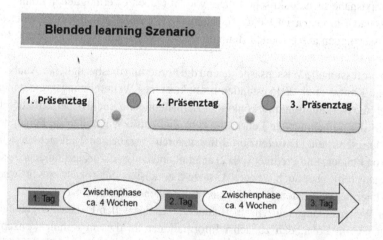

Abb. 16.1 Rahmenstruktur der Ludwigsburger Weiterbildungen

Hierzu werden an den drei Präsenztagen unterrichtspraktische Frage- und Problemstellungen von den Teilnehmern eingebracht und mit aktuellen Erkenntnissen aus Fachdidaktik und empirischer Bildungsforschung in Zusammenhang gesetzt. Ziel eines Präsenztages kann beispielsweise die (Weiter-)Entwicklung von fachdidaktisch fundierten Unterrichtskonzepten sein, die von den Lehrkräften in der sich anschließenden Zwischenphase im Unterricht eingesetzt und reflektiert werden. Während dieser Zeit findet eine Begleitung durch den Dozenten und die anderen Teilnehmer über die Online-Lernplattform Moodle statt. Am darauf folgenden Präsenztag werden die unterrichtspraktischen Erfahrungen ausgetauscht und etwa anhand der vorliegenden Schülerdokumente und Unterrichtsmaterialien reflektiert sowie gegebenenfalls weiterentwickelt.

16.2.2   Ein Blick auf die Teilnehmerinnen und Teilnehmer

Bisher nahmen über 65 Lehrkräfte der Primar- und Sekundarstufe I am Weiterbildungsbaustein „Differenziert differenzieren" teil. Genauso wie die Schülerinnen und Schüler stellen damit auch die teilnehmenden Lehrkräfte eine heterogene Gruppe dar. In der Sekundarstufe I wird die Heterogenität mitbedingt durch die derzeitige Parallelität und Pluralität an verschiedenen Schulformen in Baden-Württemberg, die spezifische Schulkulturen widerspiegeln: Die teilnehmenden Lehrkräfte unterrichten an Werkrealschulen (ehemals „Hauptschulen"), Realschulen oder Gemeinschaftsschulen[4]. Letztere Schulen haben sich aus Werkrealschulen oder Realschulen zur Gemeinschaftsschule entwickelt und bieten neben den Standards der Haupt- und Realschule auch gymnasiale Standards an. Durch diese Heterogenität der Schullandschaft kommen die teilnehmenden Lehrpersonen mit unterschiedlichen Bedürfnissen und Fragestellungen in die Weiterbildung und arbeiten in ihrem Kollegium an jeweils spezifischen Aufgabenstellungen der inneren Schulentwicklung (individuelle Förderung, Inklusion, Lernstandserhebung, Lernentwicklungsbegleitung, . . .).

16.3   Inhaltliche Ausgestaltung der Weiterbildung „Differenziert differenzieren"

In Abb. 16.2 werden überblicksartig die Inhalte der Fortbildung „Differenziert differenzieren" skizziert. Nachfolgende Ausführungen nehmen aus Platzgründen exemplarisch den Ablauf des ersten Präsenztages und den Arbeitsauftrag der ersten Zwischenphase in den Blick.

Zu Beginn wurden die teilnehmenden Lehrpersonen anhand der Fabel der „Schule der Tiere" (siehe Beginn des Artikels) auf das Thema „Heterogenität" eingestimmt und dazu angeregt, ihren Umgang mit der heterogenen Ausgangslage der realen Schülerinnen und Schüler zu reflektieren. Das individuelle Verständnis der miteinander verwobenen

---

[4] http://km-bw.de/,Lde/Startseite/Service/02_02_2015 [27.01.2016]

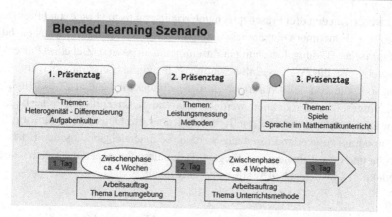

Abb. 16.2 Überblick über Inhalte des Weiterbildungsbausteins „Differenziert differenzieren"

Begriffe „Heterogenität", „Integration" und „Differenzierung" wurde in diesem Zusammenhang thematisiert. Diese Einleitung der Fortbildung zielt darauf ab, die Heterogenität der Lernenden als positive Herausforderung an die eigene pädagogische Arbeit zu sehen und nicht als lästigen Berg, den man zu umgehen versucht. Doch um diese Herausforderung zu bewältigen, benötigen Lehrpersonen entsprechendes professionelles Wissen. Deshalb wurde nachfolgend das Augenmerk auf selbstdifferenzierende Aufgabenstellungen, Aufgabenkultur und Methodenvielfalt im Mathematikunterricht als Merkmale von Unterrichtsqualität gelegt. Lehrkräfte sollten in der Lage sein, das differenzierende Potential verschiedener Unterrichtsmethoden sowie innerhalb einzelner Aufgaben zu erkennen und dieses für den Kompetenzaufbau der Lernenden nutzen können. Der Auftrag in der ersten Zwischenphase (zwischen dem ersten und zweiten Fortbildungstag) zielte dementsprechend darauf ab, Unterrichtsmethoden mit Differenzierungspotential wie beispielsweise Stationenarbeit, Lerntheke, Ich-Du-Wir-Prinzip von Gallin und Ruf (2005) und Ansätze des selbstorganisierten Lernens (z. B. Herold und Landherr 2003) im Unterricht auszuprobieren und zu reflektieren (siehe Anhang).

Ein „professioneller" Blick im Sinne einer auf Differenzierung bezogenen Analysekompetenz hilft, einen Überblick über die Voraussetzungen von Lernenden zu gewinnen. Besondere Bedeutung hatte in der Weiterbildung die Unterscheidung „Aufgaben zum Lernen" vs. „Aufgaben zum Leisten" (vgl. Büchter und Leuders 2005). Von den Aufgaben kommend wurde anschließend am zweiten Fortbildungstag thematisch auf „Lernumgebungen" (Hirt und Wälti 2008) und Methoden erweitert. Mit den „Lernumgebungen" soll ein Lernen auf verschiedenen Niveaus zum selben mathematischem Inhalt möglich werden, getreu dem Motto „Differenzieren statt Individualisieren".

Hierzu wurde ein Praxisbeispiel eingebracht, um exemplarisch aufzuzeigen, wie solch eine Lernumgebung ausgestaltet werden kann. Vor allem eine Lernumgebung zum Thema Prozentwertberechnung (vgl. Schäferling und Wagner 2015) stellte sich für viele Teilnehmende, die vorrangig in den Klassenstufen 5–7 unterrichteten, als kurz- oder mittelfristig unterrichtsrelevant heraus. Die Materialien thematisieren das Bestimmen von Prozentwerten mit verschiedenen, d. h. unterschiedlich stark spannbaren gummielastischen Prozentbändern. Eine Differenzierung erfolgt hier vorrangig über das in der Unterrichtsstunde verwendete „Zahlenmaterial": Zum einen sind damit die verwendeten Prozentsätze gemeint, welche sich entweder auf einfache Schlüsselprozentsätze (z. B. 1 %, 2 %, 5 %, 25 % ...) beschränken oder aber anspruchsvoller gewählt sind (z. B. 2,5 %, 40 %, 12,5 %, $33\frac{1}{3}$ %). Zum Zweiten wird über die Längenangaben differenziert. Diese ermöglichen entweder ein konkretes Ausmessen im Klassenzimmer (z. B. 40 mm, 187 cm), sodass daran die Prozentwerte, also die Anteile von Längen, mit den verschieden zur Verfügung stehenden gummielastischen Prozentbändern handelnd bestimmt werden konnten oder aber sie verhindern geradezu ein konkretes Ausmessen im Klassenzimmer (z. B. 0,25 km; 1,2 km), sodass die Bestimmung von Prozentanteilen gedanklich vollzogen werden muss. Die Verknüpfung zwischen der enaktiven (handelnden) und der symbolischen (rechnerischen) Ebene wird in der Lernumgebung durch entsprechende Aufgabenstellungen immer wieder angeregt (vgl. Schäferling und Wagner 2015).

Es zeigte sich, dass dieses Beispiel ein hilfreiches Vehikel darstellte, um die Idee des Lernens an gemeinsamen Aufgaben auf unterschiedlichen Niveaus greifbar zu machen und die Realisierbarkeit in alltäglichen Unterrichtssituationen mit den teilnehmenden Lehrkräften konstruktiv zu diskutieren. Dabei ging es beispielsweise um die Fragen, wie man der Tendenz entgegentreten kann, dass sich viele Schülerinnen und Schüler auf leichtere „Schlüsselprozentsätze" beschränken oder wie man den Transfer zur symbolischen (rechnerischen) Ebene gegebenenfalls unterstützen kann mit gleichzeitiger (gedanklicher) Verbindung zu den gummielastischen Prozentbändern. Im Kern drehten sich die Diskussionen darum, ob das Material und die Aufgaben selbstdifferenzierend sind und/oder ob vorweg eine Differenzierung vorgenommen werden sollte und wie man mit den unterschiedlichen Bearbeitungsweisen umgehen kann, da man ja nun den „traditionellen" Weg über den Dreisatz verlässt. Der Austausch zeigte, dass die teilnehmenden Lehrpersonen mit dem Einsatz von selbstdifferenzierenden Aufgaben durchaus „neue" Wege im Unterricht zu beschreiten bereit waren bzw. sich Ideen entwickelten, wie konkrete gegebene Aufgaben oft durch Abwandlungen zu selbstdifferenzierenden Aufgabenstellungen ausgebaut werden können.

Damit wurden die teilnehmenden Lehrkräfte in eine etwa zweistündige Arbeitsphase geschickt, in der sie im Team eine Lernumgebung mit selbstdifferenzierenden Aufgaben (Hirt und Wälti 2008) passend zu einem in naher Zukunft liegenden Unterrichtsthema entwickeln sollten. Die Dozentin war währenddessen eine nachgefragte Ansprechpartnerin und es zeigte sich einmal mehr, dass sich Gewohnheiten und Routinen im Einsatz von Aufgaben und hinsichtlich der geforderten Aufgabenbearbeitung erst einmal gedanklich verändern müssen: Dies betraf vor allem die Offenheit in den Bearbeitungs- und Zugangsweisen und die Offenheit hinsichtlich möglicher Ergebnisse (siehe auch Abschn. 16.4 Evaluation).

In der ersten Zwischenphase sollten die Teilnehmenden dann diese Lernumgebung im Unterricht erproben (siehe Anhang). Die gewonnenen Erfahrungen wurden dann zu

Beginn des zweiten Weiterbildungstags von den teilnehmenden Lehrkräften durch die Vorstellung der konkreten Unterrichtsmaterialien und meist auch unterstützt durch Lernendendokumente eingebracht. Sie berichteten von ihren Unterrichtserfahrungen, schilderten ihre Beobachtungen und gaben Beispiele und Zitate wieder, wie Schülerinnen und Schüler im Unterricht mit der Lernumgebung auf verschiedenen Niveaus gearbeitet hatten. Vor allem sollte auch aus der Unterrichtspraxis berichtet werden, wie die Lernenden über gewisse Strecken *gemeinsam* mit den Aufgaben lernten.

16.4 Evaluation der Fortbildung „Differenziert differenzieren"

Bislang wurden zwei Fortbildungskurse von „Differenziert differenzieren" einer Evaluationsuntersuchung unterzogen (N = 27)[5]. Hierzu erhielten die teilnehmenden Lehrpersonen zu Beginn und am Ende der Weiterbildung einen Fragebogen. In diesem Fragebogen wurden Aspekte des professionellen Wissens der Teilnehmenden bezüglich des Potentials von Aufgaben für die Arbeit in heterogenen Lerngruppen und bezüglich des Umgangs mit Aufgaben im Unterricht erhoben. Hierzu wurden den Lehrkräften einerseits Aufgaben vorgelegt, die in ein tendenziell offenes oder tendenziell geschlossenes Format aufwiesen. Von Interesse war hierbei unter anderem die Beurteilung der Aufgaben bezüglich des Offenheitsgrades, der Aufgabenstruktur (auf verschiedenen Niveaus bearbeitbar oder nicht) und bezüglich möglicher Schwierigkeiten der Lernenden. In einem weiteren Teil des Fragebogens sollte andererseits Stellung zu einer über einen Comic dargestellte Unterrichtssituation (siehe Abb. 16.3) bezogen werden. Die Befragten sollten in einem offenen Format über ihre Einschätzungen zu diesen Unterrichtssituationen und über die Kriterien, die bei der Einschätzung im Vordergrund standen, Auskunft geben.

Die nachfolgend vorgestellten Ergebnisse beziehen sich auf den zuletzt beschriebenen Teil des Fragebogens, der Analyse einer im Comic dargestellten Unterrichtssituation. Die Auswertungen haben explorativen Charakter und übernehmen zunächst auch eine hypothesengenerierende Funktion. Die offenen Antworten zur Frage nach der Einschätzung der Unterrichtssituation wurden dahingehend codiert, ob bestimmte Aspekte im Umgang mit der Aufgabe erkannt wurden, wie z.B. die Fixierung auf einen Lösungsweg und fehlendes Eingehen auf weitere Vorstellungen nach der zuerst geäußerten. Zudem wurde unter anderem codiert, ob eine kritische Stellungnahme zu diesem Verhalten der Lehrperson erkennbar war und ob konkrete Vorschläge zum Umgang mit der Aufgabe im Unterricht thematisiert wurden.

Es zeigten sich Unterschiede in den offenen Antworten zwischen der Prä- und der Post-Erhebung. So wurde der im Comic gezeigte Umgang mit den Lernendenbeiträgen in der Prä-Erhebung in rund 48 % der freien Antworten nicht thematisiert. In der Post-Erhebung waren es rund 33 % der Antworten, in denen nicht darauf eingegangen wurde. In der Prä-

---

[5] Die systematische Evaluation setzte erst im zweiten Fortbildungsdurchgang ein, wodurch lediglich 27 von 65 teilnehmenden Lehrkräften mit den oben angeführten Instrumenten befragt wurden.

Abb. 16.3 Comic zur Einschätzung einer Unterrichtssituation. (Zeichnung: Juliana Egete, Text und Idee: S. Kuntze, H. Schäferling)

Erhebung wurde die Möglichkeit, die Aufgabe auf verschiedenen Niveaus zu bearbeiten, überhaupt nicht thematisiert. Demgegenüber wiesen rund 11 % der Befragten in der Post-Erhebung darauf hin.

Diese ersten Ergebnisse zeigen, dass bei einigen der teilnehmenden Lehrpersonen der Blick auf differenzierende Aspekte des im Comic dargestellten Umgangs mit Aufgaben geschärft wurde. Exemplarisch zeigt Abb. 16.4 die Antworten einer Teilnehmerin, die auch eine Entwicklung in weiteren Bereichen nahelegt.

In den offenen Antworten zeigt sich aber auch, dass es weiterhin vielen Lehrkräften möglicherweise schwer fiel, umfassendes professionelles Wissen zum Umgang mit Heterogenität bei der Analyse der gegebenen Unterrichtssituationen zu nutzen: Beispielsweise

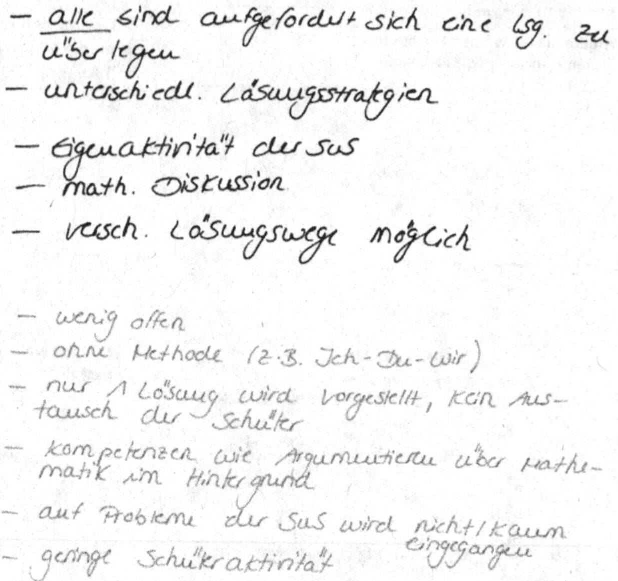

Abb. 16.4 Äußerungen einer Teilnehmerin in der Prä- und Post-Erhebung (Prä: *oben*/Post: *unten*)

- alle sind aufgefordert sich eine Lsg. zu überlegen
- unterschiedl. Lösungsstrategien
- Eigenaktivität der SuS
- math. Diskussion
- versch. Lösungswege möglich

- wenig offen
- ohne Methode (z.B. Ich-Du-Wir)
- nur 1 Lösung wird vorgestellt, kein Austausch der Schüler
- Kompetenzen wie Argumentieren über Mathematik im Hintergrund
- auf Probleme der SuS wird nicht/kaum eingegangen
- geringe Schüleraktivität

gingen immer noch knapp ein Drittel der freien Antworten im Post-Test (siehe oben) nicht auf den ungünstigen Umgang der Lehrkraft mit den Lernendenbeiträgen ein. Außerdem thematisierten knapp 90 % der freien Antworten im Post-Test (siehe oben) das hohe selbstdifferenzierende Potential der Aufgabe nicht im Einzelnen. Möglicherweise ist die Anforderung, für einen konkreten Situationskontexts besonders relevantes Wissen aus mehreren Bereichen zur Analyse heranzuziehen, recht hoch, sodass die Nutzung solchen Wissens noch fokussierter trainiert werden sollte. Um genauer abschätzen zu können, welche Rolle möglicherweise konkurrierende professionelle Wissenselemente bei der Analyse spielen, könnte die Comic-Klassenraumsituation auch in ein leitfadengestütztes Interview eingebracht werden. Auch inwiefern Videovignetten durch eine realitätsnähere Darstellung der Unterrichtssituation kritischere Analyseprozesse herausfordern, könnte flankierend untersucht werden.

Immerhin wurden in der abschließenden Gesamtbeurteilung des Weiterbildungsbausteins „Differenziert differenzieren" in rund 74 % der offenen Antworten die Anregungen zum unterrichtlichen Umgang mit Mathematikaufgaben als subjektiver Gewinn gesehen. Vor allem das Potential von Aufgaben für die Offenheit an möglichen Lösungswegen wurde von den Teilnehmenden häufig thematisiert (rund 52 % aller offenen Antworten). Neue, auf die Differenzierung ausgerichtete Unterrichtsmethoden wurden in rund 29 % aller Antworten als gewinnbringend erwähnt. Außerdem wurde der Austausch mit Kolleginnen und Kollegen von rund 70 % aller Teilnehmerinnen und Teilnehmer positiv hervorgehoben.

Die Ergebnisse deuten damit auf weitergehenden Professionalisierungsbedarf hin und legen nahe, dass vertiefte und mit der Unterrichtspraxis der Teilnehmenden verschränkte Professionalisierungsangebote zusätzliche Impulse für eine auf den Umgang mit Heterogenität bezogene professionelle Analysekompetenz geben könnten – ein Prozess, der durch den Weiterbildungsbaustein angestoßen werden konnte.

A Anhang

Arbeitsauftrag erste Zwischenphase (Reflexion der Methodenebene)

Sie haben heute verschiedene Unterrichtsmethoden kennengelernt, die ein differenzierendes Lernen der Schülerinnen und Schüler ermöglichen. Probieren Sie aus diesen eine für Sie neue Unterrichtsmethode in den nächsten Mathematikstunden aus.

Bitte berichten Sie im Forum kurz über Ihre Erfahrungen:

Inwiefern ist es gelungen, dass die Lernenden auf unterschiedlichen Niveaus arbeiten konnten? Was war weniger optimal?

Arbeitsauftrag zweite Zwischenphase (Reflexion der Aufgabenebene)

Entwickeln Sie eine Lernumgebung, die Sie in den nächsten beiden Wochen im Unterricht einsetzen können. Diese Lernumgebung sollte vielfältige Zugangsweisen anregen und unterstützen / selbstdifferenzierend sein / das Nachdenken über die Aufgaben und die eigenen Lösungswege beinhalten. Reflexionen der Schülerinnen und Schüler können angeregt werden durch folgende Aufgabenbausteine:

	Mögliche Aufgabenbausteine
Anregungen zur Handlung, zum Rechnen:	„Bilde xy … aus vorliegenden Zahlenkarten…"
Anregungen zum Organisieren, Strukturieren,..:	„Wie viele … kannst du bilden?" „Ordne nach der Größe.." „Welche Ergebnisse kommen vor?" „Gibt es gleiche Ergebnisse?"
Anregungen zum Reflektieren:	„Entdeckst du eine Gesetzmäßigkeit?" „Ist das immer so?" „Überlege, warum du immer… vorfindest?" „Kann das Ergebnis auch mal ganz anders sein?" „Könntest du auch ganz anders rechnen?"
Anregung zur Übertragung:	„Wie viele erhältst du, wenn du nochmals xy Kärtchen dazu nimmst?" „Finde neue Beispiele, die ebenfalls …?" „Welche Zahlen funktionieren anders?"

Literatur

Bruder, R., & Büchter, A. (2012). Beurteilen und Bewerten im Mathematikunterricht. *Mathematik lehren*, 29(170), 2–8.

Brügelmann, H. (2003). Leistungsheterogenität und Begabungsheterogenität in der Primarstufe und in der Sekundarstufe. In P. Heyer (Hrsg.), *Länger gemeinsam lernen. Positionen – Forschungsergebnisse – Beispiele* Die blaue Reihe der GGG / [Hrsg.: Gemeinnützige Gesellschaft Gesamtschule e. V. – GGG, (Bd. 55, S. 60–66). Frankfurt am Main: Grundschulverb. Arbeitskreis Grundschule.

Büchter, A., & Leuders, T. (2005). *Mathematikaufgaben selbst entwickeln: Lernen fördern – Leistung überprüfen.* Berlin: Cornelsen Scriptor.

Clausen, M., Reusser, K., & Klieme, E. (2003). Unterrichtsqualität auf der Basis hoch-inferenter Unterrichtsbeurteilungen: ein Vergleich zwischen Deutschland und der deutschsprachigen Schweiz. *Unterrichtswissenschaft, 31*(2), 122–141.

Gallin, P., & Ruf, U. (2005). *Austausch unter Ungleichen* (3. Aufl.). Dialogisches Lernen in Sprache und Mathematik, Bd. 1. Seelze-Velber: Kallmeyer.

Heinze, A., Herwartz-Emden, L., Braun, C., & Reiss, K. (2011). Die Rolle von Kenntnissen der Unterrichtssprache beim Mathematiklernen: Ergebnisse einer quantitativen Längsschnittstudie in der Grundschule. In S. Prediger & E. Özdil (Hrsg.), *Mathematiklernen unter Bedingungen der Mehrsprachigkeit* Mehrsprachigkeit, (Bd. 32, S. 11–33). Münster: Waxmann.

Helmke, A. (2009). *Unterrichtsqualität und Lehrerprofessionalität: Diagnose, Evaluation und Verbesserung des Unterrichts.* Seelze-Velber: Klett/Kallmeyer.

Herold, M., & Landherr, B. (2003). *SOL – Selbstorganisiertes Lernen: Ein systemischer Ansatz für Unterricht* (2. Aufl.). Hohengehren: Schneider.

Heymann, H. (1991). Innere Differenzierung im Mathematikunterricht. *mathematik lehren, 49*, 63–66.

Hirt, U., & Wälti, B. (2008). *Lernumgebungen im Mathematikunterricht: Natürliche Differenzierung für Rechenschwache bis Hochbegabte.* Seelze-Velber: Kallmeyer.

Jordan, A., Ross, N., Krauss, S., Baumert, J., Blum, W., Neubrand, M., Löwen, K., Brunner, M., & Kunter, M. (2006). *Klassifikationsschema für Mathematikaufgaben: Dokumentation der Aufgabenklassifikation im COACTIV-Projekt.* Materialien aus der Bildungsforschung, Bd. 81. Berlin: Max-Planck-Institut für Bildungsforschung.

Krammer, K. (2009). *Individuelle Unterstützung in Schülerarbeitsphasen.* Münster: Waxmann.

Kuntze, S. (2012). Pedagogical content beliefs: global, content domain-related and situation-specific components. *Educational Studies in Mathematics, 79*(2), 273–292.

Kuntze, S., Dreher, A., & Friesen, M. (2015). Teachers' resources in analysing mathematical content and classroom situations. In K. Krainer & N. Vondrova (Hrsg.), *Proceedings of the Ninth Congress of the European Society for Research in Mathematics Education* (S. 3213–3219). Prague: ERME / Charles University. https://hal.archives-ouvertes.fr/hal-01289863.

Leuders, T., & Prediger, S. (2012). „Differenziert Differenzieren" – Mit Heterogenität in verschiedenen Phasen des Mathematikunterrichts umgehen. In A. Ittel & R. Lazarides (Hrsg.), *Differenzierung im mathematisch-naturwissenschaftlichen Unterricht – Implikationen für Theorie und Praxis* (S. 35–66). Bad Heilbrunn: Klinkhardt.

Neubrand, J. (2002). *Eine Klassifikation mathematischer Aufgaben zur Analyse von Unterrichtssituationen.* Hildesheim: Franzbecker.

Prediger, S., Wilhelm, N., Büchter, A., Gürsoy, E., & Benholz, C. (2015). Sprachkompetenz und Mathematikleistung – Empirische Untersuchung sprachlich bedingter Hürden in den Zentralen Prüfungen 10. *Journal für Mathematik-Didaktik, 36*(1), 77–104.

Reavis, G. H. (1996). Kompakte Nacherzählung der „Schule der Tiere" bzw. „Parabel auf die Gleichheit". Nach einer Geschichte aus dem Sammelband „Hühnersuppe für die Seele". Goldmann Verlag. http://www.stolzverlag.de/dbdocs/doc425-schule-der-tiere.pdf. Zugegriffen: 26. Jan. 2016.

Schäferling, H., & Wagner, A. (2015). 100 Prozent differenziert: Prozentrechnen handelnd erleben. *Fördermagazin Sekundarstufe, 1*(1), 13–17.

Scholz, I. (2012). *Das heterogene Klassenzimmer: Differenziert unterrichten.* Göttingen: Vandenhoeck & Ruprecht.

Shulman, L. (1986). Those who understand: Knowledge growth in teaching. *Educational Researcher, 15*(2), 4–14.

Ufer, S., Reiss, K., & Mehringer, V. (2013). Sprachstand, soziale Herkunft und Bilingualität: Effekte auf Facetten mathematischer Kompetenz. In M. Becker-Mrotzek, K. Schramm, E. Thürmann & H. J. Vollmer (Hrsg.), *Sprache im Fach – Sprachlichkeit und fachliches Lernen* (S. 185–202). Münster: Waxmann.

Wellenreuther, M. (2013). Führt mehr Heterogenität zu mehr Lernen? Flexible Eingangsphase im Spannungsfeld zwischen Heterogenität und Homogenität. *SchulVerwaltung – Zeitschrift für Schulentwicklung und Schulmanagement NRW, 24*(11), 307–309.

Wittmann, E. (1995). Aktiv-entdeckendes und soziales Lernen im Rechenunterricht – vom Kind und vom Fach aus. In G. Müller & E. Wittmann (Hrsg.), *Mit Kindern rechnen* (S. 10–41). Frankfurt: Arbeitskreis Grundschule.

Inklusiven Mathematikunterricht gestalten lernen – praxisbezogen und zugleich handlungsentlastet

Ein Konzept für eine universitäre Lehrveranstaltung

Maike Schindler

Zusammenfassung

Zukünftige Lehrpersonen müssen adäquat für inklusiven Mathematikunterricht ausgebildet werden. Der vorliegende Beitrag stellt eine Seminarkonzeption und -durchführung vor, in deren Rahmen Lehramtsstudierende Möglichkeiten inklusiver Mathematikunterrichtsgestaltung kennenlernen und anwenden. Die grundlegende Idee ist zum einen ein hoher Praxisbezug durch die gezielte Kooperation mit schulischen Partnern: Die Studierenden setzen Möglichkeiten inklusiver Mathematikunterrichtsgestaltung um, indem sie Unterricht für konkrete Schulklassen planen. Zum anderen erfolgt eine Handlungsentlastung, indem der Unterricht durch die kooperierenden Lehrpersonen durchgeführt wird, während die Studierenden im Unterricht hospitieren. Im vorliegenden Beitrag werden zwei Varianten dieser Seminarkonzeption vorgestellt: Variante 1, in der die Kooperation mit einem Team von Lehrkräften durch die Seminarleitung hergestellt und koordiniert wird, und Variante 2, in der die Studierenden sich eigenständig Kooperationsklassen suchen. Die Durchführung sowie Vor- und Nachteile der Varianten werden beschrieben, reflektiert und diskutiert.

Viele Lehramtsstudierende empfinden – ebenso wie Lehrpersonen in der Schulpraxis (Rottmann und Peter-Koop 2015) – inklusivem Mathematikunterricht gegenüber Skepsis, Angst und Überforderung. Dies zeigte sich u. a. an Aussagen der Studierenden zu Beginn des Seminars.

M. Schindler (✉)
Humanwissenschaftliche Fakultät, Department Heilpädagogik und Rehabilitation, Universität zu Köln
Köln, Deutschland

© Springer Fachmedien Wiesbaden GmbH 2017
J. Leuders et al. (Hrsg.), *Mit Heterogenität im Mathematikunterricht umgehen lernen,*
Konzepte und Studien zur Hochschuldidaktik und Lehrerbildung Mathematik,
DOI 10.1007/978-3-658-16903-9_17

Ich habe das Gefühl, dass mir noch das „richtige" Handwerkszeug für die Gestaltung von inklusivem Unterricht fehlt. An der Universität wird vieles nur theoretisch ausführlich besprochen und kein enger Praxisbezug geschaffen.

In der Freizeit finde ich Integration/Inklusion sehr sinnvoll, allerdings nicht in der Schule.

Die Studierenden wünschten sich u. a. mehr Wissen dazu, wie Gemeinsames Lernen gestaltet werden kann, sowie einen höheren Praxisbezug in ihrer Ausbildung. An diesen Stellen setzt das im Folgenden vorgestellte Seminarkonzept an.

17.1 Hintergrund zu schulischer Inklusion

17.1.1 Schulische Inklusion

Schulische Inklusion ist ein Thema mit wachsender Bewandtnis, das jedoch oftmals negativ assoziiert wird. Im Grunde handelt die Idee der Inklusion – der Reformpädagogik entspringend – von dem Anspruch, alle Lernenden in ihrer Diversität wahrzunehmen:

> Inklusion bemüht sich, alle Dimensionen von Heterogenität in den Blick zu bekommen und gemeinsam zu betrachten. Dabei kann es um unterschiedliche Fähigkeiten, Geschlechterrollen, ethnische Herkünfte, Nationalitäten, Erstsprachen, Rassen, soziale Milieus, Religionen und weltanschauliche Orientierungen, körperliche Bedingungen oder anderes mehr gehen. Charakteristisch ist dabei, dass Inklusion sich gegen dichotome Vorstellungen wendet, die jeweils zwei Kategorien konstruieren: Deutsche und Ausländer, Männer und Frauen, Behinderte und Nichtbehinderte, Body-Maß-Index-Gemäße und Abweichler, Heterosexuelle und Homosexuelle, Reiche und Arme etc. (Hinz 2009, S. 171).

In den vergangenen Jahren wurde das Thema schulische Inklusion im bildungspolitischen Diskurs immer präsenter. Der Diskurs fokussiert jedoch vielfach nicht auf die ‚Pädagogik der Vielfalt' (Prengel 2002), sondern auf die *Dichotomie* zwischen Lernenden mit und ohne sonderpädagogischem Förderbedarf (SPF). In der Schulpraxis ziehen die aktuellen Entwicklungen Umstrukturierungen, Skepsis und auch Schwierigkeiten nach sich – nicht zuletzt durch die fehlende Ausbildung von Lehrpersonen für das Gemeinsame Lernen (Rödler 2014). Aus diesem Spannungsfeld entspringt der Anspruch der vorgestellten Seminarkonzeption, zukünftige Lehrpersonen besser für inklusiven Mathematikunterricht auszubilden.

17.1.2 Inklusive Mathematikunterrichtsgestaltung

Bemühungen, inklusive Didaktik zu entwickeln, existieren in Deutschland schon seit mehr als 30 Jahren (Seitz 2006). Als „derzeitige Grundlage einer inklusiven Didaktik" werden zumeist „offene Unterrichtsformen, innere Differenzierung und Individualisierung, bei der eine gewisse Kooperation nicht verloren gehen darf" (Kofler 2012, S. 39) aufgefasst. Auch wenn Konzepte und Forschung zur Gestaltung inklusiven *Mathematik*unterrichts noch viel Raum für Entwicklungen lassen (vgl. Lütje-Klose und Miller 2015; Rottmann und Peter-Koop 2015), gibt es bereits Bemühungen, die aufzeigen, welche Möglichkeiten sich bieten. Es werden bspw. Ansätze zur inklusiven Didaktik, wie Klafkis (1997) didaktische Analyse oder Wockens (2011) Haus der inklusiven Schule mathematikdidaktisch interpretiert (Hattermann et al. 2014; Kofler 2012). Im vorgeschlagenen Seminarkonzept wird auf Feusers (1989) *entwicklungslogische Didaktik* und auf das Lernen am *gemeinsamen Gegenstand* zurückgegriffen (vgl. auch Rottmann und Peter-Koop 2015). In der entwicklungslogischen Didaktik, die Feuser in den 1980er-Jahren entwickelte, werden alle Kinder in ihrer individuellen Entwicklung und Vielfalt in den Blick genommen. Feuser betont die Bedeutung von Gemeinschaft im Unterricht. Hier setzt das Lernen am *gemeinsamen Gegenstand* und seine Realisierung durch das metaphorische *Baummodell* an: Der Baum (der gemeinsame Gegenstand) wird genährt durch die Erkenntnisse aus den Fachwissenschaften als Wurzeln. Der Stamm symbolisiert den Unterrichtsgegenstand in seiner Grobstruktur. Die Äste und Zweige stellen die Aufbereitung des Lerngegenstandes für die individuellen Bedürfnisse der Kinder dar, wobei Aspekte von Vielfalt – wie Sprache, Wahrnehmung, Kognition – berücksichtigt werden (s. Abschn. 17.3).

In den vorhandenen Bemühungen, inklusive Mathematikdidaktik (weiter) zu entwickeln, werden oft Konzepte und Methoden der Mathematikdidaktik genutzt, „welche den Differenzierungsgedanken im klassischen Unterricht bereits Wirklichkeit werden lassen und darüber hinaus Potenzial für eine Umsetzung in inklusivem Unterricht besitzen" (Hattermann et al. 2014, S. 201; vgl. auch Rottmann und Peter-Koop 2015). Hierzu zählen *mathematikdidaktische Prinzipien* (wie das produktive Üben, siehe z. B. Kofler 2012), *Prinzipen der Aufgabengestaltung* (Häsel-Weide und Nührenbörger 2015) und *Methoden* wie etwa die Arbeit mit Kompetenzrastern (Hattermann et al. 2014) (s. Abschn. 17.3).

17.2 Ausgangspunkte und Rahmenbedingungen des Seminars

Grundlegende Idee der Seminarkonzeption ist ein hoher *Praxisbezug* bei gleichzeitiger *Handlungsentlastung* der Studierenden durch die gezielte Kooperation mit schulischen Partnern. Die Studierenden wenden Konzepte und Methoden für die Planung differenzierenden inklusiven Mathematikunterrichts für eine konkrete Schulklasse an und beobachten anschließend den von ihnen geplanten Unterricht in einer Hospitation, während die Lehrpersonen den Unterricht durchführen.

17.2.1 Institutionelle Rahmenbedingungen der Veranstaltung

Das vorgestellte Lehrkonzept fand in zwei Varianten statt, die sich u. a. in der Organisation der Kooperation mit schulischen Partnern unterschieden (s. u.). Es handelte sich um Veranstaltungen mit 2/3 ECTS Credit Points mit zwei SWS über die Dauer eines Semesters. Sie richteten sich an Studierende zu Beginn des Master- oder Ende des Bachelorstudiums, die bereits Schulpraktika absolviert hatten.

Variante 1. Hier wurde durch die Seminarleitung eine Kooperation mit *einer* Klasse an *einer* Schule initiiert und organisiert. Im konkreten Fall handelte es sich um eine Gesamtschule in NRW und zwei Lehrer – einen Sonderpädagogen und einen Mathematiklehrer – die im Doppellehrersystem in einer sechsten Klasse unterrichteten. Die 22 Lernenden (davon fünf mit SPF in den Bereichen Lernen, emotionale und soziale Entwicklung sowie Sprache) wiesen eine große Heterogenität auf (bspw. bzgl. Zuwanderungsgeschichte, Sprache, Lernen und sozio-ökonomischem Status). Das Seminar richtete sich an Studierende des Lehramtes für sonderpädagogische Förderung. Diese hatten Mathematik oder Deutsch als Pflichtfach. Die Teilnehmerzahl war aufgrund der geplanten Unterrichtshospitationen auf 30 begrenzt. Diese Gruppengröße erwies sich als geeignet.

Variante 2. In dieser Variante wurde die Kooperation zu schulischen Partnern von den Studierenden (mit Fach Mathematik für das Grund- und Förderschullehramt) selbst hergestellt und die Kooperation eigenständig organisiert. Jede der vier Vierergruppen suchte sich eine Kooperationsklasse. Teilweise konnten die Studierenden hierbei Kontakte zu ehemaligen Praktikumsklassen nutzen. Die Einschätzung der Lernvoraussetzungen der Kinder erfolgte durch die Lehrpersonen und durch Hospitationen der Studierenden im Unterricht. Teilweise konnten die Studierenden zudem auf die Erfahrungen mit den Kindern im Praktikum zurückgreifen.

17.2.2   Ausgangspunkte bei den Studierenden

Vor der Veranstaltung äußerten die Studierenden vielfach *Vorbehalte* gegenüber inklusivem Mathematikunterricht sowie Angst vor Überforderung. Die Studierenden waren teilweise mit Feusers entwicklungslogischer Didaktik und mit Konzepten und Methoden der Mathematikdidaktik zur differenzierenden Unterrichtsgestaltung bekannt, nicht jedoch damit, wie die Konzepte und Methoden im inklusiven Unterricht umgesetzt werden können.

In Variante 1 wurden Einstellungen zu Inklusion und zum Umgang mit heterogenen Lerngruppen mit vorhandenen Skalen erhoben (u. a. Franzkowiak 2009; Gebauer et al. 2013; Wilczenski 1992). Ziel war es, mögliche Veränderungen über den Verlauf des Seminares zu untersuchen. Die Studierenden bearbeiteten in der ersten und in der letzten Seminarsitzung auf den Skalen basierende Fragebögen mit einer Bearbeitungszeit von ca. 20 min. Ausgewählte Ergebnisse sind in Abschn. 17.4 dargestellt.

17.3 Die Seminarplanung und -durchführung im Überblick

Im Folgenden werden Seminarplanung und -durchführung entlang des chronologischen Ablaufs ihrer Phasen vorgestellt (Kasten 1).

Kasten 1 Ablauf des Seminares

Phase und Inhalte	Anzahl Seminarsitzungen
Einführung Organisatorisches und Grundlagen zu Inklusion	1
Inputphase Konzepte und Methoden für das Gemeinsame Lernen im inklusiven Mathematikunterricht	3
Vorbereitungsphase Themenfindung, Vorbereitung und Planung der Unterrichtsstunde	4
Präsentationsphase Vorstellungen der durchgeführten Unterrichtsstunden, der Beobachtungen in der Erprobung und der Reflexion	4-5
Abschluss Zusammenfassung und Reflexion	1

17.3.1 Grundlage: Kooperation mit Praxisvertretern

In Variante 1, in der die Kooperation mit den Praxisvertretern durch die Seminarleitung organisiert wurde, informierte sich die Seminarleitung vor der Durchführung des Seminars ausführlich über die Lernvoraussetzungen der Kinder, u. a. durch eigene Hospitation im Unterricht und durch eingehende Gespräche mit den Lehrpersonen, insbesondere dem Sonderpädagogen. Es erfolgte ein Austausch über bereits in der Klasse praktizierte und etablierte Methoden, die sich auch für Kinder mit SPF als Bereicherung erwiesen hatten, wie etwa das Arbeiten mit Kompetenzlisten und mit Lerntheken (s. Abschn. 17.3.3). Die Lehrer informierten zudem über die von ihnen praktizierten Formen des Team-Teachings: Eine Form war das *Team-Teaching* im eigentlichen Sinn, bei der die Lehrpersonen gemeinsam Plenumsphasen mit der gesamten Lerngruppe gestalten und in anderen Phasen in Absprachen Unterstützung geben. Eine andere Form war „*Lehrer und Helfer*", bei der ersterer die Hauptverantwortung für das Lehren in Plenumsphasen übernimmt (Wember 2013). Diese Informationen nutzte die Seminarleitung zur Vorstellung der Lerngruppe und der Konzepte und Methoden im Seminar sowie zur Beratung der Studierenden bei der Planung des Unterrichts. Für die Durchführung der Unterrichtsprojekte wurde die Team-Teaching-Form „Lehrer und Helfer" gewählt, um den Studierenden die Planung zu erleichtern. Während der Planungsphase stand die Seminarleitung in Austausch mit dem Sonderpädagogen, welcher Erfahrung mit dem Einsatz differenzierender Unterrichtsmethoden hatte und ihre Möglichkeiten und Grenzen für die Kinder mit und ohne SPF sicher einschätzen konnte (s. Abschn. 17.4). Wöchentlich wurden Gespräche zwischen Seminarleitung und Lehrperson über die Planungen geführt. Die Studierenden konnten über die Seminarleitung Fragen an den Lehrer geben, z. B. bzgl. des Schwierigkeitsgrades der Aufgaben (v. a. für die Kinder mit SPF).

17.3.2 Einführungssitzung: Organisatorisches

Neben der Thematisierung von organisatorischen Aspekten der Lehrveranstaltung wurde in Variante 1 über die teilnehmende Schule und Klasse informiert. Idealerweise informieren hier – bei gegebenen Ressourcen und organisatorischen Möglichkeiten – die beteiligten Lehrpersonen selbst über die Lernvoraussetzungen ihrer Schülerinnen und Schüler. Im vorliegenden Fall erfolgte dies durch die Seminarleitung nach vorheriger Hospitation im Unterricht und ausführlichen Absprachen mit den beteiligten Lehrpersonen. Daneben wurde den Studierenden ein erster Input zum grundsätzlichen Verständnis und aktuellen Entwicklungen zur schulischen Inklusion gegeben (s. Abschn. 17.1), sowie über Heterogenität im Mathematikunterricht informiert (u. a. Bruder und Reibold 2010).

17.3.3 Inputphase: Konzepte und Methoden für das Gemeinsame Lernen im inklusiven Mathematikunterricht

Drei Seminarsitzungen waren dafür vorgesehen, den Studierenden Möglichkeiten einer differenzierenden Mathematikunterrichtsgestaltung im Gemeinsamen Lernen vorzustellen. Grundlage war, wie oben beschrieben, die entwicklungslogische Didaktik Feusers (1989), insbesondere das Lernen am gemeinsamen Gegenstand (vgl. auch Lütje-Klose und Miller 2015). Die Praxisvertreter stellten im Vorfeld heraus, dass sich in der Umsetzung ein motivierender, problembasierter *gemeinsamer Einstieg* und eine *gemeinsame Reflexion*, die alle Kinder einschließt, als wichtig erwiesen hatten.

Anschließend wurde die Mehrdimensionalität von Differenzierung – resultierend aus der Vielfalt der Lernenden – thematisiert. Hierzu wurde eine Zusammenstellung verschiedener Differenzierungsaspekte genutzt (Kasten 2), die in Zusammenarbeit mit den Praxisvertretern entstanden waren. Diese Aspekte sind nicht disjunkt und haben keinen Anspruch auf Vollständigkeit; es zeigte sich jedoch zuvor u. a. in Lehrerfortbildungen, dass diese den Blick von Lehrpersonen für Differenzierungsmöglichkeiten öffnen.

Kasten 2 Differenzierungsaspekte

Differenzierung...
- ✧ **in den Aufgaben** (Inhalte, Schwierigkeit, Dauer, Offenheit etc.)
- ✧ **in den Sozialformen** (Einzel-, Partner-, Gruppenarbeit; Wahl der Lernpartner)
- ✧ **in den Lernmitteln** (Buch, Heft, Arbeitsblätter, Veranschaulichungsmittel, Taschenrechner etc.)
- ✧ **in den Zielen** (zieldifferenter Unterricht, individuelle Ziele etc.)
- ✧ **in der Zuwendung der Lehrkraft** (Motivation, strategische Hilfen, Erinnern von Arbeitsaufträgen, Lernbegleitung etc.)

Gemeinsam mit den Studierenden wurde über die Berücksichtigung unterschiedlicher Dimensionen von Vielfalt gesprochen. Im Mittelpunkt stand die Relevanz der Differenzierungsaspekte für die verschiedenen SPF: bspw. die Differenzierung in den Zielen für Kinder mit SPF im Bereich Kognition, in den Lernmitteln für Kinder mit Sinnesbeeinträchtigungen und SPF im Bereich Sprache; in der Lehrerzuwendung für Kinder mit Autismus-Spektrums-Störung.

Als Konzepte für das Gemeinsame Lernen im inklusiven Mathematikunterricht wurde auf *didaktische Prinzipien* fokussiert, z. B. das E-I-S Prinzip der Repräsentationsformen nach Bruner (1971). Dieses eignet sich v. a. vor dem Hintergrund der Bedeutung sinnlicher Wahrnehmungsgelegenheiten gerade für Kinder mit SPF.

Anschließend wurden Aufgabenformate und Methoden für das Gemeinsame Lernen thematisiert (z. B. Eilers und Bergmann 2010; Grave und Thiemann 2010; Häsel-Weide und Nührenbörger 2015). Zu den thematisierten *Methoden* gehörten u. a. *Kompetenzchecklisten und Arbeitspläne* (z. B. Wehrse und von Kossak 2010). Diese können Lernziele verdeutlichen und dadurch Transparenz und Selbstständigkeit gerade auch der Kinder mit SPF im Bereich Lernen unterstützen (vgl. Hattermann et al. 2014). Auch *Stationenlernen* und *Lerntheke* (z. B. Klippert 2010) wurden besprochen, da diese für ein differenzierendes Arbeiten am gemeinsamen Gegenstand im inklusiven Mathematikunterricht eingesetzt werden können. Aufgrund der grundlegenden Idee, Aufgaben mit anforderungsgestuften Teilaufgaben innerhalb eines Kontextes zu kreieren, wurden auch sog. *Blütenaufgaben* (z. B. Grave und Thiemann 2010) für ihren Einsatz im differenzierenden inklusiven Mathematikunterricht thematisiert: Hierbei erfolgt der Einstieg mit einer einfachen Teilaufgabe, die von allen Kindern der Lerngruppe bearbeitet werden können. Weitere Teilaufgaben sind geöffneter und vielfältiger und greifen so die Baummethapher Feusers (s. Abschn. 17.1.2) auf. Viele weitere Methoden könnten thematisiert werden (vgl. Hattermann et al. 2014).

17.3.4 Weiterer Verlauf des Seminars

Die Studierenden hatten in den folgenden Sitzungen Gelegenheit, zu ihrem jeweiligen Thema eine mathematikdidaktische Sachanalyse anzufertigen, eine geeignete Methode auszuwählen und Vorbereitungen für ihre Unterrichtsstunden zu treffen. Im Unterricht selbst hatten die Studierenden hospitierende Funktion und sollten Beobachtungsaufträge mitnehmen, die zuvor im Seminar besprochen wurden. Interessen und Vorwissen der Studierenden wurden hierbei aufgegriffen, besprochen und ggf. gemeinsam weiterentwickelt. Es bot sich an, dass die Studierenden in den Gruppenhospitationen unterschiedliche Beobachtungsaufträge übernahmen. Einige Studierende zeigten sich an Kriterien wie „echte Lernzeit" (Meyer 2004) interessiert, andere eher an sozialen Aspekten des inklusiven Unterrichts. Beobachtungsaufträge mit Fokus auf Kooperation und Interaktion sind ebenso möglich wie Schwerpunktsetzungen im Bereich der Aufgabenevaluation. Idealerweise sollte die systematische Auswertung im Seminar durchgesprochen werden.

Nach erfolgtem Unterrichtsbesuch präsentierten die Gruppen ihre Planungen, Beobachtungen und Reflexionen im Seminar. Abschließend erfolgte eine Gesamtreflexion in der letzten Sitzung.

17.4 Evaluation

Das Seminar wurde in beiden Varianten von den Beteiligten als bereichernde Erfahrung eingeschätzt. Die von den Studierenden entwickelten Unterrichtsstunden und Aufgaben wurden von Lehrpersonen und Seminarleitung als gelungen empfunden, da es gelang, einen gemeinsamen, motivierenden Einstieg sowie eine gemeinsame Reflexionsphase zu initiieren, an denen alle Kinder teilhaben konnten. Zudem standen den Kindern differenzierende Arbeitsaufträge zur Verfügung, die ihren individuellen Fähigkeiten entsprachen. Die Beobachtungen der Studierenden und der Lehrpersonen deuteten darauf hin, dass in Variante 1 die Passung zwischen den individuellen Lernvoraussetzungen der Kinder (mit und ohne SPF) und angebotenem Material sehr angemessen war. Die Lehrpersonen empfanden die „sehr gute Vorbereitung" der hoch differenzierten Unterrichtsstunden ebenso als Bereicherung wie die Hospitationen im Unterricht. Es wurde jedoch angemerkt, dass für die stärksten Kinder teilweise zu wenig herausfordernde Aufgaben vorhanden waren. Hierauf ist im inklusiven Unterricht ebenso zu achten wie bspw. auf Kinder mit SPF. In Variante 2 zeigte sich tendenziell eine schlechtere Passung zwischen Lernvoraussetzungen und Aufgaben. Die Studierenden meldeten in der Reflexion zurück, die Lehrpersonen hätten die Lernvoraussetzungen im Vorfeld teilweise stark unterschätzt. Während die Kinder mit SPF zumeist leistungsangemessene Aufgaben bearbeiten konnten, hatten andere Kinder nach kurzer Zeit bspw. alle Teilaufgaben einer Blütenaufgabe erledigt (obwohl diese von den Lehrpersonen als schwierig eingeschätzt worden waren). Verschiedene Ursachen sind denkbar: Schwierigkeiten der Lehrpersonen, die Lernvoraussetzungen der Kinder einzuschätzen; die mangelnde Vertrautheit von Lehrenden und Kindern mit offenen und produktiven Aufgabenformaten; Kommunikationsschwierigkeiten in den Absprachen zwischen Studierenden und Lehrpersonen, usw. Auch die Gegebenheit, dass in Variante 1 die Kooperation mit dem Sonderpädagogen erfolgte, während in Variante 2 je mit Grundschullehrpersonen kooperiert wurde, könnte eine Rolle gespielt haben.

Die Rückmeldungen und Seminarevaluationen der Studierenden spiegelten wider, dass sie in Variante 1 ihren Lernerfolg insgesamt erheblich positiver einschätzten (M = 4,16 von 5) als in Variante 2 (M = 2,58 von 6) – vermutlich bedingt durch den gelungeneren schulischen Einsatz der Aufgaben. Oft wurden der „Praxisbezug" und die „tatsächliche Umsetzung" der Ideen in Variante 1 positiv erwähnt, während in Variante 2 z. B. fehlende „Fachgespräche mit dem Lehrer" oder eine undifferenzierte „Darstellung der Lernvoraussetzungen" genannt wurden. Die Studierenden in Variante 1 fühlten sich durch die Lehrveranstaltung besser auf inklusiven Mathematikunterricht vorbereitet (M = 4,60 von 5). Jedoch stellte Variante 1 auch hohe Anforderungen an Kooperation von Seminarleitung und Lehrkräften: Diese war zeitintensiv und erforderte viel Engagement. Sie ermöglichte jedoch der Seminarleitung einen detaillierten Einblick in die Gruppenarbeiten der Studierenden. Auch wenn für die Lehrkräfte das Durchführen eines von den Studierenden geplanten Unterrichtsentwurfes zunächst ungewohnt war, boten sie an, gern wieder an einem solchen Seminar teilzunehmen.

In beiden Varianten wurden die „guten Absprachen mit der Dozentin", „gute Rückmeldungen", eine „Würdigung" ihrer Arbeit sowie eine „respektvolle Betreuung" als positiv wahrgenommen (Beurteilung der Betreuung in Variante 2: M = 5,58 von 6). Jedoch merkten die Studierenden ihren sehr hohen Arbeitsaufwand an und hätten sich dafür mehr Würdigung in Form von ECTS Credit Points gewünscht. Eine Studierende hielt bspw. dennoch abschließend fest: „Sehr viel Arbeit, die sich lohnt."

Die Ergebnisse der Erhebungen der Einstellungen der Studierenden zu Inklusion und zum Umgang mit heterogenen Lerngruppen in Variante 1 (s. Abschn. 17.2.2) deuten auf einen Rückgang negativer Emotionen gegenüber heterogenen Lerngruppen sowie einen Anstieg der wahrgenommenen eigenen Kompetenz hin. Auch der über die Fragebögen erhobene angenommene Mehrwert von Heterogenität für Lernende sowie die Bereitschaft, den Unterricht an unterschiedliche Fähigkeiten anzupassen, sind zwischen Beginn und Ende der Lehrveranstaltung erheblich angestiegen.

Bei der Frage bzgl. des eigenen Lernzuwachses erwähnten die Studierenden neben neuen Kenntnissen v. a. die Einsicht, dass Gemeinsames Lernen im inklusiven Mathematikunterricht möglich ist und umgesetzt werden kann:

Durch Differenzierungsmaßnahmen kann es gelingen trotz einer heterogenen Lerngruppe alle SuS am Unterricht zu beteiligten.

Inklusiver Mathematikunterricht ist machbar!

Dank

Ein herzlicher Dank gilt allen Beteiligten für ihr Engagement im Rahmen der Seminardurchführungen: den Studierenden, den Schülerinnen und Schülern sowie den Kolleginnen und Kollegen aus der Praxis. Ein besonderer Dank gilt dabei dem engagierten Lehrerteam der beteiligten Gesamtschule, deren Arbeit eine große Inspiration für mich und die beteiligten Studierenden war.

Literatur

Bruder, R., & Reibold, J. (2010). Weil jeder anders lernt. Ein alltagstaugliches Konzept zur Binnendifferenzierung. *mathematik lehren, 27*(162), 2–9.

Bruner, J. (1971). *Studien zur kognitiven Entwicklung.* Stuttgart: Ernst Klett.

Eilers, K., & Bergmann, L. (2010). Erstes Üben auf eigenem Niveau. Mit Aufgabensets die Selbsteinschätzung fördern. *mathematik lehren, 27*(162), 14–17.

Feuser, G. (1989). Allgemeine integrative Pädagogik und entwicklungslogische Didaktik. *Behindertenpädagogik, 28*(1), 4–48.

Franzkowiak, T. (2009). Integration, Inklusion, Gemeinsamer Unterricht – Themen für die Grundschullehramtsausbildung an Hochschulen in Deutschland? Eine Bestandsaufnahme. bidok.uibk.ac.at/library/franzkowiak-integration.html#ftn.id867793

Gebauer, M. M., McElvany, N., & Klukas, S. (2013). Einstellungen von Lehramtsanwärterinnen und Lehramtsanwärtern zum Umgang mit heterogenen Schülergruppen in Schule und Unterricht. In M. M. Gebauer, W. Bos & H. G. Holtappels (Hrsg.), *Sprachliche, kulturelle und soziale Heterogenität in der Schule als Herausforderung und Chance der Schulentwicklung* Jahrbuch der Schulentwicklung, (Bd. 17, S. 191–216). Weinheim: Beltz.

Grave, B., & Thiemann, R. (2010). Erfahrungen mit Blütenaufgaben. Komplexe Aufgaben zugänglich machen. *mathematik lehren, 27*(162), 18–21.

Häsel-Weide, U., & Nührenbörger, M. (2015). Aufgabenformate für einen inklusiven Arithmetikunterricht. In A. Peter-Koop, T. Rottmann & M. Lüken (Hrsg.), *Inklusiver Mathematikunterricht in der Grundschule* (S. 58–74). Offenburg: Mildenberger.

Hattermann, M., Meckel, K., & Schreiber, C. (2014). Inklusion im Mathematikunterricht – das geht! In B. Amrhein & M. Dziak-Mahler (Hrsg.), *Fachdidaktik inklusiv. Auf der Suche nach didaktischen Leitlinien für den Umgang mit Vielfalt in der Schule* (S. 201–219). Münster: Waxmann.

Hinz, A. (2009). Inklusive Pädagogik in der Schule – veränderter Orientierungsrahmen für die schulische Sonderpädagogik!? Oder doch deren Ende? *Zeitschrift für Heilpädagogik, 60*(5), 171–179.

Klafki, W. (1997). Die bildungstheoretische Didaktik im Rahmen kritisch konstruktiver Erziehungswissenschaft. In H. Gudjons & R. Winkel (Hrsg.), *Didaktische Theorien* (S. 13–34). Hamburg: Bergmann und Helbig.

Klippert, H. (2010). *Heterogenität im Klassenzimmer. Wie Lehrkräfte effektiv und zeitsparend damit umgehen können.* Weinheim: Beltz.

Kofler, S. (2012). Inklusive Didaktik am Beispiel des Unterrichtsfaches Mathematik. Möglichkeit eines inklusiven Mathematikunterrichts für alle Schüler und Schülerinnen in der Sekundarstufe I. Diplomarbeit. http://othes.univie.ac.at/19551/1/2012-01-25_0600655.pdf

Lütje-Klose, B., & Miller, S. (2015). Inklusiver Unterricht – Forschungsstand und Desiderata. In A. Peter-Koop, T. Rottmann & M. Lüken (Hrsg.), *Inklusiver Mathematikunterricht in der Grundschule* (S. 10–32). Offenburg: Mildenberger.

Meyer, H. (2004). *Was ist guter Unterricht?* Berlin: Cornelsen.

Prengel, A. (2002). Zur Dialektik von Gleichheit und Differenz in der Bildung. Impulse der Integrationspädagogik. In H. Eberwein & S. Knauer (Hrsg.), *Integrationspädagogik* (6. Aufl., S. 140–147). Weinheim: Beltz.

Rödler, K. (2014). Ein Mathematikunterricht für alle! Schulische Inklusion braucht eine inklusive Fachdidaktik. *Behindertenpädagogik, 53*(4), 399–412.

Rottmann, T., & Peter-Koop, A. (2015). Gemeinsames Lernen am gemeinsamen Gegenstand als Ziel inklusiven Mathematikunterrichts. In A. Peter-Koop, T. Rottmann & M. Lüken (Hrsg.), *Inklusiver Mathematikunterricht in der Grundschule* (S. 5–9). Offenburg: Mildenberger.

Seitz, S. (2006). Inklusive Didaktik: Die Frage nach dem 'Kern der Sache'. *Zeitschrift für Inklusion, 1*(1). http://www.inklusion-online.net/index.php/inklusion-online/article/view/184/184

Wehrse, T., & von Kossak, W. (2010). Selbstständigkeit fördern. Lernen begleiten mit Lernprotokollen und Checklisten. *mathematik lehren, 27*(162), 22–24, 41–43.

Wember, F. B. (2013). Herausforderung Inklusion: ein präventiv orientiertes Modell schulischen Lernens und vier zentrale Bedingungen inklusiver Unterrichtsentwicklung. *Zeitschrift für Heilpädagogik, 64*(10), 380–388.

Wilczenski, F. L. (1992). Measuring attitudes toward inclusive education. *Psychology in the Schools, 29*(4), 306–312.

Wocken, H. (2011). *Das Haus der inklusiven Schule. Baustellen – Baupläne – Bausteine.* Hamburg: Hamburger Buchwerkstatt.

Inklusiver Mathematikunterricht aus sonderpädagogischer Perspektive

Konsequenzen für die Lehrerbildung

Birgit Werner

Zusammenfassung

Der Beitrag skizziert die Befunde zum inklusiven Mathematikunterricht aus sonderpädagogischer Perspektive und die daraus resultierenden Entwicklungs- und Forschungsaufgaben vorrangig für die Lehrerbildung. Im Anschluss werden Formate und Konzepte für die Umsetzung einer inklusiven Fachdidaktik an der Pädagogischen Hochschule Heidelberg vorgestellt.

18.1 Theoretischer Hintergrund

Eine inklusive Schule hat den Anspruch, für alle die Teilhabe an Bildung zu gewährleisten, sowie der Verschiedenheit aller gerecht zu werden. Schul- und verwaltungsrechtlich sind diese Verschiedenheiten seit 1994 in dem zentralen Begriff „sonderpädagogischer Förderbedarf" verankert (KMK 1994, S. 5). Sonderpädagogischer Förderbedarf ist eine relationale Kategorie, die sich an der curricular definierten Schulleistungsnorm orientiert und Abweichungen davon analysiert und kategorisiert. Diese Abweichungen i. w. S. mit ihren je spezifischen Ausformungen charakterisieren derzeit acht Förderschwerpunkte (KMK 1994, S. 6 f.).

Für sechs Förderschwerpunkte sind die Bildungspläne und -abschlüsse der allgemeinen Schulen (Haupt-, Realschule und Gymnasium) verbindlich. Lediglich in den Förderschwerpunkten Lernen und Geistige Entwicklung werden diese ausgesetzt bzw. es gelten Bildungspläne, deren Bildungsangebote jenseits von Bildungsstandards eher auf gesellschaftliche resp. berufliche Teilhabe fokussieren.

B. Werner (✉)
Institut für Sonderpädagogik, Pädagogische Hochschule Heidelberg
Heidelberg, Deutschland

© Springer Fachmedien Wiesbaden GmbH 2017
J. Leuders et al. (Hrsg.), *Mit Heterogenität im Mathematikunterricht umgehen lernen*,
Konzepte und Studien zur Hochschuldidaktik und Lehrerbildung Mathematik,
DOI 10.1007/978-3-658-16903-9_18

Tab. 18.1 Skizze möglicher förderschwerpunktspezifischer Kommunikationsbarrieren

Geistige Entwicklung	Lernen	Sprache	Hören	Sehen
• veränderte Ausdrucks-, Kommunikations- und Handlungsformen • Mehrfachbehinderung, z.T. Schüler ohne Lautsprache	• Soziale Ausgrenzung • prekäre Lebenswelten • Misserfolgsprägung • Fehlendes Vorwissen • Ungünstige Lern- und Verhaltensstrategien	• Eingeschränkte rezeptive und expressive Kompetenzen auf allen Sprachebenen • Fehlende metasprachliche Fähigkeiten	• Beeinträchtigung der auditiven Wahrnehmung verbunden mit sprachlichen und psycho-sozialen Begleit-, Folgeerscheinungen. • Eingeschränkte Verfügbarkeit von Sprache, Sprechen, Kommunikation sowie Wahrnehmung und Verstehen der sozialen und sächlichen Umwelt.	• Erschwerte Kommunikation in der Gruppe sowie von Person zu Person

Teilhabe am Unterricht basiert auf Kommunikation. Kommunikation resp. Sprache muss in diesem Zusammenhang in ihrer Doppelfunktion als Unterrichtsmedium, aber auch als Lerngegenstand (Fach- und Bildungssprache) analysiert werden. Im inklusiven Unterricht sind daher kommunikations- und sprachbedingte Barrieren zu identifizieren, zu minimieren bzw. abzubauen. Welcher Art diese Barrieren sein können, illustriert Tab. 18.1 exemplarisch für fünf Förderschwerpunkte.

In einem inklusiven Fachunterricht sind die fachdidaktischen Ansprüche des jeweiligen Unterrichtsfaches mit den je individuellen Bildungsansprüchen, den Lernausgangslagen und -möglichkeiten miteinander in Beziehung zu setzen. Förderschwerpunktspezifische Unterstützungsmaßnahmen verstehen sich als subsidiäre, unterrichtsbegleitende, adaptive Maßnahmen zur Sicherung der Teilhabe am Unterricht.

Inklusiver Unterricht geht von uneingeschränkten Lern- und Entwicklungsmöglichkeiten jedes Menschen aus. Jeder Mensch kann – unabhängig von seinen Lern- und Entwicklungsmöglichkeiten – (nicht nur mathematische) Kompetenzen erwerben. (Fach)Unterricht ist dann inklusiv, wenn für alle Schülerinnen und Schüler nicht nur ihre Anwesenheit, sondern ihre kommunikative Teilhabe daran gewährleistet ist. Er ist so zu gestalten, dass kommunikations- resp. sprachbedingte Barrieren vermindert bzw. ausgeglichen werden. Diese Prämissen begründen *inklusiven Unterricht als einen kommunikationsfördernden und sprachsensiblen Fachunterricht* mit folgenden Wesensmerkmalen:

• Anerkennung einer grundsätzlichen Lern- und Kommunikationsfähigkeit aller Beteiligten
• Kompetenzorientierung im Sinne der Bildungsstandards als inhaltliche Rahmung
• sprachlich-kommunikative Barrierefreiheit zur Sicherung der Teilhabe am Unterricht
• Curriculare Berücksichtigung von außer- und nachschulischer (ausbildungs- und berufsbezogener) Teilhabe.

18.2 Mathematikdidaktische Überlegungen in der Sonderpädagogik

Im Primarbereich finden vor allem entwicklungstheoretisch begründete und evaluierte Förderkonzepte zu den Vorläuferfertigkeiten wie MARKO-T (Gerlach et al. 2013), „Mengen, zählen, Zahlen" (Schneider et al. 2007), das Frühförderprogramm der Grundschulkonzeption „mathe 2000" (Wittmann und Müller 2009) sowie die Grundschulkonzeption „mathe 2000" Anwendung. All diese Konzepte bedürfen der je förderschwerpunktspezifischen Adaptionen, Kompensationen und Modifikationen, damit durch deren Einsatz Teilhabe an Unterricht ermöglicht und nicht verhindert wird.

Weniger erforscht und ausdifferenziert ist eine sonderpädagogische Fachdidaktik im Sekundarbereich I. In dieser Schulstufe muss sich der Fokus der Inklusion auf den Übergang Schule – Beruf bzw. Berufsausbildung erweitern. Gerade für die zieldifferenten Bildungsangebote in den Förderschwerpunkten Lernen und Geistige Entwicklung liegt die Herausforderung darin, für diese Jugendlichen Bildungsangebote zu generieren, die vor allem die Teilhabe an Ausbildung sichern. Empfohlen wird, sich in dieser Schulstufe an den kompetenzorientierten fachdidaktischen Überlegungen zu orientieren, die bewusst den Bezug zu mathematischen Anforderungen in Beruf und Alltag suchen.

18.3 Rahmenbedingungen und Formate einer inklusiv orientierten Lehrerbildung an der Pädagogischen Hochschule Heidelberg

Eine Kooperation zwischen der Sonderpädagogik, den Fachdidaktiken und der allgemeinen Erziehungswissenschaft ist seit 2011 in den Studien- und Prüfungsordnungen verankert. Für alle Lehrämter wurde hier ein sogenannter Übergreifender Studienbereich (ÜSB) festgeschrieben (ÜSB 2011). Die Vorgaben zu den Inhalten und der Kompetenzentwicklung in ÜSB-Seminaren, welche von allen Lehramtsstudierenden (Grund-, Haupt-, Werkreal-, Realschule und Sonderpädagogik) gemeinsam besucht werden, sind grundsätzlich gleich. Die dafür vorgesehenen 20 Creditpoints (CP) verteilen sich auf alle drei Studienstufen. Die Studieninhalte im Modul 2 „Diversität und Inklusion" – entwickelt von interdisziplinären Arbeitsgruppen der PH – decken zentrale Aspekte eines inklusiven Unterrichts ab. Damit begründen sich die festgeschriebenen Inhalte:

- Ethische und (menschen-)rechtliche Aspekte von inklusiver Bildung, Bildungspolitische Grundlagen
- Aspekte der Diversität und Heterogenität, Risiken der Exklusion und Chancen und Grenzen der Inklusion in Bezug auf Behinderung und Benachteiligung
- Klassenmanagement, Kooperation mit Eltern, Individuelle Förderung (unterschiedliche Bereiche), Team-Teaching, Beratungs- und Fördereinrichtungen, Interkulturalität, Gender, Hochbegabung, Individualisierung und Differenzierung (ÜSB 2011)

Das Spektrum der Themen für das Modul 2 „Diversität/Inklusion" (im Sommersemester 2016 mit insgesamt 23 Lehrangeboten) umfasst neben grundlegenden anthropologisch, philosophisch und soziologisch geprägten Fragen vor allem die Aspekte des Umgangs mit sprachlich-kultureller Vielfalt, die Entwicklung der Lehrerprofessionalität sowie Angebote zur projektorientierten Unterrichtsgestaltung. Breiten Raum nehmen Lehrangebote zum produktiven Umgang mit sprachlich – kultureller Vielfalt ein, wie z. B. eine Einführung in die Grundlagen der Migrantensprachen Arabisch und Türkisch, der bewusste Einsatz naturwissenschaftlicher Experimente für den Zweitspracherwerb. Ein Seminar zu phonetischen und phonologischen Aspekte des Deutschen als Zweitsprache thematisiert u. a. Ausspracheinterferenzen und soll dazu befähigen, Aussprachefehler und Intonationsabweichungen zu diagnostizieren, zu korrigieren und didaktisch-methodische Herangehensweisen im (Deutsch)unterricht zu entwickeln. Darüber hinaus werden häufig Aspekte der Lehrerprofessionalität thematisiert. In diesen Lehrveranstaltungen steht die Entwicklung von Kompetenzen zur Teamarbeit, von Bewältigungsstrategien zum Umgang mit Stress, aber auch die Identifizierung und Reflexion geschlechtsspezifischer Rollenbilder in den Institutionen im Mittelpunkt. Mit Hilfe biographischer Selbstreflexionen werden identitätsbildende und -prägende Erfahrungen transparent gemacht, um eine Vorstellung zu gewinnen, wie das aktuelle Handeln und die „inneren Bilder" davon geprägt sind. Unter dem Thema: „Das können wir hier nicht leisten!?" Inklusion als Über- oder Herausforderung für Lehrpersonen? werden die verschiedenen Heterogenitätsebenen, ergänzt durch Expertenrunden aus verschiedenen Praxisfeldern analysiert.

Die fachdidaktische Perspektive ist auch in den ab 2015 gültigen BA-, MA-Strukturen im Modul 2 als „Fachdidaktik Inklusion" verankert (ÜSB 2015). Das Modul fokussiert die Weiterentwicklung von Kompetenzen zur Gestaltung von Lernprozessen in heterogenen Lerngruppen und soll in den Studienfächern mit besonderem Fokus auf die fachdidaktische Perspektive realisiert werden.

Exemplarisch sei dies an einem wiederholt angebotenen Seminar „Umgang mit schulleistungsbezogener Heterogenität (LRS/Dyskalkulie)" skizziert. In diesem Seminar werden schulleistungsbezogene Differenzen in den Kernbereichen Deutsch und Mathematik thematisiert. Dies umfasst sowohl die Phänomene LRS und Dyskalkulie als auch die sogenannten Risikoschülerinnen und Risikoschüler (PISA) sowie Lernende, die außerschulische Nachhilfeangebote nutzen (Klemm und Hollenbach-Biele 2016). Es werden Ursachen diskutiert sowie Diagnose- und Förderkonzepte vorgestellt und analysiert (vgl. Kasten 1).

Kasten 1 Arbeitsauftrag Analysen von Förderangeboten

Arbeitsaufträge

1. Analysieren Sie die Förderangebote nach folgenden Kriterien:

Quelle	Phäno-mene	Hypothesen über Ursa-chen	Förder-angebote
Legasthenie- und Dyskalkulietrainer: http://www.legasthenie.com/category/dyskalkulie/			
Schweizer Zentrum für Heil- und Sonderpädagogik (SZH) (2012, Hrsg.) Dyskalkulie-Therapie www.szh.ch			
ZDF REIHE „VOLLE KANNE" 25.02.2013 http://www.zdf.de/Volle-Kanne/Lesen-gut-Rechnen-mangelhaft-5350168.html			
Bundesverband Legasthenie und Dyskalkulie e. V. http://www.bvl-legasthenie.de/bundesverband/foerderung/foerderung-dyskalkulie.html			
Elternwissen http://www.elternwissen.com/lerntipps/lernschwaechen-lernstoerungen/art/tipp/dyskalkulie-wie-sie-ihr-kind-optimal-foerdern.html			
Stiftung Legakids http://www.legakids.net/			
Eigene Quellen			

2. Diskutieren Sie diese Argumentationen vor dem Hintergrund folgender Richtlinien:

- ICD 10 umschriebene Entwicklungsstörungen schulischer Fertigkeiten: http://www.icd-code.de/icd/code/F81.0.html
- KMK (2007). Grundsätze zur Förderung von Schülerinnen und Schülern mit besonderen Schwierigkeiten im Lesen und Rechtschreiben oder im Rechnen. Abrufbar unter: http://www.kmk.org/fileadmin/Dateien/veroeffentlichungen_beschluesse/2003/2003_12_04-Lese-Rechtschreibschwaeche.pdf
- Ministerium für Kultus, Jugend und Sport Baden-Württemberg (2008). Kinder und Jugendliche mit besonderem Förderbedarf und Behinderungen. Verwaltungsvorschrift; abrufbar unter: http://www.landesrecht-bw.de/jportal/?quelle=jlink&query=VVBW-2205-1-KM-19990308-SF&psml=bsbawueprod.psml&max=true

3. Bewerten Sie die Förderangebote nach den fachdidaktischen und sonderpädagogischen Kriterien.

Kasten 2 Arbeitsauftrag Fallbeispiele

Arbeitsauftrag

Analysieren Sie folgende Fallbeispiele. Entwickeln Sie ein mögliches Vorgehen als Team (Lehrkraft der jeweiligen Schule und Sonderpädagogin) und definieren Sie die jeweiligen Verantwortungs- bzw. Arbeitsbereiche.

Beratungslehrerin Grundschule: „Ich bin Beratungslehrerin an der Grundschule … und immer wieder kommen Anfragen, wo man Kinder diagnostizieren und v.a. therapieren kann. Leider habe ich auf der Homepage keine weiteren Infos zu ihrem Konzept gefunden. Wie schnell bekommen Eltern einen Termin bei Ihnen? Wer, wie oft, wann findet die Therapie statt? Kostet es etwas? An welche Stellen würden Sie sonst noch verweisen? Gerne würde ich mich kurz mit Ihnen telefonisch austauschen, meine Schulnummer: …"

Klasse 2 Grundschule: „… ich habe eine 7-jährige Tochter in der Grundschule (2. Klasse) mit Wahrnehmungsstörung und Teilleistungsschwäche. Wir haben bereits Stoffwechseluntersuchungen und mehrere Testverfahren hinter uns (IQ-Tests) und suchen nun kompetente fachliche Hilfe bezüglich Schulunterstützung (Dyscal.). Können wir bei Ihnen kurzfristig 1 Termin bekommen … (Privat versichert). Ich bitte um baldige Rückmail."

Gymnasium Klasse 5: „Gerne möchte ich für P. einen Beratungs-bzw. Testtermin für LRS ausmachen. P. hat große Probleme in der Rechtschreibung und ist im lauten Lesen gleichfalls nicht ohne Schwierigkeiten. Da wir eine binationale Familie sind, und ihre Mutter keine Muttersprachlerin ist und P. zudem einige Jahren in den USA aufgewachsen ist, könnte dies auch ein Grund sein."

Realschule Klasse 5: „… ich habe von der … Realschule Ihre Adresse bekommen. Meine Tochter, 10 Jahre alt mit doppelter Teilleistungsschwäche Legasthenie und Dyskalkulie, geht in die 5. Klasse des Gymnasiums … Sie hatte ursprünglich eine Realschulempfehlung, ist meiner Ansicht nach aber sehr fit, nach sehr guter Förderung in der Grundschule in beiden Teilaspekten Deutsch und Mathe, hat sie jetzt im Gymnasium noch Förderung in Deutsch, Mathe ist aber total weggefallen, und sie hat zudem enorme Schwierigkeiten Englisch zu lernen. Da sie sehr gerne dort bleiben würde und im Grunde sowohl motiviert, als auch fleißig ist, wollte ich Sie mal um ein Beratungsgespräch bitten. Oder evtl. Hilfestellungen oder Ideen, wie ich sie weiter fördern (fördern lassen) könnte, oder ihr ansonsten zur Seite stehen. Über eine Rückmeldung würde ich mich sehr freuen, wir haben für beide Teilleistungen die aktuelle Diagnose und §35a erfüllt."

Das Seminar regt dazu an, sich dieser Fragestellung interdisziplinär zwischen (Sonder-)Pädagogik, Didaktik, Psychologie und Medizin zu nähern. Teilnehmende sind Studierende aller Lehrämter (außer dem gymnasialen Lehramt, das in Baden-Württemberg nicht an den Pädagogischen Hochschulen, sondern an den Universitäten angeboten wird), die jeweils Teams (Regelschullehrkraft/Sonderpädagoge mit jeweils zwei sonderpädagogischen Fachrichtungen bzw. Förderschwerpunkten) bilden. Anhand von Fallvignetten (größtenteils aus der Arbeit der Beratungsstelle LRS/Dyskalkulie am Institut für Sonderpädagogik) entwickeln diese Teams zunächst Hypothesen über Ursachen bzw. Einfluss-faktoren über das konkret aus Eltern-, Therapeuten- bzw. Lehrendenperspektive beschrie-bene Schulleistungsversagen (Kasten 2).

Im Anschluss werden geeignete Formen und Verfahren der Diagnostik bzw. Lern-standserhebung diskutiert (Kasten 3). Auf der Basis des RTI-Modells (Huber und Grosche 2012) sind dann konzeptionelle Überlegungen zu modellieren, die sowohl fachdidaktische als auch förderschwerpunktspezifische Förderansätze berücksichtigen (Kasten 3).

Kasten 3 Arbeitsauftrag RTI-Ansatz

Arbeitsauftrag

Entwickeln Sie im Team (Regelschullehrkraft und Sonderpädagoge) ein gemeinsames diagnostisches und didaktisch-methodisches Vorgehen zur Förderung dieses Kindes nach dem RTI-Ansatz (vgl. Literaturhinweise). Beachten Sie dabei die empirischen Befunde zur effektiven domänenspezifischen Förderung.

Fallbeispiel 2. Klasse Grundschule (Information seitens der Eltern)

In der Schule greift die Lehrerin auf Methoden zur Dyskalkulie zurück. Z.B. Aufgaben über 10 müssten die Kinder auswendig lernen. Keine Rechenwege wurden verlangt, nur die Ergebnisse. Beim Multiplizieren und Dividieren werden die Rechnungen 2, 5 und 10 gelernt und den Rest abgeleitet (hoch/runtergerechnet).

Meine Tochter hat Verständnislücken in der Schule bzw. Anwendungsprobleme. Zuhause erkläre ich ihr alles nach der klassischen Art (nachvollziehbar – mit Zerlegen auf Zehner, Dividieren als Ableitung vom Multiplizieren usw.). Sie erbringt sehr gute Leistungen, aber oft ist sie ganz langsam (durch diese Umrechnungen) und schafft nicht alle Aufgaben bei den Tests zu rechnen. Weiterhin ermüdet sie durch dieses umständliche Rechnen. Oft habe ich das Gefühl, dass diese Methoden gut zum Selbstüberprüfen sind, aber kontraproduktiv beim Erlernen des Stoffes bei Kindern mit mathematischem Verständnis (umständlich, langsam). Selten verwechselt meine Tochter + und – und schreibt generell die Zahlen von hinten nach vorne (so wie man es hört).

Meine Fragen: Gibt es Studien, wie sich die Methoden für Dyskalkulie auf Kinder mit einem normalen mathematischen Verständnis auswirken? Rechnen die Kinder dann für immer auf diesen Rechenwegen (z.B. mit Umrechnungen beim Multiplizieren)? Gibt es Übungen wie man die richtige Reihenfolge beim Schreiben der Zahlen lehrt?

Zum Kind - sie ist eher überdurchschnittlich intelligent, zweisprachig aufwachsend (kann kyrillisch und Latein lesen). Es wurde ein HAWIK-IV/WIS-IC-Test durchgeführt mit folgenden Ergebnissen IQ/Index/95% Vertrauensintervall: Sprachverständnis – 115; Logisches Denken – 117; Arbeitsgedächtnis – 105; Verarbeitungsgeschwindigkeit – 81; Gesamt 108. Sie hat Probleme mit der Visuomotorik. Seit dem sie Yoga-Übungen zum Stärken der Augenmuskulatur macht, ist eine Verbesserung beim Abschreiben von Texten festzustellen.

Literatur zum Hintergrund

Hagen, T., & Hillenbrand, T. (2012). Effektive Lernförderung in der Schuleingangsphase. Zeitschrift für Heilpädagogik (63), Heft 08/2012, S.323–334.

Hartke, B., & Diehl, K. (2013). Schulische Prävention im Bereich Lernen. Stuttgart: Kohlhammer.

Hasselhorn, M., & Schneider, R. W. (2016). Förderprogramme für die Vor-und Grundschule. Göttingen: Hogrefe.

Huber, C., & Grosche, H. (2012). Das response-to-intervention-Modell als Grundlage für einen inklusiven Paradigmenwechsel in der Sonderpädagogik. Zeitschrift für Heilpädagogik 2/2012, S. 312–322.

Machowiak, K., Lauth, G., & Spieß, R. (2008). Förderung von Lernprozessen, hier besonders Kapitel „Lernstörungen vermeiden oder bewältigen" (S.159–187). Stuttgart: Kohlhammer.

Rügener Inklusionsmodell (RIM). *http://www.rim.uni-rostock.de/*

In Planspielen wird ein gemeinsames Vorgehen (Teamteaching) skizziert, bei dem vor allem die jeweiligen professionellen Rollen (Fachlehrkraft, Sonderpädagoge) diskutiert werden. Dabei werden die Studierenden aufgefordert, mathematische Instruktion/Aufgabenstellung unter besonderer Berücksichtigung folgender Heterogenitätsebenen zu modifizieren bzw. adaptieren:

1. Zieldifferente Bildungsangebote (Förderschwerpunkt „Lernen" und „Geistige Entwicklung")
2. Sprachliche Förderung unter besonderer Berücksichtigung von Kindern mit Deutsch als Zweitsprache
3. Schülerinnen und Schüler aus prekären Lebenslagen bzw. mit gravierenden sozioökonomischen und -kulturellen Benachteiligungen
4. Schülerinnen und Schüler mit schwerer Mehrfachbehinderung bzw. ohne Lautsprache
5. Schülerinnen und Schüler mit Sehschädigung bzw. Blindheit
6. Schülerinnen und Schüler mit Hörschädigung bzw. Gehörlosigkeit
7. Schülerinnen und Schüler mit chronischen Krankheiten bzw. längerem stationären Aufenthalt

Der Umgang mit moderierenden Variablen, wie die Zusammenarbeit mit den Eltern, Schullaufbahnentscheidungen, die Inanspruchnahme außerschulischer Bildungs- und Therapieangebote z. B. Lern-, Bewegungs-, Sprach-, Ergotherapien usw., werden ebenfalls berücksichtigt.

Ein weiteres Format fächerübergreifenden Arbeitens ist die Veranstaltung „*Sonderpädagogik meets Fachdidaktik*". Hier finden u. a. Diskussionsrunden zu fachdidaktischen Fragen statt, interdisziplinäre Forschungsvorhaben koordiniert sowie Fachtagungen organisiert werden. Derzeit sind an diesem Format vorrangig Lehrende und Nachwuchswissenschaftler/innen beteiligt. Derzeit dient dieses Format dem interdisziplinären Austausch zwischen den Lehrenden der Fachdidaktik und Sonderpädagogik u. a. zur Vorbereitung gemeinsamer Lehrveranstaltungen (vorrangig im ÜSB-Modul 2). Innerhalb eines solchen Treffens wird beispielsweise eine fachdidaktische Thematik (z. B. Leseförderung) aus fachwissenschaftlicher und -didaktischer Perspektive vorgestellt. Lehrende der jeweiligen sonderpädagogischen Fachrichtungen spezifizieren dies z. B. durch den Einsatz kommunikationserleichternder Maßnahmen wie Braillezeile, Einsatz von Lautgebärden oder Gebärdensprache, Varianten der „Leichten Sprache" oder ergänzenden Trainingsprogrammen zur Förderung basaler Lesestrategien oder der Lesemotivation. Vorgestellt werden notwendige Ergänzung und Erweiterung der Lernmaterialien, mögliche Modifizierungen der konkreten Unterrichtsgestaltung z. B. durch Variationen der Lehrersprache und Instruktionen sowie die Spezifizierung bzw. Individualisierung der konkreten Lernziele. Der Umgang mit Phänomenen wie Konzentrations- und/oder Aufmerksamkeitsstörungen, psychosomatisch oder psychosozial bedingten lernhemmenden Verhaltensweisen ergänzen diese Überlegungen und werden anhand von Fallbeispielen diskutiert.

Folgendes Setting einer *gemeinsamen Lehrveranstaltung zwischen Fachdidaktik und Sonderpädagogik* (hier mit dem Förderschwerpunkt Lernen) ist derzeit in Planung: In der

Beratungsstelle LRS/Dyskalkulie am Institut für Sonderpädagogik findet jedes Semester ein Seminar (mit 3CP) unter dem Titel: „Diagnose und Förderung rechenschwacher Kinder" statt. Analog wird dies für den Bereich Deutsch angeboten. Hier werden in Tandems (eine Schülerin/ein Schüler – eine Studierende/ein Studierender) rechenschwache Schülerinnen und Schüler aus unterschiedlichen Schulformen über ein Semester einmal wöchentlich gefördert. Dabei werden die mathematischen Kompetenzen der Schülerin, des Schülers erhoben, ein Förderplan erstellt, im Unterricht der jeweiligen Schule hospitiert und am Ende der Förderung ein Abschlussgespräch mit den Eltern und Lehrkräften geführt. Die Förderung selbst umfasst wöchentlich ca. 45 min und wird unmittelbar im Anschluss exemplarisch (d. h. bei einem Tandem) videogestützt evaluiert und supervidiert. Diese Veranstaltung ist bislang ausschließlich in der Sonderpädagogik verortet und soll zukünftig von zwei Lehrenden (Mathematikdidaktik und Sonderpädagogik) ausgebracht und für Studierende aller Lehrämter geöffnet werden.

Insgesamt ergeben sich so facettenreiche Aktivitäten mit interdisziplinären Perspektiven. Synergieeffekte werden vor allem in der fachwissenschaftlichen Fundierung (auch für Studierende der Sonderpädagogik, die nicht zwingend Mathematik als Fach studieren) sowie in der Entwicklung von Diagnose- und Differenzierungskompetenzen erwartet. Zudem werden in derartigen Settings Beratungs- und Kooperationskompetenzen angebahnt, die für eine erfolgreiche inklusive Beschulung unabdingbar sind.

Literatur

Gerlach, M., Fritz, A., & Leutner, D. (2013). *MARKO-T. Mathematik-und Rechenkonzepte im Vorschul-und Grundschulalter*. Göttingen: Hogrefe.

Huber, C., & Grosche, H. (2012). Das response-to-intervention-Modell als Grundlage für einen inklusiven Paradigmenwechsel in der Sonderpädagogik. *Zeitschrift für Heilpädagogik, 2*, 312–322.

Klemm, K., & Hollenbach-Biele, N. (2016). *Nachhilfeunterricht in Deutschland: Ausmaß – Wirkung – Kosten*. Bielefeld: Bertelsmann.

KMK (1994). Empfehlungen zur sonderpädagogischen Förderung in den Schulen in der Bundesrepublik Deutschland. http://www.kmk.org/fileadmin/veroeffentlichungen_beschluesse/1994/1994_05_06-Empfehlung-sonderpaed-Foerderung.pdf.

Schneider, W., Nieding, G., & Krajewski, K. (2007). *Mengen, zählen, Zahlen: Die Welt der Mathematik verstehen*. Berlin: Cornelsen.

ÜSB (2011). Enthalten in: Studienordnung der Pädagogischen Hochschule Heidelberg für den Studiengang Lehramt an Grundschulen. https://www.ph-heidelberg.de/fileadmin/de/studium/studienbuero/Modulhandbuecher_und_Moduluebersichten/Lehramt_2011/Modulhandbuch_GS_2011.pdf.

ÜSB (2015). Übergreifender Studienbereich. Gültig für alle Lehramtsstudiengänge ab 2015. https://www.ph-heidelberg.de/fileadmin/de/studium/studienbuero/Modulhandbuecher_und_Moduluebersichten/Lehramt_2011/Modulhandbuch_GS_2011.pdf.

Wittmann, E., & Müller, G. (2009). *Das Zahlenbuch – Handbuch zum Frühförderprogramm*. Stuttgart: Klett.

Teil IV

Professionalisierung für den Umgang mit mathematischen Potenzialen

Do math! – Lehrkräfte professionalisieren für das Erkennen und Fördern von Potenzialen

19

Kim-Alexandra Rösike und Susanne Schnell

Zusammenfassung

Beim Umgang mit heterogenen Klassen sind Konzepte der Diagnose und individuellen Förderung von größter Bedeutung. Dabei sollte es nicht nur um die Erfassung und Überwindung von Schwierigkeiten gehen, sondern vor allem auch um die Wahrnehmung von Kompetenzen und potentiellen Lernchancen. Im vorliegenden Beitrag wird das Projekt „do math!" vorgestellt; in diesem werden gemeinsam mit praktizierenden Lehrkräften weiterführender Schulen Konzepte erprobt, um das mathematische Potenzial von Lernenden im Mathematikunterricht zu identifizieren und zu fördern. Neben der konkreten Arbeit mit Schülerinnen und Schülern liegt der Schwerpunkt des Projekts auf der Professionalisierung der Lehrkräfte für den Umgang mit Lernenden im oberen Drittel des Leistungsspektrums, deren Potenzial sich gegebenenfalls noch nicht in stabil sehr guten Mathematiknoten zeigt.

19.1 Hintergrund des Projekts „do math!"

Eine der zentralen Herausforderungen bei heterogenen Lerngruppen ist – für angehende wie praktizierende Lehrkräfte – das individuelle Fördern von Schülerinnen und Schülern. Im Sinne einer kompetenzorientierten Diagnose müssen dabei die mathematischen Potenziale der Lernenden erkannt werden, um sie sodann angemessen unterstützen zu können.

K.-A. Rösike (✉)
Institut für Entwicklung und Erforschung des Mathematikunterrichts, Technische Universität Dortmund
Dortmund, Deutschland

S. Schnell
Institut für Mathematikdidaktik, Universität zu Köln
Köln, Deutschland

© Springer Fachmedien Wiesbaden GmbH 2017
J. Leuders et al. (Hrsg.), *Mit Heterogenität im Mathematikunterricht umgehen lernen*,
Konzepte und Studien zur Hochschuldidaktik und Lehrerbildung Mathematik,
DOI 10.1007/978-3-658-16903-9_19

Vor allem wenn diese noch situativ gebunden sind und sich nicht in stetig herausragenden Produkten wie sehr guten Mathematiknoten zeigen, kommt dem Blick auf *Prozesse* der Aufgabenbearbeitung zur Diagnose solcher situativer Potenziale besondere Bedeutung zu. Das Projekt „do math! – Dortmunder Schulprojekte zum Heben mathematischer Interessen und Potenziale" hat sich zum Ziel gesetzt, in Zusammenarbeit mit Lehrkräften Konzepte zur Lehrendenprofessionalisierung in Hinblick auf eine prozessorientierte Diagnose und Förderung mathematischer Potenziale bei Lernenden zu entwickeln und zu erproben.

19.1.1 Prozessorientierte Diagnose & Förderung mathematischer Potenziale

Mit dem Begriff „mathematisches Potenzial" soll der Fokus auf die *möglichen* Fähigkeiten, Fertigkeiten und Leistungen von Lernenden gelegt werden: Leikin (2009) spricht von Schülerinnen und Schülern „who can achieve a high level of mathematical performance when their potential is realized to the greatest extent" (p. 388). Ohne eine angemessene Förderung ist dieses Potenzial häufig noch situativ gebunden und zeigt sich ggf. noch nicht in stabil guter Leistung. Das Potenzial kann also noch „schlummern", das heißt sowohl den Lehrkräften als auch möglicherweise den Lernenden zunächst verborgen sein.

Während in der mathematikdidaktischen Begabtenforschung häufig vor allem einzelne Lernende mit herausragender Hochbegabung untersucht und in speziellen außercurricularen Kursen gefördert werden (z. B. Käpnick 1998; Leikin 2009), soll hier der Potenzialbegriff breiter verwendet werden und Schülerinnen und Schüler im oberen Leistungsdrittel erfassen. Dabei werden explizit auch solche Lernenden in den Blick genommen, die (z. B. im Zusammenhang mit ihrem sozio-ökonomischen Status) spezielle Förderprogramme nicht wahrnehmen oder nicht nutzen (Suh und Fulginiti 2010, S. 67 ff.).

Aufgrund des möglichen „Schlummerns" von Potenzialen ist bei der Diagnose und Förderung vor allem relevant, nicht nur auf die *Produkte* aus Lernsituationen zu fokussieren, sondern vor allem auf Lern*prozesse* (vgl. z. B. Leikin 2009). Dazu dürfen einzelne, konkrete Interaktionssituationen, in denen Lernende Potenzial zeigen, nicht nur als Indikatoren für eine dahinterliegende stabile Disposition der Person gedeutet werden, sondern vor allem auch als Möglichkeit zur *Förderung* und *Festigung* dieser Potenziale durch Anpassen des Lehrendenhandelns (vgl. Schnell und Prediger 2017).

19.1.2 Professionalisierung von Lehrkräften mit Blick auf Potenziale

Damit Lehrkräfte diese situationsbezogene Perspektive auf Potenziale in ihrer Diagnose und Förderung einnehmen können, bedarf es besonderer Konzepte der Professionalisierung. Der Aufbau von diagnostischer Kompetenz in Hinblick auf angemessene Förderung erfordert grundsätzlich ein vielfältiges Netz an verschiedenen pädagogischen und fachdidaktischen Fähigkeiten, um in komplexen Unterrichtssituationen auf das Denken der Lernenden zu fokussieren (Empson und Jacobs 2008). Zu diesen Fähigkeiten gehört nach van Es und Sherin (2008) das *Noticing*, das sich in drei Teilprozesse untergliedern lässt: das bewusste Wahrnehmen wichtiger Aspekte des Unterrichtsgeschehens, das Interpretieren der Situation vor dem Hintergrund des eigenen professionellen Wissens und das Herstellen von Bezügen zwischen der Situation und größeren pädagogischen Ideen des Lehrens und Lernens, allgemein und fachbezogen. In ähnlichen Ansätzen (Stahnke et al. 2016) wird dieser letzte Schritt stärker als das Treffen von Entscheidungen hinsichtlich geeigneter Reaktionen auf die Unterrichtssituation betont.

Lehrerinnen und Lehrer besitzen dabei einen *professionellen Blick* (van Es und Sherin 2008) auf Unterrichtsprozesse, den es weiterzuentwickeln gilt. Nach van Es und Sherin (2008) eignet sich dafür insbesondere der Einsatz von Videovignetten aus dem Unterricht der Beteiligten, die in Treffen von Lehrkräften gemeinsam analysiert und diskutiert werden, um so den Blick auf das Denken der Lernenden zu lenken (sogenannte *Video Clubs*, ebd.).

Vignetten sind kurze Video- oder Textausschnitte, die „eine in sich abgeschlossene, reale bzw. fiktionale Szene wiedergeben, die intensiv, ohne weiteres auch irritierend sein kann" (Streit und Weber 2013, S. 987), wobei im Projekt „do Math!" ausschließlich reale Szenen aus dem Unterricht der teilnehmenden Lehrkräfte zur Vignettengewinnung verwendet werden. Das kollegiale Lernen durch die gemeinsame Analyse und Besprechung von Praxisvideos bzw. den entsprechenden Vignetten ist nach van Es und Sherin (2008) eine etablierte Methode im Rahmen von Fortbildungen für Lehrkräfte; sie bieten eine gehaltvolle Möglichkeit, Ausschnitte der Unterrichtspraxis zu konservieren und den Lehrkräften einen Anlass zu realitäts- und praxisbezogener Reflexion zu geben.

19.2 Rahmenbedingungen und Arbeitsbereiche des Projekts

Das Projekt „do math!" (Laufzeit 2014–2017) wird finanziert durch die Dortmund Stiftung und wurde bis September 2015 kooperativ geleitet von Susanne Schnell und Susanne Prediger. Kernziele des Projektes sind (a) das Identifizieren und Heben mathematischer Potenziale bei Lernenden durch angemessene, differenzierende Lernangebote im Mathematikunterricht, (b) die Entwicklung von Design-Prinzipien für diese Angebote, sowie (c) die Entwicklung und Erprobung von Professionalisierungskonzepten zur prozessbezogenen Diagnose und Förderung der Potenziale.

Für die Pilotierungsphase im ersten Jahr (vgl. Abb. 19.1) wurde eine Gruppe von fünf Lehrkräften von drei Dortmunder Gymnasien ausgewählt, um Konzepte der Professionalisierung durch Videovignetten sowie erste Ideen für Unterrichtsprojekte zu entwickeln und zu erproben, die im eigenen Unterricht umgesetzt werden. In der Hauptphase beteiligen sich 21 Lehrkräfte von sieben Gymnasien und drei Gesamtschulen (mit ihren ca. 530 Schülerinnen und Schülern) für einen Zeitraum von eineinhalb Jahren. Darüber hinaus sind ein abgeordneter Lehrer, ein Seminarleiter sowie drei Forscherinnen und For-

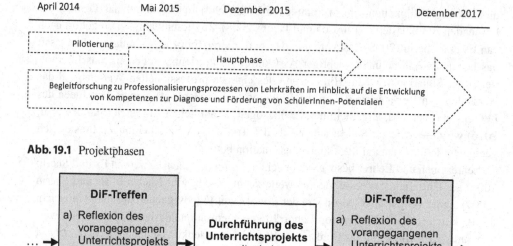

Abb. 19.1 Projektphasen

Abb. 19.2 Zyklen der Lehrerprofessionalisierung durch DiF-Treffen & Unterrichtsprojekte

scher des Instituts für Entwicklung und Erforschung des Mathematikunterrichts der TU Dortmund am Projekt beteiligt.

Umgesetzt werden diese Arbeitsschwerpunkte in Zyklen aus Planung (Schwerpunkt: Aufgabenkonstruktion), Umsetzung im Unterricht der beteiligten Lehrkräfte (Schwerpunkt: Diagnose & Moderation) und Reflexion anhand von Videovignetten im Rahmen der DiF-Treffen (Schwerpunkt: Vertiefung von Diagnose & Moderation) (vgl. Abb. 19.2). Die Ergebnisse jedes Zyklus fließen in die Gestaltung der weiteren Unterrichtsprojekte ein.

19.2.1 Arbeitstreffen und Unterrichtsprojekte als zentrale Elemente der Lehrerprofessionalisierung

Die Kernarbeit mit den Lehrkräften geschieht in Arbeitstreffen zur Diagnose und (individuellen) Förderung mathematischer Potenziale (DiF-Treffen), die in einem Abstand von 6–8 Wochen in der TU Dortmund stattfinden und die in der Zwischenzeit durchgeführten Unterrichtsprojekte umrahmen.

Die Unterrichtsprojekte zeichnen sich entweder durch die Verwendung spezifischen Materials (beispielsweise zur Prozentrechnung im Rahmen eines Fußballkontexts) oder durch den Fokus auf ein bestimmtes Aufgabenformat aus (zum Beispiel die Gestaltung produktiver Übungsaufgaben, vgl. Leuders 2009). Die Schwerpunkte der jeweiligen Projekte werden vom Team der TU Dortmund festgelegt, wobei die Lehrkräfte in die konkrete Vorbereitung aktiv einbezogen sind, denn in einem Prozess der gemeinsamen Entwicklung und Adaption, Erprobung und Reflexion liegt im Sinne der Handlungsforschung der Schlüssel zur nachhaltigen Qualifizierung der Lehrerinnen und Lehrer (Altrichter und Posch 2007).

Die Erprobung der Unterrichtsprojekte wird vom Projektteam in beratender Funktion begleitet und videographiert. Die Videos werden für nachfolgende DiF-Treffen aufbereitet.

Der Ablauf der DiF-Treffen folgt einem zweischrittigen Muster (vgl. Abb. 19.2):

a) *Reflexion:* Im ersten Teil der Veranstaltung findet eine gemeinsame Reflexion über das zuvor durchgeführte Unterrichtsprojekt statt. Dazu werden Beobachtungen der Lehrkräfte, Lernendenprodukte sowie schwerpunktmäßig zwei bis drei Videovignetten aus den Durchführungen der Unterrichtsprojekte besprochen. Dabei werden fachdidaktische Kategorien sowie die Analysefragen, die auf das Noticing von mathematischen Potenzialen in den Lernprozessen abzielen, zunehmend ausdifferenziert und so die Diagnosekompetenz der Lehrerinnen und Lehrer sukzessive weiterentwickelt.

b) *Erarbeitung & Planung:* Im zweiten Teil steht die Planung eines weiteren Unterrichtsprojekts im Vordergrund, in das die Erkenntnisse aus dem Reflexionsteil der Sitzung einfließen. Dazu werden zunächst etwaige Erfahrungen zum Projektthema aktiviert. Daran schließt eine Inputphase an zur Fortentwicklung des Professions- und Handlungswissens der Lehrkräfte hinsichtlich spezifischer fachdidaktischer Prinzipien mit dem Schwerpunkt auf einem der Arbeitsbereiche des Projekts (Diagnose, Moderation oder Aufgabenentwicklung; siehe folgender Abschnitt). Bei der darauf aufbauenden konkreten Planung des Unterrichtsprojekts werden die Inhalte aus fachlicher und fachdidaktischer Perspektive durchdrungen, Anknüpfungspunkte mit curricularen Vorgaben erörtert sowie mögliche Adaptionen für unterschiedliche Klassen(-stufen) diskutiert.

Zur Beforschung der Prozesse der Professionalisierung werden auch die DiF-Treffen videographiert.

19.2.2 Arbeitsbereiche des Projekts

Die drei Arbeitsbereiche zur Professionalisierung der Lehrkräfte werden bei der Umsetzung in den DiF-Treffen in folgender Weise adressiert:

Weiterentwicklung der Diagnosekompetenz im Hinblick auf Potenziale im Prozess
Die schriftlichen Lernendenprodukte sowie vor allem die als Videovignetten aufbereiteten Einblicke in Bearbeitungsprozesse der Lernenden aus der Durchführung der Unter-

richtsprojekte bilden in den DiF-Treffen die Grundlage für die Weiterentwicklung der Diagnosekompetenz. Zur Analyse wird gezielt der prozessorientierte Potenzialbegriff zugrunde gelegt, und es werden Angebote von fachdidaktischen Kategorien zur vertieften Diagnose geschaffen (zum Beispiel in Hinblick auf kognitive Aktivitäten bei Entdeckungsprozessen, vgl. Abschn. 19.3; vgl. Prediger und Zindel in Vorbereitung).

Moderation und Rückmeldung von Potenzialen

Neben der Sensibilität für Potenziale und der gemeinsamen Diskussion über ad-hoc Reaktionen in der Situation muss zu einer gezielten langfristigen Förderung auch die unterrichtliche Moderation vielfältiger Arbeitsprozesse geschult werden. Die Reflexion der eigenen Rolle im Lernprozess der Schülerinnen und Schüler sowie der eigenen Handlungen im Unterricht ermöglicht es den Lehrkräften, entsprechend gewonnene Erkenntnisse als Basis für zukünftige Entscheidungen und Handlungen zu etablieren und darauf aufbauend ihre professionelle Handlungskompetenz zu erweitern (van Es und Sherin 2008). Dabei handelt es sich um eine systematische, reflektierte Auseinandersetzung mit den komplexen Zusammenhängen des Lernprozesses der Schülerinnen und Schüler und der eigenen Rolle in eben diesem (Rodgers 2002).

Aufgabenkonstruktion zur Diagnose und Förderung

Gemeinsam mit den Lehrkräften werden reichhaltige und sinnstiftende Problemstellungen ausgewählt und explizit im Hinblick auf eine offene Differenzierung nach oben weiterentwickelt. Ziel ist es dabei, den Lernenden auf unterschiedlichen Bearbeitungsniveaus ein Kompetenzerleben zu ermöglichen und vor allem Leistungsstärkeren echte Herausforderungen zu bieten (Leikin 2009; Wittmann 1995). Weiterhin sollen Lernende sich selbst bei der Bearbeitung als autonom und sozial eingebunden erleben, um so das Wachsen intrinsischer Motivation und situativen Interesses an Mathematik zu ermöglichen (vgl. Deci und Ryan 2002).

19.3 Exemplarischer Einblick in den Ablauf der Professionalisierung durch den Einsatz von Videovignetten

Zur Konkretisierung der vorangegangenen Abschnitte soll im Folgenden anhand des ersten Zyklus der Hauptphase ein kurzer Einblick in den Ablauf des Professionalisierungsprozesses gegeben werden. In dem durchgeführten Unterrichtsprojekt für Jahrgangsstufe 8 soll von den Lernenden erkundet werden, welche Zahlen sich als Summe aufeinanderfolgender natürlicher Zahlen (so genannte „Treppenzahlen") darstellen lassen. Der Erkundungsauftrag bietet einen niedrig-schwelligen Einstieg für alle Lernenden; das Differenzierungspotenzial nach oben kann bis zur Betrachtung über die Teiler der Summe und dem dahinterliegenden Satz von Sylvester reichen (Schelldorfer 2007; Leuders et al. 2011).

Der Schwerpunkt der folgenden Ausführungen liegt auf dem Einsatz der Videovignetten als Fortbildungsmethode zur Weiterentwicklung der diagnostischen Kompetenz von praktizierenden Lehrkräften. Der Umsetzung des Unterrichtsprojekts war ein DiF-Treffen mit dem Schwerpunkt auf der Aufgabenadaption an die eigene Lernendengruppe sowie die enthaltenen Möglichkeiten zur Identifikation mathematischer Potenziale vorangegangen. Die gemeinsame Analyse der dabei entstandenen Videovignette erfolgte im nächsten DiF-Treffen.

19.3.1 Auswahl der Videovignetten

Ziel der Videovignetten ist es, Gesprächsanlässe für die prozessbezogene Diagnose situativer Potenziale (im Sinne des Noticing-Ansatzes also bewusste Wahrnehmung und Interpretation von Schülerhandlungen) sowie für die Reflexion über angemessene Handlungsmöglichkeiten zu schaffen (d. h. das Herstellen von Bezügen zu weiterreichendem pädagogischen Wissen und das Treffen pädagogischer Entscheidungen). Bei der Umsetzung der Unterrichtsprojekte werden vor allem Phasen der Interaktion zwischen Lernenden in kooperativen Bearbeitungssettings gefilmt. Das so entstehende Datenmaterial wird von den Forschenden des IEEM gesichtet hinsichtlich Szenen, in denen situationsbezogen mathematische Potenziale identifiziert werden können. Indizien sind dabei die Reichhaltigkeit der Arbeitsprozesse hinsichtlich kognitiver Aktivitäten, die Intensität des (auch zuweilen nicht funktionierenden) Diskurses zwischen den Lernenden sowie die mathematische Tiefe der geäußerten Ideen. Auf Grundlage der Sichtung werden zwei bis drei Szenen von ca. drei bis fünf Minuten Länge ausgewählt und durch Beschreibung des Unterrichtskontextes sowie durch Ergänzung etwaiger schriftlicher Lösungsansätze angereichert.

Im Fall der Treppenaufgabe wurde unter anderem eine Vignette erstellt, in der vier Schüler (Klasse 8, Gymnasium) ein besonders systematisches Vorgehen zeigen und immer wieder zielgerichtet Vermutungen aufstellen und überprüfen. Ihnen gelingt es schließlich eigenständig, eine inhaltlich tragfähige (wenn auch noch nicht formal korrekte) algebraische Formulierung zu entwickeln. Die Mathematikkompetenzen der Lernenden wurden von der Lehrkraft im mittleren Leistungsspektrum eingeschätzt.

19.3.2 DiF-Treffen zur Diagnose von Potenzialen zur Treppenaufgabe

Das DiF-Treffen fand zwischen zwei und acht Wochen nach der jeweiligen Durchführung der Treppenaufgabe im Unterricht statt. Nach einer kurzen Blitzlichtrunde zur Durchführung und einer Erinnerung an die im vorhergehenden DiF-Treffen erarbeiteten erwartbaren Potenziale, wurden zunächst schriftliche Produkte aus der Erprobung gesichtet, die einen Einblick in die Vielfalt der dahinterliegenden Prozesse schaffen sollten. Danach wurden die auch als Transkript vorliegenden Videovignetten der Unterrichtsprojekte gemeinsam

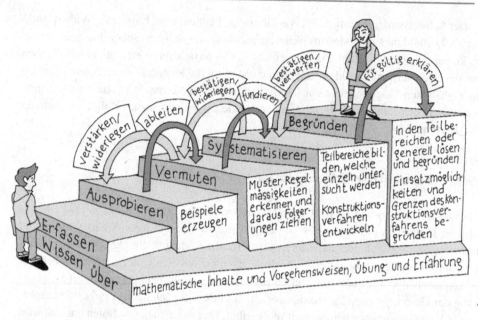

Abb. 19.3 „Entdeckertreppe" als Übersicht über kognitive Aktivitäten bei Problemlöse- und Entdeckungsaufgaben. (Aus Schelldorfer (2007, S. 25). Dass hier sowohl der Inhalt der Aufgabe also auch die Denkaktivitäten eine Treppenstruktur haben, ist Zufall)

betrachtet und analysiert. Dabei stand den Teilnehmenden eine Übersicht über zentrale kognitive Aktivitäten bei Problemlöse- und Entdeckungsaufgaben zur Verfügung, um mit deren Unterstützung auf die Denkhandlungen der Lernenden zu fokussieren (siehe Abb. 19.3).

Fokus der Analyse der Videovignette der Achtklässler (siehe Abschn. 19.3.1) sollte die Durchdringung der mathematischen Überlegungen der Lernenden sowie die kognitiven Aktivitäten sein, die als Hinweise auf Potenzial gedeutet werden könnten. In der anschließenden Sammlung im Plenum wurden neben diesem Schwerpunkt jedoch auch weitere Aspekte der Interaktion der Lernenden diskutiert.

19.3.3 Erste Ergebnisse zur Diagnose von Potenzialen anhand von Videovignetten

Die folgenden Aussagen von Lehrkräften illustrieren, welche Aspekte der Videovignette zu der Aufgabe mit den Treppenzahlen wahrgenommen wurden.[1]

Lehrerin Janine: Es scheint ja schon so, dass sie da irgendwie systematisch probieren, auch wenn unserer Meinung nach Kai das ganze ziemlich stark dominiert. Und Lukas ir-

---

[1] Alle Namen anonymisiert; Transkripte zur besseren Lesbarkeit leicht geglättet.

gendwie noch beim Erfassen zu hängen scheint. (...) Also, der ist noch so ein bisschen an der Stelle hinter den anderen dreien hinterher und wie gesagt Kai dominiert das Ganze.

Janine nimmt in der ersten Wortmeldung zur Analyse zunächst das Vorgehen der Lernenden wahr und interpretiert es als systematisches Probieren im Sinne einer kognitiven Aktivität. Im Vordergrund ihrer Äußerung (sowie der Beiträge einiger anderer Lehrkräfte) stehen jedoch das Sozialverhalten der Schülerinnen und Schüler und die Gruppendynamiken beim Problemlöseprozess. Sie stellt dabei konkrete Bezüge zu den Äußerungen der Lernenden her.

> **Lehrerin Sonja:**   Ich finde aber, dass die ziemlich schnell schon in dieses Systematisieren und Begründen auch hinein gehen. Also, auch bei der, bei der Feststellung, dass alle Ungeraden gehen, da bestätigen sich alle so nach und nach, also sagen dann „ja" oder „dann hat man immer einen ... haste ne Treppe". Also bei [Zeile] 23 [im Transkript]. Zum Beispiel „ja dann haste immer nur eine Stufe". Das wird dann nochmal in 33 bestätigt: „weil man ja nur eine Stufe hat". Also dass das eigentlich auch schon für die die Begründung ist, dass alle ungerade Zahlen auf jeden Fall gehen. Und dass sie dann sofort auch weiter machen, dann muss man nochmal die geraden Zahlen weiter mathematisieren, also an der Stelle sind sie auch ganz schnell, dass sie versuchen eine Verallgemeinerung zu finden.

Sonja fokussiert in ihrer Äußerung stark auf die kognitiven Aktivitäten des Systematisierens, Begründens und Verallgemeinerns. Dabei stellt sie konsequent Bezüge zur Interaktion im Video her und benennt auch die mathematischen Entdeckungen der Lernenden.

> **Lehrerin Sonja:**   Was ich auch gut fand, diese Aussage „das ist ne endlose Aufgabe". Einfach das man sieht welche Dimension das so annimmt, oder wenn er sich dann überlegt wie weit geht das noch, (...) also ich finde das zeigt auch ein bisschen, dass der Schüler in dem Moment so ne Übersicht bekommen hat über diese Aufgabe. Also zumindest in dem Vorgehen, in dem die jetzt Vorgehen. Das ist auch irgendwie so ein Blick von oben auf die Aufgabe.

Sonja kommentiert, dass einer der Schüler „eine Übersicht bekommen hat". Dabei scheint sie einerseits metakognitive Kompetenzen zu erfassen, also das planvolle, reflektierte Vorgehen beim Problemlösen. Auf inhaltsbezogener Ebene bezieht sie sich hier auf die Überlegungen des Lernenden dazu, dass die exemplarischen Lösungen, die die Gruppe bis zu diesem Punkt gefunden hat, auf eine verallgemeinerbare Lösungsmöglichkeit hindeuten und es eine allgemeine Beschreibung der Treppenzahlen für alle natürlichen Zahlen geben muss. Der Lehrerin gelingt es hier, Teilergebnisse der Lernenden zu fokussieren, also ein Etappenziel im Lernprozess. Sie verlässt die Produktperspektive, welche vielleicht eher die Unvollständigkeit in den Blick nehmen würde, und identifiziert im Prozess Potenziale. Eine Reflexion und Entscheidung möglicher Handlungsoptionen wird zu diesem Zeitpunkt noch nicht angestoßen.

Diese ausgewählten Aussagen sind Beispiele für Tendenzen hinsichtlich dessen, was die Lehrkräfte bei der Betrachtung der Videovignette unter Fokussierung der mathematischen Potenziale wahrnehmen (vgl. auch Schnell 2015, 2016): Die Lehrkräfte kommentieren sowohl die mathematischen Entdeckungen als auch die Denkhandlungen der Lernenden. Darüber hinaus nehmen sie fortwährend auf die Kooperationsfähigkeiten Bezug, insbesondere das gemeinsame inhaltliche Fortschreiten durch Rückbezug auf Äußerungen von anderen Gruppenmitgliedern. Insgesamt werden also Potenziale in den Prozessen der Lernenden wahrgenommen; allerdings dominiert insgesamt in dem Treffen noch die Haltung, diese den Schülerinnen und Schülern als stabil zuzuschreiben, statt sie als situative Erwerbsgelegenheiten wahrzunehmen. Dies zeigt sich in der Überraschung der anderen Teilnehmenden über die mittelmäßige Einstufung der Lernenden durch die Fachlehrerin. Damit wird den Lehrkräften eine Diskrepanz zwischen situativ beobachtbaren Potenzialen und dem Gesamterfolg der Lernenden im Unterricht anschaulich, wodurch eine erste Sensibilisierung für die Bedeutung der Potenzialdiagnose im Sinne des zuvor beschriebenen theoretischen Ansatzes angestoßen wird. Die Transkriptauszüge stammen von einem der ersten Projekttreffen und spiegeln somit den Beginn eines Professionalisierungsprozesses wider, der die Entwicklung hin zu stabiler Diagnose von Potenzialen zum Ziel hat.

19.4 Fazit und Ausblick

Es lässt sich also insgesamt zeigen, dass die Lehrkräfte durch die Analyse der Videovignetten und die vorliegende Unterstützung angeregt werden, ihr vorhandenes Professionswissen zu aktivieren und ihren Diagnosen diejenigen Kriterien zugrunde zu legen, die ihnen im Projekt explizit angeboten wurden. Anderseits muss in Zukunft der prozessbezogene Potenzialbegriff, insbesondere der Aspekt der Situationsgebundenheit und das damit einhergehende dynamische Verständnis von Potenzial (Leikin 2009, S. 388) bei den Lehrkräften weiter gefestigt und etabliert werden. Die Treffen zur Diagnose und Förderung unterstützen die Lehrkräfte bei diesem Entwicklungsprozess: Die kollektive Analyse der Vignetten unter zielgerichteter Fragestellung ermöglicht es den Lehrkräften, diejenigen Analyse- und Diagnosekompetenzen, die sie auch in ihrer täglichen Praxis benötigen, in einem entschleunigten Setting bewusst einzusetzen. Dadurch werden Möglichkeiten geschaffen, auch im Unterricht den professionellen Blick (van Es und Sherin 2008) für die Diagnose und Förderung von mathematischem Potenzial zu schärfen.

Die Weiterentwicklung vor allem von Strategien, wie Lehrkräfte durch eine geeignete Moderation der heterogenen Lernprozesse die identifizierten Potenziale geeignet nutzen und ausbauen können, ist Schwerpunkt der aktuellen Phase des Projekts „do math!".

Danksagung

Das Projekt „do math!" wird finanziert von der Dortmund Stiftung. Wir danken insbesondere Manfred Scholle, der Projektleiterin Susanne Prediger, den Projektmitgliedern der TU Dortmund (C. Büscher & B. Ohmann) sowie allen teilnehmenden Lehrkräften und ihren Schülerinnen und Schülern.

Literatur

Altrichter, H., & Posch, P. (2007). *Lehrerinnen und Lehrer erforschen ihren Unterricht*. Bad Heilbrunn: Klinkhardt.

Deci, E. L., & Ryan, R. M. (2002). *Handbook of Self-Determination Research*. Rochester: University of Rochester Press.

Empson, S. B., & Jacobs, V. R. (2008). Learning to listen to children's mathematics. In D. Tirosh & T. Wood (Hrsg.), *Tools and processes in mathematics teacher education* (S. 257–281). Rotterdam: Sense Publishers.

van Es, E., & Sherin, M. (2008). Mathematics teachers' 'learning to notice' in the context of a video club. *Teaching and Teacher Education, 24*, 244–276.

Käpnick, F. (1998). *Mathematisch begabte Kinder*. Frankfurt am Main: Peter Lang.

Leikin, R. (2009). Bridging research and theory in mathematics education with research and theory in creativity and giftedness. In R. Leikin, A. Berman & B. Koichu (Hrsg.), *Creativity in mathematics and the education of gifted students* (S. 383–409). Rotterdam: Sense.

Leuders, T. (2009). Intelligent üben und Mathematik erleben. In T. Leuders, L. Hefendehl-Hebeker & H.-G. Weigand (Hrsg.), *Mathemagische Momente*. Berlin: Cornelsen.

Leuders, T., Naccarella, D., & Philipp, K. (2011). Experimentelles Denken – Vorgehensweisen beim innermathematischen Experimentieren. *Journal für Mathematik-Didaktik, 3*(32), 205–231.

Prediger, S., & Zindel, C. (i. V.). Deepening prospective mathematics teachers' diagnostic judgments – Interplay of videos, focus questions, and didactic categories.

Rodgers, C. (2002). Seeing student learning: teacher change and the role of reflection. *Harvard Educational Review, 72*(2), 230–253.

Schelldorfer, R. (2007). Summendarstellungen von Zahlen. Ein Feld für differenzierendes entdeckendes Lernen. *Praxis der Mathematik, 17*(49), 25–27.

Schnell, S. (2015). Mathematische Stärken sehen und fördern – Wie Lehrkräfte mathematische Potenziale diagnostizieren (S. 824–827). In F. Caluori, H. Linneweber-Lammerskitten & C. Streit (Hrsg.), *Beiträge zum Mathematikunterricht*. Münster: WTM.

Schnell, S. (2016). *Teachers noticing students' potentials while analysing videoclips*. 13th International Congress on Mathematical Education, Hamburg, 24–31 July 2016.

Schnell, S., & Prediger, S. (2017) Mathematics enrichment for all – Noticing and enhancing mathematical potentials of underprivileged students as an issue of equity. *Eurasia Journal of Mathematics Science and Technology Education, 13*(1), 143–165.

Stahnke, R., Schueler, S., & Roesken-Winter, B. (2016). Teachers' perception, interpretation, and decision-making: a systematic review of empirical mathematics education research. *ZDM Mathematics Education, 48*(1–2), 1–27. doi:10.1007/s11858-016-0775-y.

Streit, C., & Weber, C. (2013). Vignetten zur Erhebung von handlungsnahem, mathematikspezifischem Wissen angehender Grundschullehrkräfte. In G. Greefrath, F. Käpnick & M. Stein (Hrsg.), *Beiträge zum Mathematikunterricht 2013* Vorträge auf der 47. Tagung für Didaktik der Mathematik. (S. 986–989). Münster: WTM.

Suh, J. M., & Fulginiti, K. L. (2010). *Developing mathematical potential in underrepresented populations through problem solving, math discourse and algebraic reasoning* (S. 67–79). Rotterdam: Sense Publication.

Wittmann, E. C. (1995). Aktiv-entdeckendes und soziales Lernen im Rechenunterricht – vom Kind und vom Fach aus. In G. N. Müller & E. C. Wittmann (Hrsg.), *Mit Kindern rechnen* (S. 10–41). Frankfurt a. M.: Arbeitskreis Grundschule.

Mathematische Begabung in den Sekundarstufen erkennen und angemessen aufgreifen

Ein Konzept für Fortbildungen von Lehrpersonen

Benjamin Rott und Maike Schindler

Zusammenfassung

Es wird eine Konzeption für Fortbildungen vorgestellt, die für Workshop-Slots von 2–3 Stunden Länge gedacht ist. Dabei wird das Thema mathematische Begabung aus verschiedenen Blickwinkeln beleuchtet. Neben grundsätzlichen Überlegungen zum Begabungsbegriff wird das Erkennen mathematisch begabten Handelns im Unterricht ebenso thematisiert wie Möglichkeiten der Förderung innerhalb und außerhalb des Klassenunterrichts.

In Nordrhein-Westfalen ist es bereits im Schulgesetz[1] verankert, auch andere Bundesländer greifen das Thema auf: das Recht auf individuelle Förderung.[2] Dieses adressiert nicht nur Kinder mit besonderen Förderbedarfen, mit Zuwanderungsgeschichte oder Lernschwierigkeiten, sondern auch Kinder mit besonderen Stärken.

In unserer heutigen und zukünftigen Gesellschaft entstehen vielfältige Herausforderungen, die Kreativität und Know-how erfordern. Zukünftige Forschende und Innovateure

---

[1] https://www.schulministerium.nrw.de/docs/Recht/Schulrecht/Schulgesetz/Schulgesetz.pdf.
[2] https://www.schulministerium.nrw.de/docs/Schulpolitik/IndividuelleFoerderung/index.html.

Die Originalausgabe dieses Kapitels wurde aktualisiert. Die Adresse eines Autors wurde korrigiert. Ein Erratum zum Kapitel ist verfügbar unter:
https://doi.org/10.1007/978-3-658-16903-9_22

B. Rott (✉)
Mathematisch-Naturwissenschaftliche Fakultät, Institut für Mathematikdidaktik, Universität zu Köln
Köln, Deutschland

M. Schindler
Humanwissenschaftliche Fakultät, Department Heilpädagogik und Rehabilitation, Universität zu Köln
Köln, Deutschland

© Springer Fachmedien Wiesbaden GmbH 2017
J. Leuders et al. (Hrsg.), *Mit Heterogenität im Mathematikunterricht umgehen lernen*,
Konzepte und Studien zur Hochschuldidaktik und Lehrerbildung Mathematik,
DOI 10.1007/978-3-658-16903-9_20

müssen hierauf vorbereitet und schon heute in ihren Stärken gefördert werden. Das Thema Begabung ist gerade im Fach Mathematik – als Fundament für alle MINT-Bereiche – besonders wichtig.

20.1 Theoretischer Hintergrund

20.1.1 Ein kurzer Hintergrund zur Begabungsforschung

Der Beginn der Begabungsforschung wird oft im Erscheinen des Buchs *Hereditary Genius* von Francis Galton (1869) gesehen. Galton hat „Genie" im Zusammenhang mit der Vererbungslehre durch das Studium von Biographien und Stammbäumen „herausragender Persönlichkeiten" untersucht.[3] Seit der Gründung des ersten Instituts für experimentelle Psychologie im Jahr 1879 durch Wilhelm Wundt wird auch in Deutschland zu Begabung geforscht. Grob in diese Zeit fällt auch die Pionierarbeit des englischen Psychologen Charles Spearman zur Intelligenz. In den 1950er und 60er-Jahren hat der russische Psychologe Vadim Krutetskii (1976) die erste groß angelegte Studie zur mathematischen Begabung durchgeführt, die bis heute Maßstäbe setzt. Spätestens seit den 1980er-Jahren wird Begabung auch in der deutschen Mathematikdidaktik erforscht; Wegbereiter sind u. a. Karl Kießwetter (1985) (Hamburg) und Friedhelm Käpnick (1998) (mittlerweile in Münster).

20.1.2 Ein Überblick über Theorien zum Konstrukt der Begabung

Nach unserer Auffassung lassen sich die verschiedenen Positionen, die in Psychologie und Fachdidaktik zur Begabung vertreten werden, grob wie folgt zusammenfassen: Einige Forschende (z. B. Rost 2008), fassen Begabung als *einfaktorielles* Konstrukt auf: die oberen x Prozent der Bevölkerung, sortiert nach einem bestimmten Kriterium (meist dem Ergebnis von Intelligenztests), gelten als begabt. Andere Forschende (z. B. Renzulli 2002), verstehen Begabung als ein *multifaktorielles* Konstrukt: als das Zusammenspiel verschiedener Kriterien (z. B. Kreativität und überdurchschnittlicher Fähigkeiten). Eine zweite Dimension betrifft die Unterscheidung zwischen einem Verständnis von Begabung als *domänenübergreifend* vs. *domänenspezifisch* (für Mathematik, Musik, Kunst, …).

Wir verstehen mathematische Begabung als ein mehrfaktorielles, domänenspezifisches Konstrukt mit einem Fokus auf mathematisch begabtes Handeln (Leikin 2011): Begabung zeigt sich in den Handlungen und Äußerungen von Lernenden und wird nicht als „Etikett" aufgefasst, das einem Kind auf der Basis eines Tests verliehen wird und dann auf unbestimmte Zeit haften bleibt.

---

[3] Die Eugenik Galtons wird durchaus kritisch diskutiert, nichtsdestotrotz war Galton ein Vorreiter auf mehreren Gebieten.

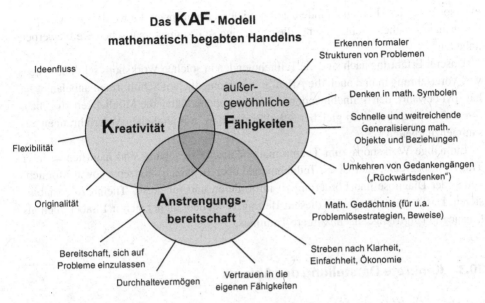

Abb. 20.1 Das KAF-Modell mathematisch begabten Handelns. (Aus Schindler und Rott 2016; mit freundlicher Genehmigung von © Friedrich Verlag GmbH 2016. All Rights Reserved)

Abb. 20.2 Mathematische Kreativität – Auszug aus dem Handout

> Nach dem Psychologen J. P. Guilford (1967) unterscheidet man verschiedene Komponenten kreativen Handelns, von denen die folgenden für Mathematik(unterricht) besonders interessant sind:
>
> Anzeichen für eine große Kreativität (vgl. Leikin, 2009) sind (a) das Finden möglichst vieler Lösungswege (*Ideenfluss*), (b) das Beschreiten möglichst unterschiedlicher Lösungswege (*Flexibilität*) sowie (c) das Zeigen von Ideen, die für Lernende mit ihrem Vorwissen außergewöhnlich bzw. originell sind (*Originalität*).

Mathematisch begabtes Handeln wird auf der Grundlage des „Drei-Ringe-Modells" von Renzulli (2002) konzeptualisiert. Bei den Ringen handelt es sich um *Kreativität*, *Anstrengungsbereitschaft* und *außergewöhnliche Fähigkeiten* (im Englischen *creativity*, *task commitment* und *above-average ability*), die sich in mathematischer Aktivität zeigen (Abb. 20.1 und 20.2).

Dieses Modell stellt die Grundlage und den Ausgangspunkt für die im vorliegenden Beitrag dargestellte Fortbildung dar: Es kann für das Erkennen mathematisch begabten Handelns sowie als Ausgangslage zur entsprechenden Förderung herangezogen werden.

20.2 Rahmenbedingungen der Veranstaltung

Der Workshop ist für 2–3 Zeitstunden konzipiert und richtet sich primär an Lehrpersonen, die in der Sekundarstufe I tätig sind – unabhängig von der Schulform, denn starke, evtl. sogar begabte Lernende finden sich in vielen Lerngruppen. Es werden alle Lehrpersonen angesprochen, nicht nur jene, die bspw. eine AG zu mathematischen Wettbewerben anbieten.

Unserer Erfahrung nach sind die Teilnehmenden in solchen Workshops sehr heterogen, was Vorerfahrungen und auch die Arbeit in unterschiedlichen Schulformen anbelangt. Es hat sich bewährt, den Teilnehmenden in Kleingruppenarbeiten die Möglichkeit zu geben, mit anderen Lehrpersonen gleicher Schulformen bzw. mit ähnlichen Vorerfahrungen zusammenzuarbeiten.

Einmalige Workshops zum Thema mathematische Begabung sind natürlich in ihrer Tragweite begrenzt. Ziel ist es, Teilnehmende über Begabungskonzepte sowie Möglichkeiten der Diagnose und Förderung zu informieren und für dieses Thema zu sensibilisieren. Der Ansatz, den wir in diesem Beitrag vorstellen, eignet sich u. E. aber auch als Einstieg in langfristige, nachhaltigere Trainings.

20.3 Konkrete Darstellung des Ablaufs

Der Ablauf des Workshops ist in drei Phasen geteilt, wobei der zeitliche Schwerpunkt und die aktive Partizipation der Teilnehmenden in der mittleren Phase konzentriert werden.

20.3.1 Annäherung an das Thema mathematische Begabung

Der Workshop startet mit einem Impulsvortrag, in dem wir die verschiedenen Auffassungen zur Begabung vorstellen (Abschn. 20.1): Durch die Gegenüberstellung des einfaktoriellen und des multifaktoriellen Verständnisses soll insb. vermittelt werden, dass es nicht *die eine* Auffassung von (Hoch-)Begabung gibt, sondern dass der Begriff durchaus unterschiedlich ausgelegt werden kann und wird.

Anschließend präsentieren wir das KAF-Modell ausführlicher, indem wir auf vorhandene Aufgaben und Lernendenbearbeitungen zurückgreifen (siehe Abb. 20.3, 20.4, 20.5 und 20.6). Eine ausführlichere und aktivere Auseinandersetzung mit diesen Aspekten folgt dann in der zweiten Phase des Workshops. Zum Aspekt „außergewöhnliche Fähigkeiten" betrachten wir das im Folgenden dargestellte Beispiel.

Wir präsentieren Beispiele von Lernenden der 6. Klasse, die teilweise erstaunliche mathematische Fähigkeiten offenbaren (vgl. Schindler 2016, Kasten 3.1): Bspw. von Schüler 1, dem es bereits gelingt, das Problem algebraisch mit $a + (a + 1) + (a + 2)$ zu fassen und

Betrachte die Summe dreier aufeinanderfolgender natürlicher Zahlen. Was fällt dir auf? Begründe/beweise deine Entdeckung.

Abb. 20.3 Aufgabe zum Begründen

Schüler 1	Schüler 2
Beweis $\boxed{A+(A+1)+(A+2)=B}$ Die Summe von drei aufeinandes folgenden Zahlen $(A+(A+1)+(A+2))$ ist $3+A\cdot3=B$, da A drei mal vorkommt und die Plus 3 sich aus den +1 und +2 zusammensetzt. B ist auch durch 3 teilbar, da A·3 eine Zahl der Dreiesreihe ergeben muss und weil die Zahl, wenn 3 weitere (+3) dazukommen immer noch zur Dreiesreihe gehören muss.	(1) (2) (3) $A + B + C = A|B|C$ ↑↕ D (4) A Abstand zu A = 0 B '' = +1 C '' = +2 D '' = +3

Abb. 20.4 Individuelle Lösungen zu Abb. 20.3. (Aus Schindler 2016; mit freundlicher Genehmigung von © Friedrich Verlag GmbH 2016. All Rights Reserved)

Triff die 50!

- Wähle eine Startzahl, die du in das erste Feld schreibst.
- Wähle dann eine Additionszahl und schreib sie in den »Additionskreis«.
- Die Additionszahl wird zur Startzahl addiert und in das Feld rechts daneben geschrieben.
- Mache das immer so weiter, bis alle fünf weißen Felder ausgefüllt sind.
- Wenn alle weißen Felder ausgefüllt sind, werden die fünf Zahlen addiert. Die Summe ergibt die Zielzahl und wird im grauen Feld für die Zielzahl notiert.
- Kannst du die Startzahl und die Additionszahl so wählen, dass du als Zielzahl die 50 triffst?
- Wie viele Möglichkeiten gibt es für die Wahl der Startzahl und der Additionszahl? Warum?

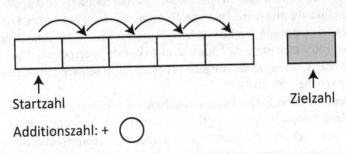

Abb. 20.5 Triff die 50! (Aus Schindler et al. 2015; mit freundlicher Genehmigung von © MNU Verlag Klaus Seeberger 2015. All Rights Reserved)

Abb. 20.6 Sechseckaufgabe –
mathematische Kreativität

Gegeben ist ein regelmäßiges Sechseck.
Wie groß ist der Winkel ε?

Lösen Sie das Problem.

Finden Sie noch andere Lösungswege?
Geben Sie möglichst viele Lösungswege an.

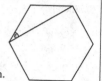

aus den sich ergebenden $3a + 3$ zu schließen, dass die Summe durch 3 teilbar ist. Schüler 2 argumentiert, dass $1 + 2 + 3$ das erste mögliche Tripel („Paar") ist, und das dies 6 ist. Er argumentiert, dass bei der zweiten Möglichkeit $(2 + 3 + 4)$ quasi 3 hinzukommen, da lediglich 1 durch 4 ausgetauscht wurde. Bei der nächsten Möglichkeit werden es wieder drei mehr usw. Dahinter versteckt sich die intuitive Idee einer vollständigen Induktion.

Unser Fazit der ersten Phase des Workshops lautet: Für ein adäquates Erkennen und Fördern mathematisch begabten Handelns in der schulischen Praxis bietet sich das KAF-Modell an (s. Abschn. 20.1). Im Gegensatz zu Renzulli fokussieren wir aber nicht nur auf die Schnittmenge der drei Aspekte; wir möchten alle Aspekte aufgegriffen und gefördert wissen. Lernende, die nicht außergewöhnlich kreativ sind, sich aber dafür mit Leidenschaft in Probleme „verbeißen" können, sollten in einer ressourcenorientierten Sichtweise ebenso (ihren Fähigkeiten entsprechend) gefördert werden wie Lernende, bei denen diese Aspekte umgekehrt ausgeprägt sind.

20.3.2 Erkennen mathematisch begabten Handelns

Nach der Annäherung wird thematisiert, wie mathematisch begabtes Handeln mit bestimmten Aufgaben (s. u.) erkannt werden kann. Dabei werden die drei Aspekte des KAF-Modells aufgegriffen. Die Teilnehmenden bearbeiten diese Aufgaben (zumindest anteilig) selbst und arbeiten dabei heraus, was damit erkannt werden kann. Anschließend können Lernendenbeispiele vorgestellt werden, die gemeinsam ausgewertet und diskutiert werden. Die Teilnehmenden können dabei selbst eine der nachfolgend dargestellten Aufgaben zur Identifikation von Kreativität oder Strukturerkennung bearbeiten. Dabei können sie in Gruppen Lösungswege von Lernenden antizipieren und vorhandene Bearbeitungen von Lernenden betrachten und einschätzen. Zum Erkennen außergewöhnlicher mathematischer Fähigkeiten kann bspw. die Aufgabe „Triff die 50!" (Scherer und Steinbring 2004) genutzt werden (siehe Abb. 20.5).

Anschließend wird das Erkennen *mathematischer Kreativität* mithilfe von Aufgaben, die verschiedene Lösungswege ermöglichen, thematisiert. Zunächst werden die Teilnehmenden darum gebeten, die nachfolgend aufgeführte geometrische Beweisaufgabe (Abb. 20.6) in etwa 15–20 min selbst zu bearbeiten. Das Besondere dabei ist, dass die Arbeit nach dem Finden einer ersten Lösung nicht abgeschlossen ist, sondern erst richtig beginnt. Je mehr unterschiedliche Lösungswege gefunden werden, desto besser.

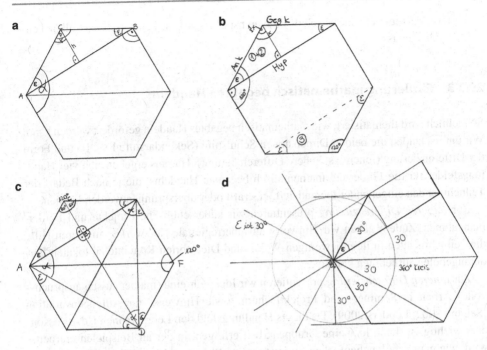

Abb. 20.7 Individuelle Lösungen zur „Sechseck"-Aufgabe

Im Anschluss werden Beispiele von Lernenden – im vorliegenden Beispiel aus der Jahrgangsstufe 11 – zur Sechseckaufgabe betrachtet. So untersuchen Lernende bspw. die Innenwinkelsumme (Abb. 20.7a) in dem gleichschenkligen Dreieck, das durch das Einzeichnen der Diagonale entsteht ($2\,\varepsilon + 120° = 180°$), bzw. in dem rechtwinkligen Dreieck, das man mit einer zusätzlichen Hilfslinie erhält ($\varepsilon + 90° + 120° = 180°$). Diese Lösungen sind verschieden, mathematisch aber sehr ähnlich, und zeugen daher noch nicht von großer Flexibilität. Mathematisch andere Ansätze stellen bspw. der Einbezug eines Rechtecks ($\varepsilon + 90° = 120°$) (Abb. 20.7b) bzw. eines gleichseitigen Dreiecks durch das Einzeichnen mehrerer Diagonalen ($2\,\varepsilon + 60° = 120°$) (Abb. 20.7c) dar. Origineller, d. h. seltener, waren in unserer Kleingruppe Lösungsansätze, in denen das Sechseck nach außen erweitert wurde; wobei hier teilweise weniger deduktiv geschlussfolgert als vielmehr intuitiv und manchmal auch vorrangig „nach Augenmaß" vorgegangen wurde (Abb. 20.7d).

Anschließend kann gemeinsam darüber reflektiert werden, was unter *mathematischer Anstrengungsbereitschaft* zu verstehen ist. Unserer Erfahrung nach haben viele Lehrpersonen ein gutes Bild davon, wie dies in der Praxis aussehen kann: Dass Lernende sich in Aufgaben vertiefen, hierbei auch Anstrengungen in Kauf nehmen mit der Motivation, eine schöne oder „noch bessere" Lösung zu finden. Die Lehrpersonen haben dabei oft ein oder zwei konkrete Lernende vor Augen und können nach dem Workshop einen allgemeineren Standpunkt einnehmen. Häufig wird diskutiert, was genau *mathematische* (im Unterschied zur generellen) Anstrengungsbereitschaft kennzeichnet. Als günstig erweist es sich dabei, von *Anstrengungsbereitschaft in mathematischen Aktivitäten* zu sprechen.

Denn dass Anstrengungsbereitschaft domänenspezifisch sein kann, ist meist allen Teilnehmenden bewusst.

20.3.3 Förderung mathematisch begabten Handelns

Schließlich wird thematisiert, wie mathematisch begabtes Handeln gefördert werden kann. Wir unterscheiden die beiden Dimensionen Schulstufe (Sekundarstufe I vs. II) und Form der Differenzierung (innere vs. äußere Differenzierung). Hieraus ergeben sich vier Handlungsfelder für die Förderung mathematisch begabten Handelns, die je nach Bedarf der Teilnehmenden eingehender thematisiert, gestrafft oder übersprungen werden können.

Zur *äußeren Differenzierung* präsentieren wir außerschulische Projekte und Fördermaßnahmen. Zudem geben wir Hinweise auf überregionale Netzwerke, mit deren Hilfe die Teilnehmenden in ihren jeweiligen Wohn- und Dienstorten Kontakte zu lokalen Förderangeboten aufnehmen können.

Zur *inneren Differenzierung* präsentieren wir Ideen für eine (mathematisch anspruchsvolle) Arbeit in Seminar- und Projektfächern sowie Hinweise zur Aufgabenvariation (Schupp 2002; Leuders 2009). Da dieses Handlungsfeld den Lehrpersonen i. d. R. besonders wichtig ist, kann hier eine Gruppenarbeit erfolgen, in der an Beispielen erarbeitet wird, wie man Schulbuchaufgaben für leistungsstarke Lernende modifizieren kann (siehe Abb. 20.8). Dabei werden wieder die Aspekte der außergewöhnlichen Fähigkeiten und der Kreativität aufgegriffen. Abschließend werden die Gruppenergebnisse vorgestellt und diskutiert.

Typische Aufgabe: „Bestimme die Nullstelle der gegebenen Funktionen: (a) $f(x) = 3x+2$; (b) $f(x) = x^2+1$; …"

Strategie Aufgaben umkehren: Anstelle eine Größe zu gegebenen Werten/ Objekten berechnen zu lassen, kann man die gesuchte Größe vorgeben und die Werte/ das Objekt finden lassen. Dies regt u.a. Kreativität an, z.B.:

(a) Zeichne eine Funktion, die an der Stelle $x = 3$ eine Nullstelle besitzt.
(b) Gib den Term einer Funktion mit zwei Nullstellen an.

Strategie Aufgaben variieren lassen: Die Lernenden werden aufgefordert, eine vorhandene Aufgabe zu variieren oder zu einer Aufgabe Anschlussfragen zu formulieren, z.B.:

Variiere die Aufgabenstellung und finde möglichst viele ähnliche Aufgaben. Mögliche Vorschläge von Lernenden:
(a) Was ist mit $f(x) = 4x+2$? Was mit $f(x) = 3x+1$?
(b) Wo schneidet der Graph die y-Achse?
(c) Wie lauten die Nullstellen von $f(x) = 3x^2+2$?

Abb. 20.8 Strategien zur Erstellung differenzierender Aufgaben

20.4 Evaluation

Rückmeldungen zum hier vorgestellten Konzept wurden bislang direkt im Anschluss an entsprechende Workshops gesammelt. Teilweise gab es in den darauffolgenden Tagen auch Rückmeldungen per E-Mail. Die Teilnehmenden teilten unseren Eindruck, dass sich Diagnoseangebote und -fortbildungen oft auf leistungsschwächere Lernende konzentrieren; Angebote für leistungsstarke Lernende seien selten und daher ein wichtiges Handlungsfeld.

Die Rückmeldungen haben uns in unserer Konzeption bestätigt: Ein wenig theoretischer Hintergrund zum Thema mathematische Begabung ist für das Verständnis mathematisch begabten Handelns nötig, jedoch ist eine schnelle Anwendung auf praxisrelevante Aufgaben ebenso notwendig.

Die eigene Arbeit der Teilnehmenden an Aufgaben für Schülerinnen und Schüler, die sich zum Erkennen außergewöhnlicher mathematischer Fähigkeiten und Kreativität eignen, und das Hineindenken in individuelle Lösungen wurden stets sehr positiv aufgenommen. Viele Teilnehmende gaben an, neue Impulse für den eigenen Unterricht erhalten zu haben und solche Aufgaben auch einmal ausprobieren zu wollen. Es wäre wünschenswert, diesen Teil des Workshops weiter ausbauen zu können. Hierbei mangelte es bislang nicht an passendem Material, sondern v. a. an der zur Verfügung stehenden Zeit. Eine gute Ergänzung wäre auch von den Teilnehmenden mitgebrachte Aufgaben (ggf. Schulbücher) und evtl. Schriftprodukte, damit an konkretem, eigenem Material gearbeitet werden kann.

Unsere Informationen zu externen Förderprogrammen hat viele Teilnehmende dazu angeregt, nach dem Workshop Kontakt zu uns aufzunehmen und uns nach Kontaktdaten für regionale und überregionale Förderangebote zu fragen. Für zukünftige Fortbildungsangebote könnte man entsprechende Adressen direkt bereithalten und z. B. in der Form eines Flyers verteilen.

Die Arbeit mit Schulbüchern hat teilweise zu Diskussionen und Fragen geführt. Es stellte sich bisweilen heraus, dass das Modifizieren von Aufgaben den Teilnehmenden durchaus schwer fiel. Hier ist Unterstützung notwendig; es lohnt sich ebenso, mehr Hintergrundinformation zum Öffnen von Aufgaben bereitzuhalten. Die Teilnehmenden gaben an, neue Anregungen für die tägliche Praxis erhalten zu haben. Dennoch wäre es bei längeren Workshops bzw. Fortbildungen sinnvoll, dies zu vertiefen. Gerade die unterrichtliche Umsetzung, bspw. die Frage, wie mit schwächeren Lernenden umgegangen werden kann, wenn Zeit für stärkere Lernende investiert wird, wirft bei einigen Lehrpersonen Fragen auf. Hierzu wäre es sinnvoll, einen Fokus auf ein mathematisches Classroom-Management mit Fokus auf Heterogenität zu legen und mit den Teilnehmenden Möglichkeiten zu besprechen und zu diskutieren.

Zusätzliches Material:
Auszug aus dem Handout der Fortbildung

Operationalisierung der drei Bereiche des KAF-Modells:
Kreativität als Fähigkeit,

- mehrere Herangehensweisen zu finden und auszuprobieren (*Ideenfluss*),
- dabei verschiedene Herangehensweisen zu wählen (*Flexibilität*) und
- solche Herangehensweisen zu wählen, die außergewöhnlich sind (*Originalität*).

Anstrengungsbereitschaft als Fähigkeit,

- sich ausdauernd mit mathematischen Herausforderung zu beschäftigen,
- Hingabe bei mathematisch anspruchsvollen Aufgaben zu zeigen,
- sich intensiv auf Probleme einzulassen,
- Arbeitsbereitschaft und Durchhaltevermögen bei anspruchsvollen Aufgaben zu zeigen,
- nach Klarheit und Rationalität von Lösungen zu streben,
- sich in Aufgaben zu „verbeißen" und
- nach tieferem Verständnis zu streben.

Außergewöhnliche Fähigkeiten als Potential,

- mathematische Aufgaben formalisiert wahrzunehmen und die formale Struktur zu erfassen,
- in mathematischen Symbolen zu denken,
- Objekte, Beziehungen und Operationen schnell und weitreichend zu generalisieren,
- den mathematischen Begründungsprozess und die entsprechenden Operationen zu verkürzen und entsprechend in verkürzten Strukturen zu denken,
- Gedankengänge in ihrer Richtung umzukehren (d. h. „rückwärts" zu denken),
- mathematische Beziehungen, Argumentations- und Beweisschemata, Heurismen und Vorgehensweisen generalisiert im Gedächtnis zu speichern und abrufen zu können.

Literatur

Galton, F. (1869). *Hereditary genius*. London: Macmillan.

Guilford, J. P. (1967). *The nature of human intelligence*. New York: McGraw-Hill.

Käpnick, F. (1998). *Mathematisch begabte Kinder. [Mathematically gifted children]*. Frankfurt am Main: Peter Lang.

Kießwetter, K. (1985). Die Förderung von mathematisch besonders begabten und interessierten Schülern – ein bislang vernachlässigtes sonderpädagogisches Problem. *Der mathematische und naturwissenschaftliche Unterricht (MNU)*, *38*(5), 300–306.

Krutetskii, V. A. (1976). *The psychology of mathematical abilities in schoolchildren*. Chicago: University of Chicago Press.

Leikin, R. (2009). Exploring mathematical creativity using multiple solution tasks. In R. Leikin, A. Berman & B. Koichu (Hrsg.), *Creativity in mathematics and the education of gifted students* (S. 129–145). Rotterdam: Sense Publishers.

Leikin, R. (2011). The education of mathematically gifted students: some complexities and questions. *The Montana Mathematics Enthusiast, 8*(1/2), 167–188.

Leuders, T. (2009). Intelligent üben und Mathematik erleben. In T. Leuders, L. Hefendehl-Hebeker & H.-G. Weigand (Hrsg.), *Mathemagische Momente* (S. 130–143). Berlin: Cornelsen.

Renzulli, J. S. (2002). Emerging conceptions of giftedness: building a bridge to the new century. *Exceptionality: A Special Education Journal, 10*(2), 67–75.

Rost, D. H. (2008). Hochbegabung – Fakten und Fiktion. *Gehirn und Geist, 3/2008,* 44–50.

Scherer, P., & Steinbring, H. (2004). Zahlen geschickt addieren. In G. N. Müller, H. Steinbring & E. C. Wittmann (Hrsg.), *Arithmetik als Prozess* (S. 55–69). Seelze: Kallmeyer.

Schindler, M. (2016). Stärken beim Begründen. Natürlich differenzierend! *Mathematik lehren, 195/2016,* 20–24.

Schindler, M., & Rott, B. (2016). Kreativität, Interesse, Talent. Mathematische Begabung vielfältig denken. *Mathematik lehren, 195/2016,* 2–7.

Schindler, M., Schauf, E.-M., & Hesse, J. H. (2015). Mathematisch interessierte Köpfe anregen (MiKa!). Ein Konzept zur Begabtenförderung im Fach Mathematik für das Gymnasium. *Mathematisch Naturwissenschaftlicher Unterricht, 68*(6), 331–337.

Schupp, H. (2002). *Thema mit Variationen. Aufgabenvariationen im Mathematikunterricht.* Hildesheim: Franzbecker.

Begabte Grundschülerinnen und -schüler in Mathematik fördern

21

Eine Lehrveranstaltung mit enger Theorie-Praxis-Verzahnung

Silvia Wessolowski

Zusammenfassung

Ausgehend von einer Anfrage der Hector-Kinderakademie Bietigheim-Bissingen, einen Kurs für mathematisch begabte Kinder anzubieten, wurde eine Lehrveranstaltung konzipiert, in der Studierenden des Lehramtsstudiengangs Grundschule theoretische Einblicke in die Thematik der mathematischen Begabung ermöglicht werden. Durch didaktisch orientierte Auseinandersetzungen mit konkreten „Knobelaufgaben" werden gleichzeitig unterrichtsbezogene Handlungskompetenzen angebahnt. Einzelne Studierende können in enger Verbindung zu dieser Veranstaltung an sechs Fördernachmittagen im Semester Lernumgebungen in einer kleinen Gruppe von Dritt- und Viertklässlern erproben. Im Beitrag werden dieses Lehrkonzept und seine Rahmenbedingungen vorgestellt.

21.1 Ausgangspunkt und Grundlagen für die Lehrveranstaltung

21.1.1 Aussagen in Bildungsplan und Prüfungsordnung

Mathematisch begabte Kinder zu fördern, ist schon seit vielen Jahren im Bildungsplan Grundschule in Baden-Württemberg als Aufgabe für das Fach Mathematik verankert. Wie gut diese im Unterricht von einer Lehrkraft erfüllt wird, hängt davon ab, ob sie sich der Individualität und Heterogenität mathematischer Lernprozesse in ihrer Klasse bewusst ist und wie sie diese nutzt. Entdeckendes Lernen sollte das grundlegende Unterrichtsprinzip in allen Klassenstufen sein; Aufgaben sollten so ausgewählt werden, dass sich Kinder bei deren Bearbeitung aktiv und nachhaltig mit Mathematik auseinandersetzen und all-

S. Wessolowski (✉)
Insitut für Mathematik und Informatik, Pädagogische Hochschule Ludwigsburg
Ludwigsburg, Deutschland

© Springer Fachmedien Wiesbaden GmbH 2017
J. Leuders et al. (Hrsg.), *Mit Heterogenität im Mathematikunterricht umgehen lernen*,
Konzepte und Studien zur Hochschuldidaktik und Lehrerbildung Mathematik,
DOI 10.1007/978-3-658-16903-9_21

gemeine mathematische Kompetenzen entwickeln können. Diese Positionen lassen sich u. a. durch offene Lernangebote umsetzen, in denen alle Kinder – auch die mathematisch begabten – im Sinne der natürlichen Differenzierung gefordert und gefördert werden. Das wäre zumindest ein guter Anfang, reicht aber vielleicht nicht aus, um diesen Kindern gerecht zu werden. Darüber hinaus dürfte es bei Lehrkräften, deren Studium schon einige Zeit zurückliegt, sehr von ihrer persönlichen Beschäftigung mit dem Thema und vom Besuch entsprechender Lehrerfortbildungen abhängig sein, ob sie Kenntnisse über eine mathematische Begabung von Kindern besitzen. Damit wäre die Situation mit jener vergleichbar, die sich noch bis vor einigen Jahren auf dem Gebiet der Rechenschwäche zeigte – Lehrkräfte im Beruf begegnen einem rechenschwachen und jetzt einem begabten Kind im Unterricht, haben aber während ihres länger zurückliegenden Studiums noch nichts darüber gelernt.

Mit der Erarbeitung neuer Prüfungs- und Studienordnungen zum Wintersemester 2011/2012 für das Lehramt Grundschule unter Berücksichtigung der „Standards für die Lehrerbildung im Fach Mathematik" (Empfehlungen von DMV, GDM, MNU Juni (2008)) wurde als eine mathematikdidaktische diagnostische Kompetenz zumindest für die Studierenden, die Mathematik als Fach wählen, beschrieben, Konzepte zum Umgang mit mathematischer Begabung zu kennen. Dem wurde an der Pädagogischen Hochschule Ludwigsburg bislang dadurch Rechnung getragen, dass in mathematikdidaktischen Lehrveranstaltungen im Themenfeld Diagnostizieren und Fördern passende Gelegenheiten punktuell zur Thematisierung genutzt wurden.

21.1.2 Eine Anfrage der Hector-Kinderakademie als Anstoß

Anfang 2012 wurde im Institut für Mathematik und Informatik angefragt, ob wir ein Angebot im Rahmen der Hector-Kinderakademie für mathematisch interessierte und begabte Kinder der Klassenstufen 3/4 in der Region unterbreiten könnten. Dies sahen wir als eine interessante Herausforderung für Studierende, die aber bei der Planung und Vorbereitung von Förderstunden der Unterstützung bedürfen würden. Die erste Gruppe von Studierenden, die im Sommersemester 2012 mit Kindern arbeiten wollte, bestand aus drei Studentinnen aus dem vorletzten und letzten Studiensemester. Zunächst ging es um die *Auswahl geeigneter Aufgaben*. Dabei konnten wir uns auf „Mathe für kleine Asse, Klasse 3/4" (Käpnick 2006) stützen. Die Studierenden selbst wählten sechs von den vorgeschlagenen 26 Aufgabenkomplexen (ebd., S. 27) aus, die sie für besonders spannend hielten. Eigene Begeisterung für bestimmte mathematische Fragestellungen wurde als eine Voraussetzung angesehen, um Kinder zu motivieren, sich gerne damit auseinandersetzen zu wollen. Später wurde allerdings auch einer dieser Aufgabenkomplexe ausgetauscht, weil sich herausstellte, dass dieser die Kinder zu wenig ansprach.

In der gleichen Veröffentlichung finden sich Empfehlungen zur *Gestaltung von Förderstunden*, die für die Planung genutzt werden konnten (ebd., S. 22–26). Ergänzend dazu erwiesen sich die von Rathgeb-Schnierer beschriebenen Unterrichtsphasen bei der

Auseinandersetzung mit offenen Lernangeboten – Problemstellung, Arbeitsphase, Austausch, Präsentation – als besonders hilfreich (vgl. Rathgeb-Schnierer 2006, S. 138–141). Dabei versteht die Autorin die Phase des Austausches nicht als dritte Phase nach der Arbeitsphase, sondern als Möglichkeit, die Arbeitsphase aller Kinder oder einzelner Gruppen jederzeit unterbrechen zu können, um Probleme und Fragen zu klären, die sich den Kindern bei einer ersten Konfrontation mit der Problemstellung noch nicht stellten, im Löseprozess aber aufkamen. Ein solcher Austausch war in ihrem Untersuchungskontext besonders für die Kinder wichtig, deren Problemlöseprozesse zu scheitern drohten (ebd., S. 140). Sich auf diesen, möglicherweise notwendigen Austausch vorzubereiten, erwies sich als zentral bei der Vorbereitung der Förderstunden, zumal damit auch verbunden war, sich auf verschiedenste Lösungsideen der Kinder einzustellen.

Auf dieser Grundlage wurden die ersten 12 Kinder zu sechs Nachmittagen im Sommersemester 2012 mit folgender Ankündigung eingeladen:

> Spaß an Mathematik, gibt es das? Wenn du gerne knobelst, Zahlenrätsel löst und Spannendes über Zahlen und geometrische Formen herausfinden möchtest, dann mach doch mit bei „Mathematische Knobeleien". Probiere einfach mal: Addiere und subtrahiere die Zahlen 230, 740, 400, 170 und 60 so, dass das Ergebnis Null ist.

Auch wenn es am Anfang – nur – darum ging, konkrete Förderstunden vorzubereiten und durchzuführen, wurde das Bedürfnis nach einer *mathematikdidaktischen Fundierung* dieser Tätigkeiten sofort deutlich. Zahlreiche Veröffentlichungen, von Erfahrungs- und Forschungsberichten über Dissertationen bis hin zu Habilitationsschriften zu vielfältigen Aspekten mathematischer Begabung bei Kindern, sind in Deutschland erschienen und konnten dafür herangezogen werden (vgl. u. a. die Angaben im Literaturverzeichnis dieses Beitrages).

21.2 Konzeption der Lehrveranstaltung

21.2.1 Zielstellungen und Struktur

Aus der konkreten Förderung ein Lehrkonzept für eine Lehrveranstaltung zu entwickeln, bedeutete, zwei Zielstellungen gleichzeitig gerecht zu werden (vgl. Abb. 21.1). Einerseits sollten Studierenden des Lehramtsstudiengangs Grundschule theoretische Einblicke in die Thematik der mathematischen Begabung ermöglicht werden und andererseits sollten die sechs Förderstunden pro Semester im Rahmen dieser Veranstaltung vorbereitet werden, damit die interessierten Studierenden im selben Semester parallel dazu fördern können. Mit Vorbereitung ist nicht die Planung des Ablaufs gemeint, sondern eine intensive Auseinandersetzung mit den Aufgaben der sechs Aufgabenkomplexe, was in Abschn. 21.2.3 ausführlich beschrieben wird.

Abb. 21.1 Struktur der Lehrveranstaltung

Tab. 21.1 Ablaufplan für Lehrveranstaltung und Förderung

Woche	Inhaltliche Schwerpunkte der Lehrveranstaltung	Förderung der Kinder
1	Thema 1: • Ziele der Förderung • Planung und Durchführung von Förderstunden • Anforderungen an Aufgaben	
2	*Übung zu Aufgabenkomplex 1*	
3	Thema 2: • …	Förderstunde *zu Aufgabenkomplex 1*
4	*Übung zu Aufgabenkomplex 2*	
5	Thema 3: • …	Förderstunde *zu Aufgabenkomplex 2*
6	Thema 4: • …	

In der tabellarischen Übersicht (vgl. Tab. 21.1) wird gezeigt, wie die theoretische Auseinandersetzung mit Aspekten mathematischer Begabung im Rahmen von Vorlesungen im
Wechsel mit der Arbeit an Aufgabenkomplexen in Übungen geplant wurde. So konnten die
Aufgaben stets mindestens eine Woche vor der zugehörigen Förderstunde bearbeitet und
unter verschiedenen didaktischen Fragestellungen diskutiert werden. Dabei wurden Übungen teilweise durch Aufgabenbearbeitungen im Selbststudium vorbereitet sowie durch die
Weiterführung der didaktischen Diskussion nachbereitet.

21.2.2 Inhaltliche Schwerpunkte und zu erwerbende Kompetenzen im Rahmen der theoretischen Auseinandersetzung

Welche inhaltlichen Schwerpunkte in den acht Vorlesungen gewählt wurden und welche
mathematikdidaktischen Basis- sowie diagnostische Kompetenzen Studierende, ergänzt
durch Möglichkeiten zum Ausbau dieser in den Übungen, erwerben sollen, wird im Folgenden überblicksartig dargestellt (vgl. Tab. 21.2).

Tab. 21.2 Inhaltliche Planung der theoretischen Auseinandersetzung

Inhaltliche Schwerpunkte	Die Studierenden
Ziele der Förderung, Planung und Durchführung von Förderstunden, Anforderungen an Aufgaben	• kennen allgemeine und spezielle Ziele der Förderung • kennen Grundsätze der Planung und Durchführung von Förderstunden • kennen Anforderungen an Aufgaben und können Aufgaben diesbezüglich analysieren
Begriff der mathematischen Begabung	• kennen verschiedene Hypothesen zum Verhältnis allgemeine Intelligenz – mathematische Begabung und deren Diskussion • kennen Modelle zur (Hoch-)Begabung • kennen das Modell mathematischer Begabungsentwicklung im Grundschulalter von Käpnick & Fuchs (Fuchs 2006; Käpnick 1998) und können dieses erläutern
Schwerpunkte der Förderung mathematisch begabter Kinder	• verfügen über einen Überblick über heuristische Hilfsmittel, Strategien und Prinzipien • können beim Lösen ausgewählter Aufgaben zweckmäßige Bezeichnungen, Tabellen und Skizzen nutzen, über deren Funktion im Löseprozess reflektieren und Fragen und Impulse für Schüler formulieren • kennen Vorschläge zum Lehren und Lernen von Heurismen
Förderung des algebraischen Denkens	• können beschreiben, was unter frühem algebraischem Denken zu verstehen ist • kennen Fördermöglichkeiten, einschließlich solcher für das Verwenden von Variablen
Förderkonzepte	• können die Förderansätze Akzeleration und Enrichment bzgl. ihrer Vor- und Nachteile vergleichen • kennen konkrete Beispiele für schulische und außerschulische Förderung und können diese als Konkretisierung des Distanz- bzw. Interaktionsmodelles beschreiben
Intuition beim Problemlösen	• wissen, was unter Intuition zu verstehen ist und verstehen diese als natürliche Begleiterscheinung beim Problemlösen • kennen Hinweise auf kindliche Intuitionen • können Empfehlungen für Lehrkräfte im Umgang mit intuitivem Vorgehen beschreiben
Interessen mathematisch begabter Kinder	• kennen Forschungsergebnisse zu Interessen mathematisch begabter Kinder • können Konsequenzen aus den Befunden für den Mathematikunterricht ableiten
Merkmale mathematisch begabter Kinder	• kennen Forschungsergebnisse zu Merkmalen mathematisch begabter Kinder • können Konsequenzen aus den Befunden für die Förderung ableiten • kennen Erscheinungsformen von „Verunsicherung" (Nolte 2007, S. 84) • kennen Anforderungen an die Arbeit mit begabten Kindern
Erkennen mathematischer Begabungen	• kennen Erschwernisse beim Erkennen mathematischer Begabungen im Grundschulalter • kennen das Stufenmodell von Käpnick (Käpnick 2006)

21.2.3 „Vorbereitung" der Förderstunden

Wir haben immer wieder festgestellt, dass es enorm wichtig ist, die Aufgaben selbst nicht nur gelöst, sondern auch mathematisch durchdrungen zu haben. Außerdem war es notwendig, sich Gedanken bezüglich unterschiedlicher Lösungswege und Anschlussprobleme gemacht zu haben, um gezielte Impulse zu setzen und individuelle Rückmeldung ermöglichen zu können (Rückmeldung von Studentinnen aus der Förderung im Sommersemester 2015).

Knobelaufgaben lösen und Lösungswege reflektieren

Wie oben bereits erwähnt, wurden sechs Aufgabenkomplexe aus „Mathe für kleine Asse, Klasse 3/4" (vgl. Käpnick 2006, S. 27) für die Förderstunden ausgewählt. Diese müssen in den Übungen zunächst einmal von allen Studierenden bearbeitet werden. Dazu gehört, die Aufgaben selbstständig zu lösen, ggf. nicht nur eine, sondern alle Lösungen zu finden sowie im Austausch mit anderen Studierenden Lösungswege zu vergleichen und verschiedene Vorgehensweisen zu reflektieren. Neben diesem „freien" Lösen von Aufgaben wird bei Gelegenheit auch gefordert, die in der Einführungsveranstaltung zur Arithmetik erlernten Problemlösestrategien (vgl. Leuders 2010, S. 13–18, 203) anzuwenden oder ausgewählte heuristische Hilfsmittel, wie Tabellen oder Skizzen, einzusetzen und deren Funktion im Löseprozess zu analysieren sowie die Aufgaben elementarmathematisch zu durchdringen. So lassen sich die „Schokoladenaufgaben" (vgl. Käpnick 2006, S. 83–86), bei denen es um die Anzahl von Brechungen geht, um Einzelstücke zu erhalten, gut mit Zahlenmustern verbinden. Die verschiedenen rechteckigen Formen der Tafeln können in Zusammenhang mit Zahlen und ihren Teilern gesehen werden. Dass die Anzahl der Brechungen unabhängig von der Form der Tafeln nur von der Anzahl der Stücke abhängig ist, lässt sich sowohl symbolisch als auch operativ beweisen.

Beim Lösen der Aufgaben kann es auch darum gehen, dies mit den Möglichkeiten von Grundschülerinnen und -schülern zu tun, d. h. ganz bewusst auf das Aufstellen und Lösen von Gleichungen zu verzichten und beispielsweise durch systematisches Probieren zur Lösung zu kommen. Umgekehrt vertritt Bardy die Auffassung, dass man bei begabten Kindern durchaus die Gelegenheit nutzen sollte, Variablen einzuführen (vgl. Bardy 2007, S. 219). Als eine Aufgabe, die dafür geeignet wäre, nennt er die „Schafherde", für die eine Studentin zeigt, wie sie diese Aufgabe ohne und mit Variablen lösen würde (vgl. Abb. 21.2).

Beispiel Schafherde Vermehrt ein Schäfer seine Herde um 23 Schafe, dann hat er doppelt so viele Tiere zu betreuen, als wenn er 27 Schafe zum Schlachten gibt.
Wie viele Schafe umfasst die Herde? (Bardy 2007, S. 220)

Außerdem bietet es sich an, die gelösten Aufgaben dahingehend zu analysieren, ob und inwiefern die in der Literatur zu den Aufgabenkomplexen angegebenen inhaltlichen Schwerpunkte (vgl. Käpnick 2006, jeweils zu den Aufgabenkomplexen) Berücksichtigung finden.

Abb. 21.2 Lösung einer Studentin mit und ohne Variablen

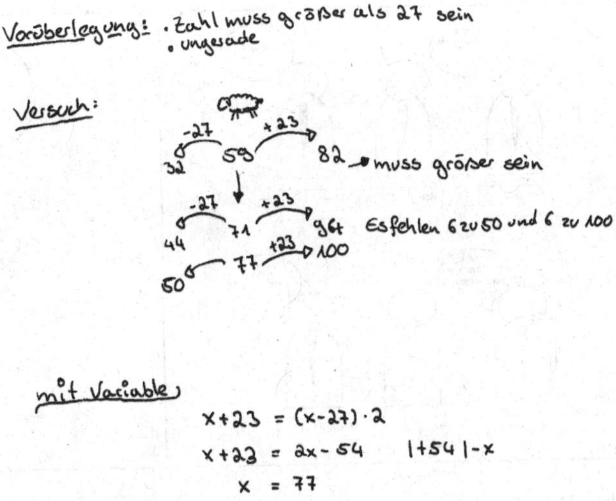

Vorüberlegung: • Zahl muss größer als 27 sein
• ungerade

Versuch:

$$x+23 = (x-27)\cdot 2$$
$$x+23 = 2x-54 \qquad |+54\ |-x$$
$$x = 77$$

mit Variable

Didaktische Diskussion der Aufgabenkomplexe

Mit den bisher beschriebenen Aktivitäten ist die Arbeit an den Aufgabenkomplexen noch nicht abgeschlossen. Aufgaben selbst lösen zu können, reicht als Kompetenz nicht aus, um Kinder zum Lösen von Aufgaben anzuregen, ihre Lösungsversuche durch Impulse zu begleiten oder geeignetes Material anzubieten, wenn sie nicht mehr weiterwissen. Auch die Anforderungen, die die Kommunikation beim Austausch und bei der Präsentation an eine Lehrperson stellt, gehen über eine eigene hohe mathematische Kompetenz hinaus.

Schon beim Lösen von Aufgaben fällt auf, dass man manchmal Lösungen findet, die man im Nachhinein selbst nicht mehr ohne weiteres nachvollziehen oder anderen vorstellen kann. Da es Kindern nicht anders geht, ist die Entwicklung von kindgemäßen Notationsformen und Möglichkeiten der Dokumentation von Lösungswegen in die Vorüberlegungen zu einer Förderstunde einzubeziehen. Gleichzeitig können diese auch als Anregung zur Unterstützung des Löseprozesses dienen und von den Kindern für weitere, ähnliche Aufgaben genutzt werden. Ebenso wichtig ist vorab die Auswahl von Arbeitsmitteln, die einen handelnden Zugang zur Lösung ermöglichen könnten. Für die „Schlips-Aufgabe"

> Die Herren Grün, Rot und Blau tragen je einen Schlips von grüner, roter und blauer Farbe. „Kein Herr trägt den Schlips in der Farbe seines Namens", sagt Herr Grün. Der Herr mit dem roten Schlips antwortet: „Tatsächlich!". Welchen Schlips trägt jeder Herr? (Käpnick 2006, S. 31)

wurden Vorschläge gemacht, die in Abb. 21.3 dargestellt sind.

Eine Studentin schlug ein Arbeitsblatt vor, auf dem nach mehrmaligem, sukzessivem Lesen des Textes Informationen in Sprechblasen und Namensfelder übernommen und die Schlipse gefärbt werden können. Abstrakter ist die zweite Notationsmöglichkeit, die mit dem Zeichnen der Figuren in der Farbe ihrer Namen beginnt und daneben die möglichen

Abb. 21.3 Anregungen zur Unterstützung des Löseprozesses bei der „Schlips-Aufgabe"

Schlipsfarben durch Farbpunkte angibt. Durch das wiederholte Lesen des Textes können die sprechenden Personen markiert und Farben für die Schlipse ausgeschlossen und gestrichen werden (vgl. Abb. 21.3). Ein dritter Vorschlag beinhaltete die Vorbereitung von Material (ausgeschnittene Pappfiguren und Pappschlipse), um die beschriebene Situation nachspielen zu lassen und probierend zur Lösung zu kommen.

In der didaktischen Diskussion geht es auch um das Finden eines herausfordernden Einstiegsproblems, das in den Förderstunden in der Regel im Stuhlkreis vorgestellt wurde. Es muss ebenso wie gute Aufgaben im Mathematikunterricht für alle Kinder verständlich und so interessant sein, dass alle mit der Lösung beginnen können und wollen. Das Problem sollte ausreichend offen für eigene Lösungswege auf unterschiedlichen Schwierigkeitsstufen, für die Möglichkeit, mit oder ohne Material arbeiten zu können, oder auch für die Bearbeitung verschiedener Teilprobleme sein. Und es sollte mathematisch ergiebig sein, also das Entdecken von Mustern und Untersuchen weiterführender Fragestellungen ermöglichen (vgl. Käpnick 2006, S. 18; Schütte 2008, S. 85–98).

> Es war interessant zu sehen, dass die Kinder sich beim Einstiegsproblem sofort gemeldet haben und dachten, sie wüssten die Lösung. Beim Beantworten der Frage ist ihnen allerdings selbst aufgefallen, dass sie Denkfehler hatten und das Problem sich als komplexer herausstellte, als zu Beginn von ihnen vermutet (Rückmeldung von Studentinnen aus der Förderung im Sommersemester 2015).

Das sorgfältige Planen von Einstiegsproblemen, Teilproblemen für die Arbeitsphase und von Anschlussproblemen sowie das Durchdenken von Anregungen und Impulsen für eine Weiterarbeit der Kinder erlauben es der Lehrperson, professionell auf die Heterogenität einer Lerngruppe zu reagieren und schaffen für die abschließende Phase der Präsentation die Grundlage für eine Kommunikation, an der sich alle Kinder beteiligen können.

Selbst in so einer kleinen Fördergruppe war eine große Heterogenität bezüglich Leistung und sozialem Verhalten festzustellen. Des Weiteren variierten die mathematischen Interessen der Kinder (Rückmeldung von Studentinnen aus der Förderung im Sommersemester 2015).

Einen weiteren Schwerpunkt bildet die Analyse von Schülerlösungen. Ein Ziel dabei ist, schriftlich vorliegende Schülerlösungen zu verstehen, auch wenn der Aufschrieb nicht vollständig und nicht chronologisch aufgebaut ist oder ein Kind etwas anderes formuliert als es meint. Dies zu können, ergänzt die in Lehrveranstaltungen zum Diagnostizieren und Fördern aufgebaute Kompetenz zur qualitativen Fehleranalyse. Ein weiteres Ziel ist es, zu erkennen, ob in einer nicht zu Ende gebrachten Lösung ein rationaler Kern steckt, an den es sich anzuknüpfen lohnt. Das fällt insbesondere dann schwer, wenn der Lösungsweg nicht den eigenen Lösungsideen entspricht (s. Abb. 21.4).

Wie viele Knöpfe?   Sina hat eine Schachtel mit Knöpfen gefunden. Sie weiß schon, dass es weniger als 100 sind. Nun möchte sie die Knöpfe in Reihen geordnet auf den Tisch legen. Wenn sie die Knöpfe in Dreierreihen legt, behält sie einen Knopf übrig. Beim Legen in Viererreihen bleiben 2 Knöpfe übrig. Legt sie fünf Knöpfe in jede Reihe, bleiben drei übrig. Wenn sie sechs in jede Reihe legt, sind es sogar vier zu viel. Wie viele Knöpfe hat Sina? (Aufgabe des Monats, SINUS-Knobelaufgabe Rheinland-Pfalz November/Dezember (2013))

Die Studierenden selbst lösten die Aufgabe nicht wie Tim (vgl. Abb. 21.4) zeichnerisch, sondern reduzierten durch Ableiten von Zahleigenschaften aus der Aufgabenstellung die Anzahl der zu untersuchenden Zahlen. In der Auseinandersetzung mit der Schülerlösung fragten sie sich, ob im Vorgehen des Kindes nicht doch ein möglicher Ansatz steckt, wie

Abb. 21.4 Zeichnerischer Lösungsversuch von Tim

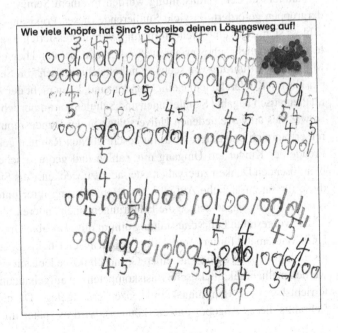

dieser ggf. verändert werden müsste und welche Anregungen dem Kind zur Weiterentwicklung seiner Idee gegeben werden könnten. Ein Student schlug vor, eine in Fünferschritten nummerierte Punktereihe zu zeichnen und für das Eintragen der Striche verschiedene Farbstifte für die Dreiergliederung, Vierergliederung usw. zu verwenden. Ziel des Vorgehens wäre es, den Ort in der Reihe zu bestimmen, an dem vier verschiedenfarbige Striche zusammentreffen. Dazu müssten aber die jeweils übrigbleibenden „Knöpfe" am Anfang der Reihe mit einem Strich „abgetrennt" werden. Bei der Herangehensweise von Tim ist nicht zu erkennen, wann alle vier Bedingungen aus der Aufgabenstellung erfüllt sind.

21.3 Schlussbemerkungen und Ausblick

Abschließend sei noch darauf hingewiesen, dass zur Unterstützung der konkreten Förderung einer Gruppe von in der Regel 12 Kindern durch drei oder vier Studierende ein Moodle-Kurs angelegt wurde, in dem ausführliche Beschreibungen der Förderstunden, Hinweise zur Vorbereitung des Raums und zur Auswahl von Material sowie Kopiervorlagen bereitgestellt werden. Diese dienen den Studierenden als Anregung, können jederzeit variiert und gerne weiterentwickelt werden. Dabei können sich die Studierenden auch auf ihre, im bereits vorangegangenen Integrierten Semesterpraktikum erworbenen, unterrichtsbezogenen Handlungskompetenzen stützen. Somit bedarf es ergänzend zur didaktisch orientierten Auseinandersetzung mit den jeweils konkreten Aufgaben der sechs Aufgabenkomplexe in den Übungen nur einer kurzen Vorbesprechung mit der Dozentin.

Parallel zur Lehrveranstaltung wurden in einem Semester auch schon mehrere Kindergruppen gefördert, da viele Studierende dieses Praxisangebot nutzen wollten. Daran schloss sich sogar eine Weiterförderung von interessierten Kindern im folgenden Semester durch nunmehr schon erfahrene Studierende, beratend begleitet durch die Dozentin, an. Mit der Durchführung von sechs „Knobelnachmittagen" im Semester, die in das Konzept der Hector-Kinderakademie eingebunden sind, kann nicht der Anspruch erhoben werden, mathematisch begabte Schülerinnen und Schüler kontinuierlich und langfristig zu fördern, so wie dies an verschiedenen Universitäten in der Bundesrepublik schon seit vielen Jahren erfolgreich praktiziert wird. Im beschriebenen Rahmen gelingt es aber durchaus, die Freude der Kinder am Umgang mit Zahlen und geometrischen Formen sowie am problemlösenden Denken zu erhalten oder auch zu wecken. Aus Sicht der Studierenden stellt diese für sie zusätzliche Aufgabe eine Bereicherung ihrer unterrichtspraktischen Erfahrungen dar, die sie, so zeigen die Erfahrungen, auch anderen Studierenden empfehlen.

Die vorgestellte Lehrveranstaltung nimmt mit „Begabte Grundschülerinnen und -schüler in Mathematik fördern" ein Aufgabenfeld in den Blick, das in der zukünftigen Tätigkeit als Lehrerin oder Lehrer an einer Grundschule bedeutsam sein wird. In diesem Feld werden mathematikdidaktische Basiskompetenzen aufgebaut und diagnostische sowie unterrichtsbezogene Handlungskompetenzen grundgelegt. Da nicht alle Studierenden des Lehramts dieses Angebot nutzen (können), wird es später im Beruf darauf ankommen, sich im Kollegium auszutauschen und die unterschiedlichen Kompetenzen bei der Gestaltung von Mathematikunterricht und der Förderung von Kindern einzubringen.

Literatur

Bardy, P. (2007). *Mathematisch begabte Grundschulkinder. Diagnose und Förderung*. Heidelberg: Spektrum Akademischer Verlag.

DMV, GDM, & MNU (2008). *Standards für die Lehrerbildung im Fach Mathematik*. Online verfügbar unter Standards für die Lehrerfortbildung im Fach mathematik. Empfehlungen von DMV, GDM, MNU [letzter Aufruf Mai 2017]

Fuchs, M. (2006). *Vorgehensweisen mathematisch potentiell begabter Dritt- und Viertklässler beim Problemlösen. Empirische Untersuchungen zur Typisierung spezifischer Problembearbeitungsstile*. Berlin: LIT.

Käpnick, F. (1998). *Mathematisch begabte Kinder: Modelle, empirische Studien und Förderungsprojekte für das Grundschulalter*. Frankfurt a. M., Berlin, Bern, New York, Paris, Wien: Lang.

Käpnick, F. (2006). *Mathe für kleine Asse, Klasse 3/4*. Berlin: Cornelsen.

Leuders, T. (2010). *Erlebnis Arithmetik zum aktiven Entdecken und selbstständigen Erarbeiten*. Heidelberg: Spektrum Akademischer Verlag.

Nolte, M. (2007). Kinder mit besonderen Begabungen fordern heraus! In A. Filler & S. Kaufmann (Hrsg.), *Kinder fördern – Kinder fordern. Festschrift für Jens Holger Lorenz zum 60. Geburtstag* (S. 77–87). Hildesheim, Berlin: Franzbecker.

Rathgeb-Schnierer, E. (2006). *Kinder auf dem Weg zum flexiblen Rechnen. Eine Untersuchung zur Entwicklung von Rechenwegen bei Grundschulkindern auf der Grundlage offener Lernangebote und eigenständiger Lösungsansätze*. Hildesheim, Berlin: Franzbecker.

Schütte, S. (2008). *Qualität im Mathematikunterricht der Grundschulen sichern. Für eine zeitgemäße Unterrichts- und Aufgabenkultur*. München: Oldenbourg.

SINUS-Knobelaufgaben: Grundschule Bildungsserver Rheinland-Pfalz.

Erratum zu: Mathematische Begabung in den Sekundarstufen erkennen und angemessen aufgreifen

Benjamin Rott und Maike Schindler

Erratum zu:
Kapitel 20 in: J. Leuders et al. (Hrsg.), *Mit Heterogenität im Mathematikunterricht umgehen lernen*
https://doi.org/10.1007/978-3-658-16903-9_20

Während der Produktionsphase des Titels ist versehentlich die Aktualisierung einer Autorenadresse auf Seite 235 nicht vorgenommen worden.

Die korrekte Adresse lautet:

B. Rott
Mathematisch-Naturwissenschaftliche Fakultät, Institut für Mathematikdidaktik,
Universität zu Köln
Köln, Deutschland

Die aktualisierte Version des Kapitels kann hier abgerufen werden:
https://doi.org/10.1007/978-3-658-16903-9_20

B. Rott (✉)
Mathematisch-Naturwissenschaftliche Fakultät, Institut für Mathematikdidaktik, Universität zu
Köln
Köln, Deutschland

M. Schindler
Humanwissenschaftliche Fakultät, Department Heilpädagogik und Rehabilitation, Universität zu
Köln
Köln, Deutschland

© Springer Fachmedien Wiesbaden GmbH 2017
J. Leuders et al. (Hrsg.), *Mit Heterogenität im Mathematikunterricht umgehen lernen*,
Konzepte und Studien zur Hochschuldidaktik und Lehrerbildung Mathematik,
DOI 10.1007/978-3-658-16903-9_22

Printed in the United States
By Bookmasters